电气与控制工程项目管理

邹红利　滕璇璇　陈德山　编著

中国水利水电出版社
www.waterpub.com.cn

·北京·

内 容 提 要

本书以"专业融合，共赢未来"为目标，结合电气与控制类专业的培养目标要求，详细解构了一般工程项目管理的全流程，研究了在控制理论与控制工程专业领域的过程控制系统问题，特别以系统构建的方法论为主要思维模式，重新架构了电气与控制工程项目管理工作的流程及要点，并以案例方式一一展开剖析，指导读者学习电气与控制类专业的工程项目管理方法及工具，掌握在将来工作中不可或缺的知识与技能，帮助其更透彻地理解岗位需求，并能在工作中前瞻性地自觉利用工程项目管理的理论知识与可操作的方法去研发项目、执行项目、管理项目，以尽快满足岗位职能需求，提高生产力及工作效率，实现人才、资本、信息、技术的优势互补，从而促进创新服务能力。

图书在版编目（ C I P ）数据

电气与控制工程项目管理 / 邹红利，滕璇璇，陈德山编著. -- 北京 : 中国水利水电出版社，2022.1
ISBN 978-7-5226-0237-0

Ⅰ. ①电… Ⅱ. ①邹… ②滕… ③陈… Ⅲ. ①电气控制—工程项目管理 Ⅳ. ①TM921.5

中国版本图书馆CIP数据核字(2021)第230351号

策划编辑：杜 威　责任编辑：周春元　加工编辑：刘 瑜　封面设计：梁 燕

书　　名	电气与控制工程项目管理 DIANQI YU KONGZHI GONGCHENG XIANGMU GUANLI
作　　者	邹红利　滕璇璇　陈德山　编著
出版发行	中国水利水电出版社 （北京市海淀区玉渊潭南路 1 号 D 座　100038） 网址：www.waterpub.com.cn E-mail：mchannel@263.net（万水） 　　　　sales@waterpub.com.cn 电话：（010）68367658（营销中心）、82562819（万水）
经　　售	全国各地新华书店和相关出版物销售网点
排　　版	北京万水电子信息有限公司
印　　刷	三河市德贤弘印务有限公司
规　　格	184mm×260mm　16 开本　16.5 印张　400 千字
版　　次	2022 年 1 月第 1 版　2022 年 1 月第 1 次印刷
印　　数	0001—3000 册
定　　价	42.00 元

凡购买我社图书，如有缺页、倒页、脱页的，本社营销中心负责调换

前　言

根据教育部"十四五"规划纲要要求，高校要落实培养时代新人的任务，要积极研究新形势、新阶段对人才能力素质提出的新要求，加强学科、教学、教材、管理体系的统筹规划和设计，把知识传授、能力培养和价值引领融为一体，努力构建高质量人才培养体系，为能在日益复杂、激烈的国际竞争中立于不败之地提供人才支撑。

新的时代，新的需求，高校需要优化学科专业结构，主动适应"互联网+""智能+"时代要求，打造"人技融合"的新型教学环境，以培养学生社会责任感、创新精神、实践能力作为重要着力点，固本强基，交叉融合，探索跨学科、跨领域的协同创新，构建特色鲜明、布局合理、多学科协调共生、支撑发展的学科生态体系。

为适应国家"十四五"战略布局所提出的新基建服务，以新工科的概念为基础，适应未来智能化工程建设中所倡导的分布式管理，旨在培养人人为"项目经理"，打造具有国际化视野的复合型、持续性的创新人才。本书以"专业融合，共赢未来"为目标，结合电气与控制类专业的培养目标要求，详细解构了一般工程项目管理的全流程，研究了在控制理论与控制工程专业领域的过程控制系统问题，特别以系统构建的方法论为主要思维模式，重新架构了电气与控制工程项目管理工作的流程及要点，并以案例方式一一展开剖析，指导读者学习电气与控制类专业的工程项目管理方法及工具，掌握在将来工作中不可或缺的知识与技能，帮助其更透彻地理解岗位需求，并能在工作中前瞻性地自觉利用工程项目管理的理论知识与可操作的方法去研发项目、执行项目、管理项目，以尽快满足岗位职能需求，提高生产力及工作效率，实现人才、资本、信息、技术的优势互补，从而促进创新服务能力。

本书各章的编写分工情况如下：邹红利编写第一、二、五章，滕璇璇编写第三、六章，陈德山编写第四、七章。本书在编写过程中得到来自多位工程一线朋友们的案例支持，在此一并给予感谢。

同时，还要特别感谢湖北能源集团新能源发展有限公司的周胜俊先生，中铁大桥局集团有限公司的成莉玲女士，北京东方华太工程咨询有限公司的孔海鸥先生，武汉市城市建设投资开发集团有限公司的王吉武先生等许多关注并在成稿过程中给予我们帮助的朋友们。

编　者
2021 年 7 月

目　　录

第一章 概论

引言

任务目标

形成对工程项目管理的基本认识,从专业角度出发理解电气与控制工程项目管理的特点,建立相应的知识体系及与相关学科之间的横、纵向联系;了解国内外工程项目管理的产生、发展及相应工程的实际应用,对工程项目管理的生命周期与目标有一个较全面的认识,进而为形成系统、全面解决工程项目管理问题的思想观打下基础。

任务描述

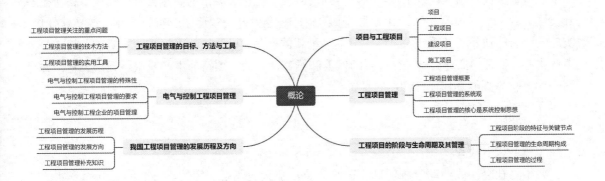

引导案例

长江水系某出江泵站服务于长江某湖水系的直排区,总的汇水面积为 57.56km²,在降雨时负责抽排直排区的雨水,在完成直排区降雨的抽排后,将和某湖泵站联合调度,共同承担某湖水系 429km² 范围内湖泊调蓄雨水的抽排,以提高某湖水系的排水、排涝标准。该泵站机电设备安装工程,主要包括以下几个方面:

(1)泵房工艺管道设备安装工程。

(2)泵站电气设备安装工程。

(3)自控系统及视频监控系统。

提问:如何在规定的时间和投资内完成该工程项目建设,并满足项目功能、质量和安全等方面要求?

本章将通过对工程项目管理的介绍及电气与控制工程的基本结构和特点的梳理,来帮助大家探寻相关答案。

第一节　项目与工程项目

我们在日常生活中都会处理项目。在大多数情况下，组织和管理只是简单地构造一个任务列表并按顺序执行它们，但当信息有限或不精确，且因果关系不确定时，就需要考虑更多的方法，这其中，最首要的便是理解什么是项目。

20世纪60年代伊始，在美国国防工业如"阿波罗计划"等一连串庞大的项目的推动下，有些承包商企业由于任务复杂、运行环境多变促使高层管理者开始寻求新的管理方法和组织结构方法，这些企业所涉及的领域包括航天航空、军工、建筑、计算集成和信息系统等，由此项目管理方法得到长足的发展。

其后，随着技术进步成为必然发展趋势，产品研发投入的不断增高，对新产品快速投入市场的要求成为了项目管理的主要推动力量。在中国，从80年代云南鲁布格水电站建设伊始，到国家重点项目宝山钢铁厂、二滩水电站、京九铁路、大亚湾核电站、三峡水电站、青藏铁路、南水北调、西气东输等建设工程项目，再到现今各个地区、城市的高速公路、高铁、高新技术开发区、城市地铁等，甚至到日常生活中的制订一个新办公室计划或布局设计，选择软件包，实施一个新的决策支持系统，向市场引进一种新的产品，设计一架飞机、一台超级电脑或一个工作中心，新开一家商店，实行主要的保养和维修，启动一项新的生产或服务设施，制作并导演一部电影等都能看到项目管理的身影。

一、项目

（一）认识项目

如果将社会实践活动分成项目和运作两类，那么运作是连续的、不断的、周而复始的活动，而项目则是指按限定时间、限定资源和限定质量标准等约束条件下完成的具有明确目标的一次性工作任务。

项目与工作任务这两者是有区别的，有时候是相重叠的。但两者有着许多共同特征，均需要由人来完成，均会受到有限资源的限制，且都需要计划、执行、控制。项目与具体工作任务最根本的不同是具体工作任务具有连续性和重复性，而项目则具有时限性和唯一性。根据这一显著特征对项目作这样的定义：项目是一项为了创造某一独特产品或服务的时限性工作。

讨论1："学习"是不是项目？

"学习'工程项目管理'这门课程"是不是项目？

讨论2："工作任务"是不是项目？

各书中对项目定义各有不同，但是都具有以下3个特点：

（1）一项有待完成的任务，有特定的环境和要求（一个动态的过程）。

（2）在一定的组织结构内，利用有限的资源，在规约的时间内完成任务。

（3）任务要满足一定的性能、质量、数量和技术指标等要求。

所以"学习"不是项目，而"学习课程"是项目。多门课程的学习为多个项目。

国际项目管理协会（International Project Management Association，IPMA）依据国际项目管理专业资质标准（IPMA Competence Baseline，ICB）定义："项目是一个特殊的将被完成的有限任务，它是在一定时间内满足一系列特定目标的多项相关工作的总称"。

只有同时具备上述特征的工作任务才称得上是项目。与此相对应的大批量的、重复进行的、目标不明确的、局部性的工作任务，不能称作项目。

（二）项目的特征

正确理解项目的内涵，理解它的本质特征是管理好项目的基础。项目具有以下 5 个特征。

1．项目的一次性与单件性

项目是一次性的任务，有明确的开端和结束。当项目的目标达到时，项目就结束了。

一次性也称为单件性或独特性，是项目最主要的特征。一项任务完成以后没有与其完全相同的另一项任务，只能对其进行单件处置，而不可能批量生产。只有认识项目的一次性，才能有针对性地根据项目的特殊情况和要求进行管理。

2．项目目标的明确性

项目的目标有成果性目标和约束性目标。成果性目标是指对项目的功能性要求，如校园电气控制系统所需要的控制节点数，兴建水电站的发电机组数等；约束性目标是指对项目的约束条件或限制条件，如资源条件的约束（人力、物力、财力）和人为的约束，其中时间、成本、质量是普遍存在的约束条件。项目只有满足约束条件才能成功，因而约束条件是项目成果性目标实现的前提。传统上，时间、性能、费用被认为是项目的三重约束，近年来随着工程项目管理科学的发展，又将质量与组织加入其中，于是现代项目被认为有五重约束。

3．项目具有独特的生命周期

项目的一次性决定了每个项目都具有自己的生命周期，每一个项目都会被划分成若干个阶段，以便能有效地进行管理控制，并与实施该项目的组织的日常运作联系起来。一个项目至少有一个开始或者启动阶段，一个或若干个中间阶段，以及一个结束阶段。阶段的数量取决于项目的复杂程度和所处的行业。所以但凡是项目都有其开始时间、运作时间和结束时间，并且在不同阶段都有特定的任务、程序和工作内容。

4．项目的整体性（系统性）

一个项目是一个复杂的开放系统，它是由人、技术、资源、时间、空间和信息等各种要素组合到一起，为实现一个特定系统目标而形成的有机整体。项目运作过程必须按项目的整体需要配置生产要素，以整体效益的提高为标准进行数量、质量和结构的总体优化。

5．项目的动态性

在项目的生命周期内，各阶段都受到各种内外因素的干扰和影响，因此项目呈动态变化。而这种动态变化呈现的是一种渐进性的形式，需要持续累积，持续改进。

综上，项目的属性体现为唯一性、一次性、多目标属性、生命周期属性、相互依赖性、冲突性。那么相应属性体现，即项目特征可以概括表现为目标性、约束性、唯一性、临时性、不确定性以及动态性。

图 1-1 为项目所涉及的因素，由图中可以看出，成功的项目必须满足客户、管理层和供应商在时间、性能、费用上的不同要求。而所有参加项目工作的个人与组织都称为项目利益相关者。

图 1-1　项目所涉及的因素

二、工程项目

（一）工程项目的定义

项目的种类应当按其最终成果或专业特征的标志进行划分，包括投资项目、科学研究项目、开发项目、航天项目、维修项目、咨询项目和 IT 项目等。分类的目的是为了有针对性地进行管理，以提高完成任务的效果水平。对每类项目还可以进一步划分。工程项目是项目中数量最大的一类，既可以按专业分为建筑工程、公路工程、水电工程等项目，又可以按管理者的不同划分为建设项目和施工项目等。凡最终成果是"工程"的项目，均可称为工程项目。原建设部曾将工程项目按专业划分为 10 余类，把工程项目的专业施工企业划分为 60 类。但总体上可将其分为工程项目和非工程项目。所谓工程项目是以建筑物或构筑物为交付成果，有明确目标要求并由相关关联活动组成的特定过程。例如，长江三峡、南水北调、西气东输均属于工程项目。

一般把经过投资决策进入实施阶段的建设项目和施工项目统称为工程项目。即工程项目泛指建设项目与施工项目。

（二）工程项目特征

工程项目具有以下 5 个特征。

1. 规模大

根据工程项目的施工组织设计、统计会计核算等要求，工程项目一般可划分为单项工程、单位工程、分部工程、分项工程等 4 个层次。单项工程的施工条件往往具有相对独立性，一般单独组织施工和竣工验收；单位工程是单项工程的组成部分；当分部工程较大或较复杂时，可按材料种类、施工特点、施工程序、专业系统及类别等分为若干子分部工程；分项工程是建筑施工生产活动的基础，也是计量工程用工、用料和机械台班消耗的基本单元。一个建设项目通常由一个或若干个具体的单项工程组成。

工程项目在一个总体设计或初步设计范围内，是由一个或若干个子项目及其中若干小项目中的互相有内在联系的单项工程所组成的。而单项工程中又进一步包括单位工程、分部工程、分项工程，它们都是在建设中实行统一核算、统一管理的工程单位。工程项目组成如图 1-2 所示。

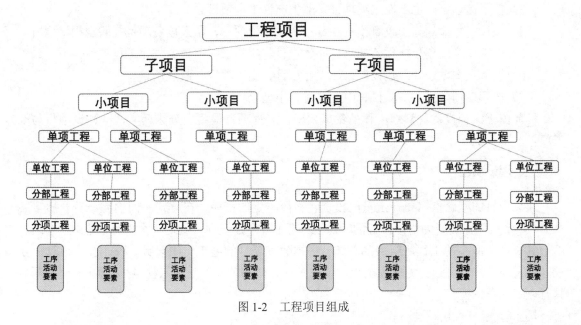

图 1-2　工程项目组成

2. 周期长

工程项目需要遵循必要的项目程序和经过特定的项目过程。即一个工程项目从提出项目的设想、建议、方案拟订、可行性研究、评估、决策、勘察、设计、施工，一直到竣工、试运行和交付使用，都是一个有序的系统过程。相较其他类型的项目，工程项目的可变因素等标志性更强，因此管理起来也更复杂。

3. 原创性强

工程项目能按照特定的要求，进行一次性组织。表现为项目机构的一次性设置、项目过程的一次性实施、项目地点的一次性固定、项目经理的一次性任命等。项目过程是通过人、材料、机械设备、工艺方法、技术、资金、时间、环境等生产要素有机结合和转化而形成的。

工程项目不仅包括工程实体所组成的有形产品，同时又包含为顾客服务，使顾客满意的无形产品。

4. 风险大

工程项目体量庞大，投入资源多，需要资金多，项目生命周期长，从而导致影响因素复杂。

5. 约束性强

工程项目在一定的约束条件下，以形成特定资产为目标。约束条件有三个方面：一是时间约束，即一个工程项目有合理的建设工期目标；二是资源约束，即一个工程项目有一定的投资总量目标；三是质量约束，即一个工程项目有预期的生产能力、技术水平或使用效益目标。综合而言，工程项目具有时间、资源、资金、质量、安全等众多约束条件。

（三）工程项目的分类

工程项目的种类往往按其最终成果或专业特征为标志进行划分。

（1）按性质划分：基建项目、更新改造项目。

（2）按专业划分：建筑工程项目、电气与控制工程项目等。

（3）按用途划分：生产性工程项目、非生产性工程项目。

（4）按投资主体划分：政府投资项目、企业投资项目、私人投资项目、联合投资项目。

（5）按工作阶段划分：预备项目、筹建项目、实施工程项目、收尾工程项目。

（6）按管理主体划分：建设项目、设计项目、施工项目、监理项目。

（7）按规模划分：大型项目、中型项目、小型项目。

目前由于大型投资与管理主体的集成要求，工程项目最主要分为两类，即建设项目与施工项目。

三、建设项目

建设项目的概念指需要一定量的投资、按照一定的程序，在一定时间内完成符合质量要求的，以形成固定资产为明确目标的一次性任务。一个建设项目就是一个项目，是由一个或若干个具有内在联系的工程所组成的总体。根据建设项目的施工组织设计、统计会计核算等要求，建设项目一般可划分为单项工程、单位工程、分部工程、分项工程 4 个层次。建设项目具有以下 6 个特征。

1．建设目标的明确性

建设项目以形成固定资产为特定目标。政府主要审核建设项目的宏观经济效益和社会效益。企业则更重视其盈利能力等微观的财务目标。

2．建设项目的整体性

在一个总体设计或初步设计范围内，建设项目是由一个或若干个互相有内在联系的单项工程所组成的，是实行统一核算、统一管理的建设工程。

3．建设过程的程序性

建设项目需要遵循必要的建设程序和经过特定的建设过程。建设项目的全过程一般都要经过提出项目建议书、进行可行性研究、设计、建设准备、建设施工和竣工验收、交付使用 6 个阶段。不同阶段有不同的工作内容，同时参与单位及人员也不相同。客观上要求各阶段之间的界面应该协调，相关的单位及人员之间应该沟通。

4．建设项目的约束性

建设项目的约束条件主要有以下 3 个：

（1）时间约束，即要有合理的建设工期作为时限限制。

（2）资源约束，即要有一定的投资总额、人力、物力等条件限制。

（3）质量约束，即每项工程都有预期的质量、技术水平等目标要求。

5．建设项目的一次性

按照建设项目特定的任务和固定的建设地点，需要专门的单一设计，并应根据实际条件的特点建立一次性组织进行施工生产活动。其建设的投入具有不可逆性。

6．建设项目的风险性

建设项目的投资额巨大，建设周期长，投资回收期长。建设期间的物价变动、市场需求、资金利率等相关因素的不确定性给项目的实施带来较大风险。

四、施工项目

施工项目是指建筑施工企业自施工承包投标开始到保修期满为止的全过程完成的项目。施工项目除具有一般项目的特征外，还具有以下3个特征：

（1）施工项目是一个建设项目或其中的一个单项工程或单位工程。

（2）施工企业是施工项目的管理主体。施工项目是施工企业的生产对象。

（3）施工项目的范围是由工程承包合同界定的。

第二节 工程项目管理

成功的项目需要进行有效管理，根据美国项目管理协会编写的《项目管理知识体系指南》，可以识别出项目管理体系是被普遍公认为良好做法的那一部分，《项目管理知识体系指南》中介绍的知识和做法可以在绝大多数情况下应用于绝大多数的工程项目。正确应用这些技能、工具和技术能够为范围极为广泛的各种不同工程项目增加成功的机会，另外还有其他的标准讨论组织工程项目管理能力的发展。根据数年的发展经验，大家一致认为工程项目管理是一种有效的执行方法，因此大多企业组织都致力于构建适用于本企业的基于执行效率和质量基础的可重复的标准过程。

一、工程项目管理概要

工程项目管理是项目管理的一大类，其管理对象是有关种类的工程项目。工程项目管理的定义是项目的管理者在有限的资源约束下，运用系统的观点、方法和理论，对工程项目涉及的全部工作进行有效的管理。它是一门综合学科，实用性强，有很强的应用性和发展潜力。

工程项目管理的本质是工程建设者运用系统工程的观点、理论和方法，对工程的建设进行全过程和全方位的管理，实现生产要素在工程项目上的优化配置，从而为业主提供优质的建筑产品及服务。

工程项目管理的要求是从项目的投资决策开始到项目结束的全过程进行计划、组织、指挥、协调、控制和评价，以实现项目的最优目标。

工程项目管理的任务是要求在工程项目活动中运用知识、技能、工具和技术进行管理，以便满足和超过项目利益方对项目的需求和期望。所以，需要在各种矛盾的需求之间寻求平衡，如进度、投资和质量；有不同要求和期望的项目利益方；已明确的需求和未明确的需求。

总之，工程项目的定义决定了工程项目管理的程序性、全面性和科学性、明确的目的性，决定了工程项目管理是知识、智力、技术密集型的管理。工程项目管理是面向过程的商务管理，是无缝隙的流程管理。

二、工程项目管理的系统观

狭义的工程项目管理是指在限定的工期、质量、费用目标内对工程项目进行综合管理以实现项目预定目标。但这只是工程项目施工的管理，随着投资规模和领域的扩大、投资来源多样化、工程项目对环境和经济的影响增强，工程项目管理已不限于施工过程，而是扩展到从立项到交付使用维护全过程的管理，工程项目的实施也从施工承包发展到项目管理、工程总承包等多种形式。对于一个具体的工程项目，其目标已不仅仅是质量、工期、费用的控制，还要与资金筹措、风险分析、使用维护以及与所在地经济、环境等联系起来。因此，项目的目标、管理都应该被"广义"地考虑。基于此，工程项目管理的方法，除了具体的技术性方法，还要向前后期的评价延伸，要考虑当前政府与业界提出的可持续、协调发展等思想，而体现这些思想性方法亦为工程项目的思想性方法。

项目管理的思想性方法也可称之为思想。之所以将项目管理思想作为方法来加以分析，是因为工程项目管理的背景、环境日益复杂，涉及环节、因素增多，项目对环境、经济的影响较大，并受到人文、社会关系的影响，资金来源、建设形式也日趋多样化。如果仅仅着眼于具体的技术方法，则不能从战略高度上对项目进行综合分析，不能与国家的发展战略、发展观念相协调，这种背离可能导致工程项目变成烂尾工程，因为对于所有的工程项目，我们都在意其成果性目标，在意相关利益方的满意程度，所以首先应该研究工程项目管理的思想方法。工程项目管理体现出来的思想是多方面的，其中最基本的是系统思想。

所谓"系统"，是由多维相关体组成的一个整体。工程项目管理是系统性的管理，必须重视系统内部各系统之间的关系，必须重视各系统之间的相关管理。特别要重视各系统之间的"结合部"的管理。它不仅是工程项目管理的重点和难点，更是工程项目管理协调管理的工作焦点。

系统思想不仅是工程项目管理的基本思想，也是工程项目管理理论形成与发展的基础之一。形成思想的科学基础是系统论，哲学基础是事物的整体观。系统的思考方法对工程项目的成功起关键作用，所有的项目决定和项目政策均建立在判断的基础上，系统分析为判断提供帮助。系统可以定义为子系统的组合和相互关系，当组织面临一个规模大、结构复杂的系统时，将系统按某种标准加以分割，形成一个个子系统，同时定义子系统的相互关系，这是一种有效的分析方法。

工程项目管理的系统思想包含两层含义。一是将工程项目自身作为一个系统来管理，也就是运用系统科学的方法，通过信息反馈与调控，对工程项目进行全面综合管理，包括计划、组织、指挥、协调、控制，以实现项目的目标。二是将工程项目作为一个系统，且是大系统的一个子系统。"大系统"包括项目所在行业、所在地经济、社会环境，以及地区、国内、国外市场等，要将工程项目放到社会经济系统中，作为社会大系统的子系统看待。特别要注意项目建设与环境、资源、文化区域发展规划等大系统的协调，要符合可持续发展的要求，不能为了经济振兴而牺牲资源、环境和人的全面发展。项目自身是一个系统，又是社会环境的一个目标。在这样的思想指导下，工程项目建设才能实现自身发展的作用。这一指导思想重点应在项目的策划、评价、决策阶段体现。

当然，工程项目管理还有一些其他思想如控制性、目标性、柔性、团队性等，但它们都是系统思想的延伸，是以系统思想为基础的。

在工程项目管理中坚持系统管理思想要注重以下几个方面：

（1）目标体系的分解与综合。在综合的基础上进行分解，从而实现专业化，以追求高质量和高效率，并通过进行系统整合提高管理成效，发挥整体功能。

（2）协调控制的相关性。协调和控制各项管理工作之间的关系、各生产要素之间的关系、目标和条件的关系，保证系统整体功能的优化。

（3）有序性。工程项目和工程项目管理在时间、空间、分解目标、实施组织上都具有有序性，必须尊重这种有序性才能保证工程项目管理的成功。

（4）动态性。要随时预测和掌握系统内外各种变化，提高应变能力以取得工作的主动权。

简而言之，工程项目管理的系统方法是对各子系统相互关系的评价；是将所有的工程活动整合到一个有意义的总系统的动态过程，同时需要将各子系统和各个部分有机地匹配到一个统一的整体中，并寻找解决问题的最佳方案和策略。工程项目管理的系统性思想要求做到客观思考、实事求是；做到整体分解、协调相关、保证有序、关注动态。

三、工程项目管理的核心是系统控制思想

工程项目管理要求主动控制，即在偏差发生之前，预先分析发生偏差的可能性，采取预防措施，防止发生偏差。否则就会增加成本，降低进度。在控制过程中会不断受到各种因素的干扰，各种风险因素都有随时发生的可能。应通过组织协调和风险管理进行主动性地动态控制。

（一）工程项目对管理的挑战

工程项目对管理的挑战包括如下 7 个方面：

（1）施工技术工艺不断更新，相关的风险、不确定性随之增长。利益相关者不断增加，影响到利益的细分、价值链的延长，因此需要更多考量。

（2）客户和自身不断提高的要求导致质量、时间、成本、效益、竞争力等要素的综合性目标要求也不断提高。

（3）项目复杂性不断提高，所涉及的领域、组织、环境、关系更为繁复。

（4）组织中包括人、资源及其相互关系的复杂程度越来越高。

（5）需求和目标。现代工程项目管理中基本需求看似变化不大，但其隐含的期望在不断扩大。

（6）资源。资源包括有形的资源，如项目设计的人、机械设备、材料、方法工艺、环境、资金、时间、信息等；还有无形的资源，如信誉、关系知识、文化等，都需要加以考虑。

（7）环境。环境又分内部与外部两方面，内部即项目内的环境因素，包含组织、机制、管理、文化、规章、领导行为等；外部即项目外部的环境因素，包括国家政策，地方法规，硬、软环境等。其中内部环境可以通过项目相关方的行为改善，而外部环境则需要项目相关方去适应。在一定条件下，这两者可以相互转化。

（二）工程项目控制原理

控制的需要产生于社会化的生产活动。享利·法约尔把它作为管理的职能之一，其原意是指注意是否一切都按制定的规章和下达的命令进行。1948 年，美国的诺伯特·维纳创立了控制论，并将其应用于蓬勃发展的自动化技术、信息论和计算机，使控制论发展成为一门应用广泛、效果显著的现代科学理论。控制论的基本理论可分为以下 8 个方面进行阐述。

（1）控制者进行控制的过程是从反馈过程得到控制系统的信息后，便着手制订计划、采取措施、输入受控系统，在输入资源转化为产品的过程中，对受控系统进行检查、监督，并与

计划或标准进行比较，发现偏差并进行直接修正；或通过信息（报告等）反馈修正计划或标准，开始新一轮控制循环。这个循环就是我们通常所说的 PDCA 循环，如图 1-3 所示。

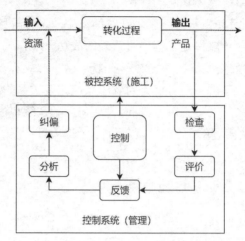

图 1-3　PDCA 循环

（2）要实现最优控制，必须有两个先决条件：既要有一个合格的控制主体，也要有明确的系统目标。

（3）控制是按事先拟订的计划或标准进行的。控制活动就是要检查实际发生的情况与计划（或标准）是否存在偏差，偏差是否在允许范围之内，是否应采取控制措施及采取何种措施来纠正偏差。

（4）控制的方法是检查、监督、分析、指导和纠正。

（5）控制是针对被控制系统而言的，既要对被控制系统进行全过程的控制，又要对其所有要素进行全面控制。要素控制包括人力、物力、财力、信息、技术、组织、时间、信誉等的控制。

（6）提倡主动控制，即在偏差发生之前，预先分析发生偏差的可能性，采取预防措施，防止发生偏差。

（7）控制是动态的，动态控制循环如图 1-4 所示。在控制过程中会不断受到各种干扰，并且各种风险因素有随时发生的可能，故应通过组织协调和风险管理进行动态控制。

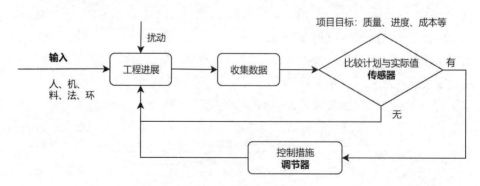

图 1-4　动态控制循环

（8）控制是一个大系统。工程项目控制系统如图1-5所示。

该系统包括控制组织、控制程序、控制手段、控制措施、控制目标和控制信息 6 个分系统。其中控制信息分系统贯穿于工程项目实施的全过程。

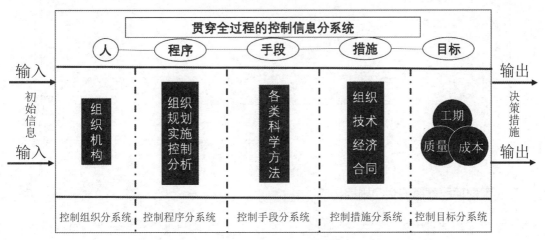

图 1-5　工程项目控制系统

第三节　工程项目的阶段与生命周期及其管理

一、工程项目阶段的特征与关键节点

项目是用来创建唯一性的产品或服务的临时性努力。唯一性是指任何产品或服务以一些显著的方式区别于其他任何相类似的产品或服务。临时性是指每一个项目都有明确的开始和结束。

工程项目是具有唯一性的工作，它们包含一定程度的不确定性。在实施项目时通常会将每个项目分解为几个项目阶段，以便更好地管理和控制。工程项目的各个阶段构成工程项目的整个生命周期。可以归纳为决策阶段、实施阶段、使用阶段。

工程项目阶段的特征表现包括，每个工程项目阶段都以一个或一个以上的工作成果的完成为标志，这种工作成果是有形的、可鉴定的；对应于每个工程项目管理阶段通常都规定了一系列工作任务，并设定这些工作任务的目标，力求使工程项目管理在该阶段能够达到预期的水平；一个项目阶段的结束通常以对关键的工作成果和项目实施情况的回顾为标志。

回顾的目的有以下两点：

（1）决定该项目是否可以进入下一个阶段。

（2）尽可能以较小的代价发现和纠正错误。这些阶段末的回顾常被称为关键节点。有时后继阶段也会在它的前一阶段的工作成果通过验收之前就开始了。这种阶段的重叠在实践中常被称为"快速跟进"。前一阶段工作所引起的风险只有在可接受的范围之内时才可以这样做。在一个阶段中过程分组的重叠如图1-6所示。

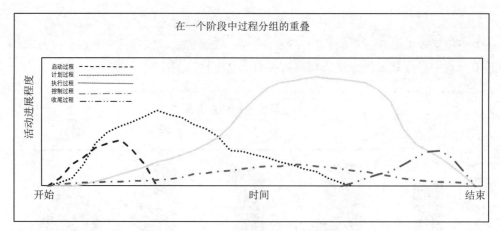

图 1-6　在一个阶段中过程分组的重叠

二、工程项目管理的生命周期构成

为了将工程项目工作和实施该项目的组织日常运作联系起来，在一些多项目同时运作的组织中使用一个标准的方法来定义工程项目生命周期。如果用工程项目的主活动来定义其生命周期，其他的活动则纳入组织日常运营中，并且紧紧服务于该项目。在电气与控制工程项目中，通常将需求分析、系统设计、设计实现、现场调试、验收作为项目阶段，而将采购、文档管理、财务管理纳入到组织日常运营中。例如，一个采用自动化系统控制的工厂，其装配工作会有暂停的时候，这个工厂本身也会有停工的时候。但项目与此有根本性的不同，因为项目是在既定目标达到后就结束了，而非项目型的工作会不断有新的工作目标，需要不断地工作下去。生命周期内工作量曲线如图 1-7 所示。

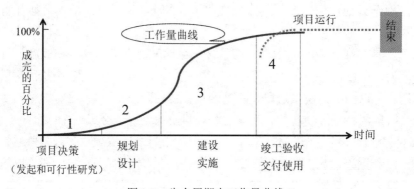

图 1-7　生命周期内工作量曲线

项目生命周期可分为局部生命周期和全生命周期。从总体上看，工程项目生命周期阶段见表 1-1。局部生命周期是指从工程项目的概念阶段到结束阶段的全过程，其过程中 5 个较重要的部分包括启动、计划、执行、管控、结束。

全生命周期是指从工程项目的概念提出到工程项目最终报废的全过程，包括动议、实施（局部生命周期）、运营、结束 4 大部分。

项目局部生命周期与项目全生命周期分别如图 1-8 和图 1-9 所示。

表 1-1　工程项目生命周期阶段

项目生命周期的阶段	实施程序
概念阶段	项目建议书（机会研究及初步） 可行性研究（为决策提供依据）
启动阶段	规划设计（初步设计、概念、施工图）
实施阶段	工程准备（施工指标、场地准备） 工程实施
结束阶段	竣工验收，交付使用（交付成果）

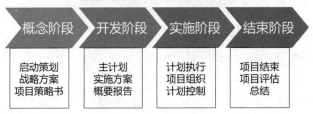

图 1-8　项目局部生命周期

图 1-9　项目全生命周期

　　大多数的工作任务与主要的工程项目管理阶段的工作成果有关。通常也根据这些工作任务来对工程项目管理的各个阶段进行命名，如决策阶段、设计阶段、招投标阶段、施工阶段、投运前准备阶段、护航阶段，运营阶段等。它们构成了工程项目管理的生命周期。

　　成功的项目管理是指对其生命周期全过程进行的管理。电气与控制工程项目的生命周期包括项目建议书、可行性研究、设计工作、设备准备、建设实施、竣工验收与交付使用。而另一些特殊的以自动控制为主的工程项目的生命周期则包括投标与签订合同（系统需求分析阶段、系统设计阶段）、施工准备、施工（系统设计实现和工厂测试阶段、系统现场安装和测试阶段）、交工验收（系统验收和试运行阶段）、护航服务等。工程项目管理的主要生命周期阶段如图 1-10 所示。

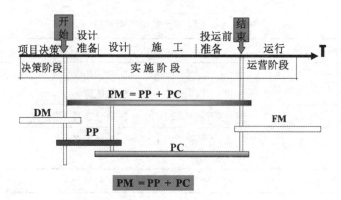

图 1-10   工程项目管理的主要生命周期阶段

需要注意的是，项目的生命周期决定了工程项目管理的开始和结束，从而确定工程项目管理的不同阶段。通过这种方式，我们可以利用工程项目的生命周期（DM+PM+FM）的设定将工程项目管理的阶段和执行组织的连续性操作链接起来。（DM：项目决策阶段的开发管理；PM：实施阶段的项目管理；FM：运营阶段的设施管理；PM：PP（项目策划）与 PC（项目控制）的和。）

图 1-11 为项目生命周期所涉及部分的关联，其中 DPM 为设计项目管理；OPM 为建设项目管理；SPM 为供应项目管理；CPM 为施工项目管理。

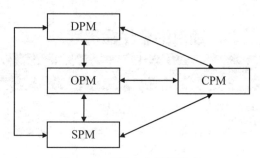

图 1-11   项目生命周期关联

三、工程项目管理的过程

工程项目管理的过程包括启动、计划、执行、控制、结束。

为了对工程项目管理有准确的理解，我们先从学术的角度来看。全球公认的项目管理标准化组织 PMI 将项目管理定义为 5 个流程，见表 1-2。

表 1-2   项目流程描述表

序号	项目流程	描述	常见术语
1	启动	批准项目或项目的某个阶段	初步计划、项目启动
2	计划	确定并细化项目的目标，选择最佳的做法来实现目标	明确目标、制订计划、划分阶段
3	执行	协调人力和资源执行计划	实施计划、完成计划、协调

续表

序号	项目流程	描述	常见术语
4	控制	通过定期监控、评估项目进度，了解项目计划的变动，以做出相应的调整，从而确保实现项目目标	跟踪进度、把控方向
5	结束	正式验收，有条不紊地结束项目或者项目的某个阶段	用户验收、交接、竣工

依据项目生命周期可知，大多数项目生命周期的说明具有的共同特点是在项目开始时，风险和不确定性是最高的。随着项目逐步地向前发展，成功的可能性也越来越高。对资源的需求最初比较少，而在向后发展过程中需求越来越多，当工程项目要结束时又会剧烈减少。

那么在进行相关阶段的工程项目管理过程中，可以有针对性地策划管理目标、制订实施方案，控制重要节点，以最优性价比高效地完成工程总体目标。其中高性价比指工程使用增值与工程建设增值。工程使用增值如果能确保工程使用安全，则有利于环保，有利于节能，能满足用户最终使用功能，有利于降低工程运营成本，有利于工程维护等；工程建设增值如果能确保工程建设安全，则有利于提高工程质量，有利于成本控制，有利于进度控制等。

需要特别注意的是，电气与控制工程项目集合了强弱电、电工与电子技术、软件与硬件等专业知识，具有电力、电子、控制、计算机等多学科交叉融合的特征，其管理既特殊又复杂，该类工程项目涉及的单位多，各单位之间关系协调的难度和工作量大；工程技术的复杂性不断提高，出现了许多新技术、新材料和新工艺；另外电气与控制工程中有相当一部分属于大、中型项目，其建设规模大；社会、政治和经济环境对其有特殊的影响，特别是对一些跨地区、跨行业的超大型项目而言，其复杂程度越来越高，因此所涉及的该类工程项目管理的任务分支也越来越多，其管理过程的侧重点则更需要有的放矢。

第四节 工程项目管理的目标、方法与工具

一、工程项目管理关注的重点问题

如前文所述，工程项目管理就是为了使工程项目在一定的约束条件下取得成功，其内涵涉及工程项目全过程的管理，即包括 DM（项目决策阶段的开发管理）、PM（实施阶段的项目管理）和 FM（运营阶段的设施管理），并涉及参与工程项目的各个单位的管理，即包括投资方、开发方、设计方、施工方、供货方和项目使用期间的管理方等的管理。其核心任务说到底是为工程建设增值。当然工程管理工作可以看作一种增值服务工作，包括为工程建设增值；为工程使用（运营）增值。

（1）工程项目管理的客体即为工程项目，并且是有明确目标的项目。其中有些目标是项目本身所要求的，有些目标是项目相关方所要求的，这些目标需要项目管理者加以识别或确定。没有明确目标的工程项目不是项目管理的对象。

（2）工程项目管理是一个多主体的项目管理。因为一个工程项目的完成需要多方人员或组织的参与才可能实现，这些相方关包括建设单位、承包商、咨询单位、供应商以及政府，他

们各自都可以有自己的项目管理范畴及目标。

（3）工程项目管理的目标是为实现工程项目的预期目标而设定的工程项目的时间、费用、质量、安全以及项目相关利益方的满意度等。

（4）工程项目管理的重点问题包括以下 3 个：

1）工程项目的单件性特征决定了工程项目管理的一次性特点。在项目管理过程中一旦出现失误，则很难纠正，甚至损失严重。结合工程项目的交付物的永久性特征以及其管理的一次性特征可知，工程项目管理的一次性成功是关键，因此对项目建设中的每个环节都应该进行严格管理，认真选择项目经理、配备项目人员、设置项目机构。

2）工程项目的生命周期是一个有机成长过程，项目各阶段有界限，但又相互有机衔接，不可间断。因此，这就决定了工程项目管理是对工程项目生命周期全过程的管理。

3）工程项目管理的目标要求工程项目管理是强约束管理，这些约束条件是工程项目管理的条件，也是不可逾越的限制条件。如何在一定时间内，在不超过这些条件的前提下，充分利用这些条件，去完成既定任务，达到预期目标，是个非常重要的问题。

二、工程项目管理的技术方法

技术性方法是项目实施过程中的具体方法或工具，在不同环节有不同的方法。

（一）项目评价方法

项目评价主要指经济评价，包括财务评价、国民经济评价，两者思路基本一致，只是角度不同。前者只考虑项目本身，后者从国民经济整体考虑，同时采用影子价格为数据基础。

工程项目经济评价是可行性研究的有机组成部分和重要内容，是项目或方案抉择的主要依据之一。经济评价的任务是在完成市场需求预测、厂址选择、工艺技术方案选择等可行性研究的基础上，运用定量分析与定性分析相结合、动态分析与静态分析相结合、宏观效益分析与微观效益分析相结合的方法，计算工程项目投入的费用和产出的效益，并通过多方案比较，对拟建项目的经济可行性和合理性进行分析论证，从而做出全面的经济评价。

可行性研究的经济评价包括财务评价、国民经济评价和社会评价 3 个层次。财务评价是根据国家现行财税制度和现行价格，分析计算拟建项目的投资、费用盈利状况、清偿能力及外汇效果，以反映项目本身的财务可行性。各投资者可以根据财务评价的结论来衡量项目的风险程度，并决定项目是否值得投资兴建。

国民经济评价（又称经济分析）是项目经济评价的重要组成部分。它是按照资源合理配置的原则，采用影子价格、影子工资、影子汇率和社会折现率等国民经济评价参数，从国家整体角度考察和确定项目的效益和费用，分析计算项目对国民经济带来的净贡献，以评价项目经济上的合理性。项目的财务评价是国民经济评价的基础，国民经济评价是决定工程项目是否可行的主要依据。项目财务评价和国民经济评价各有其任务和作用，一般以国民经济评价的结论作为项目或方案取舍的主要依据。

对建设期和生产期较短，不涉及进出口平衡的项目，如果其财务评价结果能满足最终决策的需要，则可以不做国民经济评价。对国计民生有重大影响的、投资规模较大的重大项目，应做国民经济评价。国民经济评价是从国民经济的整体角度出发，运用影子价格、影子工资、影子汇率、社会折现率等经济参数，分析计算项目需要国家付出的代价和对国家的贡献，考察投资的经济合理性和宏观可行性。决策机关可以根据国民经济评价的结论，考虑项目的取舍。

其中影子价格又称最优计划价格或计算价格。它是指社会经济处于某种最优状态时，能够反映社会劳动的消耗、资源稀缺程度和最终产品需求情况的价格。

社会评价是分析工程项目对于实现人类发展目标，包括促进人类文明进步和环境保护所做的贡献与影响的活动。

（二）项目直接目标管理方法

对一个工程项目而言，其直接控制的目标包括时间、质量、费用，即按计划的时间、质量、费用完成项目。这三个目标彼此之间有一定互斥性，难以同时达到最优，其实施应以工程项目整体效果最优为目标。

（三）项目过程管理方法

项目实施过程中有许多内容、环节需要管理，对项目实施影响较大的有合同管理、人力资源管理、采购管理、沟通管理、风险管理。

（四）项目综合管理

项目综合管理实际上就是对项目各目标、各环节、各要素、各过程进行全面协调，以保证项目整体效果最优，这也是系统思想在项目实施中的表现。项目综合管理是针对项目系统进行的，其是现代工程项目管理的主要特点。

总之，工程项目管理思想方法包括思想、技术两个层次。思想是系统思想，技术是各种具体的方法。

三、工程项目管理的实用工具

一个工程项目往往有许多参与方来承担不同的建设任务和管理任务（如勘察、设计、施工、设备安装、工程监理、建设物资供应、业主方管理、政府主管部门的监督管理等），各参与方的工作性质、任务和利益不尽相同，因此形成了代表不同利益方的项目管理。

按建设工程项目不同参与方的工作性质和组织特征划分为以下 4 个方面：

（1）业主方的项目管理。

（2）设计方的项目管理。

（3）施工方的项目管理。

（4）工程总承包方的项目管理。

项目管理种类不同，具体的工作内容也不一样，但是从总的方面归纳，相同或相似的工作内容主要包括以下 6 项：

（1）项目组织的建立。

（2）组织协调。

（3）合同管理。

（4）目标控制。

（5）风险管理。

（6）信息管理。

对此，在工程项目管理过程中，一般可以针对性地采取一些措施进行过程控制。这些措施包括组织措施、管理措施、经济措施、技术措施。其中，组织措施是在工程项目管理中最重要的措施。

在这些措施中，有各种工具可以用来帮助高效完成工程项目的管理工作，属于组织措施的有工作分解结构、网络计划、规划求解；属于管控技术措施的有施工进度前锋线、过程方法与纠偏、统计技术的运用；属于经济措施的有资源费用曲线、挣值分析法（赢得值分析法）。

第五节　电气与控制工程项目管理

一、电气与控制工程项目管理的特殊性

随着各工程技术的智能化发展，电气与控制工程的地位和作用越来越重要，直接关系到整个工程的质量、工期、投资和预期效果。关注电气与控制工程质量，保证供电和用电的可靠，保障工程的智能化执行，确保设备和人身的安全，关乎系统设备的安全运行、节能效果及工程投入使用后的使用功能。

一个工程项目是否能成功，其中涉及的技术固然很重要，但是关键还在于其项目管理的好坏。电气与控制工程项目管理是一门学问，涉及的技术知识比较多，这就要求项目负责人既要懂管理又要懂技术，对项目负责人的要求特别高。同时项目管理整个流程涉及合同评审阶段、深化设计阶段、项目施工阶段、项目验收和文档归总阶段，甚至涉及保修期阶段，故整个过程比较长，需要管理的工作面广泛。因此，如何做好电气与控制工程的项目管理至关重要。

相较其他的工程项目，电气与控制工程项目具有周期长、投资大、技术要求高、系统复杂等特点。事实上，电气与控制工程项目施工是高危作业的行业，国家将其列为与危险化学品、矿山同等级的三大危险行业，而且电气与控制工程项目在交付以后的运营过程中，其安全性及可靠性要求很高。所以对此类工程项目管理既要由一支专业项目团队执行一定的规程，运用一定的工具和技术，做出一定的经济分析，按照一定的流程来满足或超越客户的需求和期望，完成既定电气与控制工程的全生命周期的任务，又要保障在项目团队、所执行的规程、所做的经济活动分析、所使用的工具和技术以及工作流程（程序文件）等方面都有着高规格的要求。特别是对工程项目过程中的质量、风险等要进行主动预防、控制和管理，避免重复不必要的矛盾和纠纷，以解决问题为要，从而提高相关电气与控制工程项目管理的实效。

二、电气与控制工程项目管理的要求

电气与控制工程项目主要涉及动力配电、照明、防雷接地、报警与控制、智能化终端控制、结构化布线、信号传输、监控系统等。

电气与控制工程项目往往较为复杂，包含仪表、执行机构（各类阀、液压泵站等）、电气设备（UPS、变频器、软启动器等）、PLC（配电柜、控制柜、操作台等）、历史数据站、屏显系统、高低压配电设备等。正因为电气与控制工程项目的复杂性，故有必要结合该类项目的特

点，识别、训练、考核相关人员的技能，使之能胜任项目的要求。

也正因为电气与控制工程项目的复杂性，故为了便于可及时查阅相关资料与信息，宜采用"一机一袋"的方法（即某设备全生命周期的所有资料放在一个文件档案袋中）。若想使电气与控制工程项目达到预期的质量、效率、投入产出比等指标，继而加强企业的竞争力，就需要加强覆盖其项目全过程的系统管理。

一般来看，有些电气与控制工程类项目的合同额不会太大，从成本上来考虑，参与电气与控制工程项目成员不会太多，甚至有些弱电项目只有2~3个人，有时也不会配齐各个专业口人员，所以经常需要一个人从事多种岗位。

其次，电气与控制工程项目管理工作面很杂，协调沟通事情很多，主要包括业主和所在地咨询的项目管理流程；和其他专业的工作界面协调、工序交接和设备接口；对上级管理的各种汇报和沟通；和各个子系统的供应商之间系统方案的协调、设备采购和调试配合；有些海外项目还涉及与清关公司协调到港设备清关、交税等问题；最后还要管理项目工地的施工工人等。

再次，电气与控制工程项目的施工工序一般稍靠后，接点工期时间又较短，比如一个智能化弱电项目的施工在整个建筑项目的施工序列中，算是比较靠后，入场比较晚的，由于工序靠后，很多时候方方面面都受制于人，包括施工工作面的问题、供电的问题、楼板开槽开孔的问题、临时用电、施工电梯等。

所以电气与控制工程项目也像一般项目一样都涉及时间、成本与质量性能这三个因素。虽然不同的项目对项目的三大目标有不同的侧重，但电气与控制工程项目对项目的三大目标特别需要同时兼顾，全面平衡。并且如果要使这三大目标最佳地实现，则还要特别注意质量管理、安全控制，其管理要点也需要贯穿工程项目的全生命周期，包括以下三个方面。

（1）建立完善的质量管理组织机构，明确各级质量管理部分人员的职责，设计关键工序质量保证技术措施，设立质量控制点。

（2）设置精干的施工管理机构，配备精炼的技术员和施工人员，做到一专多能。严格控制材料质量，不让质量低劣的产品进入施工现场。严格工序质量检验制度，实行项目成本目标考核，合理安排施工进度，做到人员与工期的最佳配合。抓好安全施工管理，防患于未然。控制好管理费用和消费资金。实施严格的安全管理，加强检查监督、强化基础工作、落实安全责任三个环节，保护员工在施工生产中的安全与健康，保护设备、物资不受损坏。

（3）对于电气与控制工程项目管理工作来说，当前存在的问题是比较多的。基于这一点，必须要加强对于设计图纸审核、管理制度完善、管理能力提升以及验收管理等多个方面的关注，切实提升最终的管理效率。

三、电气与控制工程企业的项目管理

（一）电气与控制工程企业要构建项目驱动型组织

在项目驱动的组织中，所有的工作都以项目为特征，每一个项目都可以作为一个独立成本核算的单元，可以建立项目的盈亏报告。其组织流程都是按照项目的方法来实现的，组织中的一切活动都与项目有关。

（二）项目管理应该成为电气与控制工程企业战略的重要组成部分

构建一个企业的项目管理环境和平台应该成为电气与控制工程企业战略的重要组成部分。要建立一套标准有效的项目管理办法，保证各个项目管理的成熟并进而实现卓越的效果，开发可信赖的系统和流程，为每个项目提供更大的成功可能性。这些系统和流程可能不能百分之百保证成功，但能增加其项目成功的可能性。电气与控制工程企业既要实现单个项目的成功，还要考虑在对单个项目进行决策时兼顾该项目和全公司等各方利益，以求全局良性并可持续发展。

（三）电气与控制工程项目的成功源自管理还是领导

在当今瞬息万变的工作环境中，项目方法已经日益成为组织架构和定义经理角色和任务的主要管理策略。在这样的环境中，项目管理不是略加变更地执行计划，而是在满足客户需求的同时，成功地处理不可避免的变化。对于电气与控制工程项目来说更是如此，其计划系统应该足够灵活，其组织架构应该更加多变，最重要的是其企业管理所面临的真正难题在于如何将强有力的领导和强有力的管理结合起来并使其互相制衡。

第六节　我国工程项目管理的发展历程及方向

一、工程项目管理的发展历程

项目管理作为一门学科，30多年来在不断发展，传统的项目管理（Project Management）是第一代项目管理学科，其第二代是项目集管理（Program Management），指的是由多个相互关联的项目组成的项目群的管理，不仅限于项目的实施阶段，第三代是项目组合管理（Portfolio Management），指的是多个项目组成的项目群的管理，这多个项目不一定有内在联系，可称为组合管理，第四代是变更管理（Change Management）。

鲁布革水电站系统工程是我国第一个利用世界银行贷款，并按世界银行规定进行国际竞争性招标和项目管理的工程。该工程1982年进行国际招标，1984年11月引水隧洞正式开工，1986年10月隧洞全线开通，比合同工期提前5个月，1988年7月全部竣工。在将近4年的时间里，创造了著名的"鲁布革工程项目管理经验"，受到中央领导的重视，号召建筑业企业进行学习。国家计委等五单位于1987年7月28日以"计施〔1987〕2002号"发布《关于批准第一批推广鲁布革工程管理经验试点企业有关问题的通知》之后，于1988年8月17日发布"〔88〕建施综字第7号"通知，确定了15个试点企业共66个项目。1990年10月23日，建设部和国家计委等五单位以"〔90〕建施字第511号"发出通知，将试点企业调整为50家。在试点过程中，建设部先后五次召开座谈会并进行了指导、检查和推动。1991年9月，又提出了《关于加强分类指导、专题突破、分步实施全面深化施工管理体制综合改革试点工作的指导意见》，把试点工作转变为全行业推进的综合改革。

鲁布革工程的经验主要有以下4点：

（1）最核心的是把竞争机制引入工程建设领域，实行铁面无私的工程招标投标制。

（2）工程建设项目实行全过程总承包方式和项目管理。

（3）施工现场的管理机构和作业队伍精干高效。

（4）科学组织施工，采取先进的施工技术和施工方法，讲求综合经济效益。

1983年经国家计委提出项目经理负责制，1987年在推广鲁布革工程经验的活动中，建设部提出了在全国推行"项目法施工"，并展开了广泛的实践活动。其后1988年开始建设工程监理制度，1995年建立企业项目经理资质。2003年建设部下发文件《关于培育发展工程总承包和工程项目管理企业的指导意见》，提倡采用工程总承包方式，培育具有项目管理能力的工程项目管理企业。

二、工程项目管理的发展方向

工程项目管理的发展方向可分为以下两个：

（1）多行业、多层次、多交叉，从自觉到主动寻找机会、工具与方法。

（2）在工程项目管理发展中的一个非常重要的方向是应用信息技术，它包括项目管理信息系统（Project Management Information System，PMIS）的应用和在互联网平台上进行工程管理等。

工程项目管理的含义有多种表述，英国皇家特许建造学会（CIOB）对其作的表述是，自项目开始至项目完成，通过项目策划和项目控制，以使项目的费用目标、进度目标和质量目标得以实现。此解释得到许多国家建造师组织的认可，在工程管理业界有相当的权威性。

可将上述表述划分为如下3个层次进行解释：

（1）"自项目开始至项目完成"指的是项目的实施期。

（2）"项目策划"指的是目标控制前的一系列筹划和准备工作。

（3）"费用目标"对业主而言是投资目标，对施工方而言是成本目标。项目决策期管理工作的主要任务是确定项目的定义，而项目实施期项目管理的主要任务是通过管理使项目的目标得以实现。

三、工程项目管理补充知识

1. 项目管理知识体系

项目管理知识体系的概念是在项目管理学科和专业发展过程中由美国项目管理协会首先提出的，其是指项目管理专业领域中知识的总和。

项目管理是管理科学的一个分支，但又与项目相关的专业技术领域密不可分。所以，项目管理所涉及的知识面极为广泛。国际项目管理界普遍认为，项目管理知识体系范畴主要包括三大部分，即项目管理所特有的知识、一般管理的知识和与项目相关应用领域的知识。项目管理所特有的知识是项目管理知识体系的核心。

美国项目管理协会于1984年制定了《项目管理知识体系指南》（Project Management Body of Knowledge，PMBOK），尝试建立全球性的项目管理标准。PMBOK先后于1987年、1996年、2000年、2004年、2008年、2018年进行了多次修订，最新版本是2018年所发布的《项目管理知识体系指南》（第六版），该文件已被世界项目管理界公认为一个全球性标准。国际标准化组织（ISO）以PMBOK为框架，制定了ISO 10006标准《项目管理质量指南》及

ISO 21500-2012 标准《项目管理指南》。

PMBOK 将项目管理分为 9 大领域,即范围管理、采购管理、风险管理、沟通管理、人力资源管理、整体管理、质量管理、成本管理和时间管理。

2. ICB

国际项目管理协会(Intenational Project Management Association,IPMA)在 1998 年确认了 IPMA 项目管理人员专业资质认证全球通用体系的概念,并发布了 IPMA 项目管理专业资质标准(International Competence Baseline,ICB)。ICB 不仅对项目管理知识要素进行了描述,而且制定了专业资质评估的总体结构。ICB 包括项目管理知识和经验的 46 个要素,其中包括20 个技术能力要素、15 个行为能力要素、11 个环境能力要素。

20 个技术能力要素:成功的项目管理,利益相关者,项目需求和目标,风险与机会,质量,项目组织,团队协作,问题解决,项目结构,范围与可交付成果,时间和项目阶段,资源,成本和财务,采购与合同,变更,控制与报告,信息与文档,沟通,启动,收尾。

15 个行为能力要素:领导,承诺与动机,自我控制,自信,缓和,开放,创造力,结果导向,效率,协商,谈判,冲突与危机,可靠性,价值评估,道德规范。

11 个环境能力要素:面向项目,面向大型项目,面向项目组合,项目、大型项目、项目组合的实施,长期性组织,运营,系统、产品和技术,人力资源管理,健康、保障、安全与环境,财务,法律。

3. C-PMBOK

中国项目管理知识体系(Chinese-Project Management Body of Knowledge,C-PMBOK)是由中国(双法)项目管理研究委员会(RMRC),即优选法统筹法与经济数学研究会发起并组织实施的。C-PMBOK 主要是以项目生命周期为基本线索展开,从项目和项目管理的概念入手,按照项目的 4 个阶段,即概念阶段、启动阶段、实施阶段和结束阶段,分别阐述每个阶段的主要工作及其相应的知识内容,同时考虑到项目管理过程中跨生命周期两个以上阶段的公用知识及其涉及的方法和工具。

4. 中国工程项目管理知识体系

中国建筑业协会工程项目管理委员会在借鉴国际上通用的项目管理方法的基础上,结合中国近 20 年推行工程项目管理的实践经验建立了《中国工程项目管理知识体系》(Chinese-Construction Project Management Body of Knowledge,C-CPMBOK)。C-CPMBOK 分别以工程服务过程为主线,以项目管理模块为特征,构建了工程项目管理的知识模块结构。

任务检测

1. 选择题

(1)以下关于项目生命周期叙述正确的是(　　　)。

　　A. 定义产品生命周期

　　B. 所有项目都清晰地划分为相同的阶段

　　C. 定义每个阶段应做什么工作

　　D. 定义许多在进入项目下一个阶段之间必须完成的工作

（2）（　　　）决定一个新项目的要求。

  A．客户   B．项目经理

  C．项目发起人   D．项目干系人

（3）对于项目而言，以下说法正确的是（　　　）。

  A．项目不是独特的，因为总是有某些方面是以前做过的

  B．正常运行的项目通常要经过渐进明晰的过程，尽管项目范围已经经过了定义和批准

  C．地铁综合监控自动化系统完成后还有维护、电力调度等日常运营工作，所以建设地铁综合监控自动化系统的项目不能被认为是临时性的

  D．一个有经验的项目经理会避免含有不确定性因素的项目

2．简答题

（1）项目的特征是什么？

（2）项目成功的衡量标准有哪些？

（3）一般电气与控制项目工程的生命周期可以分为哪几个阶段？

（4）根据项目管理知识体系指南，项目管理过程可以划分为哪 5 个过程组？

（5）如何理解工程项目管理系统？请以本章引导案例项目为例进行说明。

工程项目管理的
全过程及其策划

第二章　工程项目管理的全过程及其策划

任务目标

熟悉工程项目管理的全过程所涉及的内容，了解每一部分所要重点关注的管理对象及问题，掌握其思想方法，深刻理解工程项目策划所要求完成的任务。

任务描述

引导案例

某新能源地面光伏电站工程项目要求总规划装机容量 50MWp，将原 110kV 扩容为 220kV（含对侧间隔扩建，不含线路），同期建设一座 110kV 升压站。要求开、竣工日期：××年 9 月 28 日至同年 12 月 31 日。

提问：该项目技术上是否可行？经济上是否合理？项目需要的投资是多少？项目的风险如何？项目如何组织实施？

所有这些问题都需要在项目开始之前确定下来，本章将通过工程项目管理全过程及其策划的解构与论述来一一解决上述问题。

第一节　工程项目管理全过程

一、工程项目管理全过程的内涵

工程项目管理的职能包括计划、组织、控制以及协调、指挥与监督。工程项目管理的全过程如图 2-1 所示。整体过程可概括为目标→策划→计划（文件）→实施→监控→检查→分析→对策（纠偏及预防）。

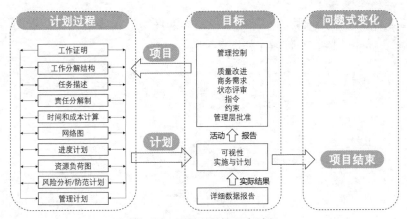

图 2-1　工程项目管理全过程

美国项目管理协会认为影响项目的 3 个关键因素分别是组织、计划与控制的有效性（项目管理的方法与工具有效性）。根据项目实践经验，业界一致认为在项目管理的所有因素当中，对项目执行者的管理即人的管理尤其重要。

二、电气与控制工程项目管理全过程的理解

图 2-2 为电气与控制工程的项目实施流程

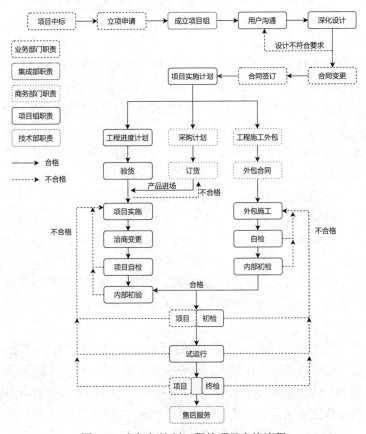

图 2-2　电气与控制工程的项目实施流程

根据图 2-2 可以将该类项目的实施全过程归纳为启动（立项）、计划、执行、监管及控制（准备及实施）、结束（验收）阶段。如图 2-3 所示。

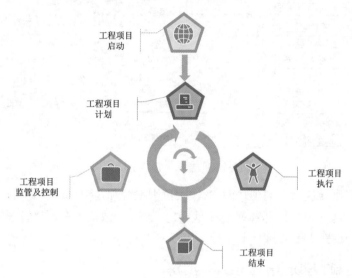

图 2-3　工程项目管理全过程

为了对电气与控制工程项目进行有效管理，通常对其进行全过程解析。在立项阶段，根据签订的合同，明确项目背景和技术方案，由部门负责人任命项目经理，下达工程任务书；在计划阶段，由项目经理制订出工程项目计划，划分工程任务、人员配备要求、分包方要求、工程预算，并报部门负责人批准；在执行阶段，主要聚焦于对工程项目执行过程的监控；在准备阶段的主要工作包括设备采购、人员安排、机房和配线间等现场环境准备、设备安装位置确定、电源及配件确定、装修、布线等准备；在实施阶段的主要工作包括设备及材料运输、设备到货验收、机房装修、布线施工、网络设备安装调试、工作站安装调试、服务器安装调试、应用系统安装调试、其他设备安装调试、项目变更控制、人员培训、文档整理等；而验收阶段则包括设备安装验收、项目初验、项目终验及工程总结、文档交接等。

实践证明，对于执行多个电气与控制工程项目的公司，出于对组织效能和效率的考虑，在项目管理平台上（组织层面上）通常将物资、人力资源、财务、信息化建设和管理等进行集中管理，项目经理作为工程项目主要负责人，将驱动这些资源为项目提供支持。在这样的组织中，项目的设备采购、设备集成成套、设备出入库管理、人力资源管理、项目成本管理和信息化管理等活动贯穿于项目全过程，并由相应部门提供支持。这样划分的目的既实现了专业化的分工，让项目经理能更加专注于项目核心过程，又实现了组织对物资、人力资源、财务和组织信息化的统一管理。

基于此，电气与控制工程项目管理的核心过程被划分为 5 个阶段，即系统需求分析阶段、系统设计阶段、设计实现及测试工作阶段、现场安装调试阶段以及系统验收阶段。其中系统需求分析阶段和系统设计阶段有明显的重叠，这需要在实践中，在项目各方沟通联络中协商解决。这样的划分使得各阶段之间的联系符合控制论中的闭环控制思想，在其管理活动上符合前述的PDCA 循环，其特征为大环套小环；阶梯式上升，周而复始，螺旋上升。

第二节 电气与控制工程项目管理全过程解构

一、系统需求分析阶段

分析工程项目的需求要求在接受项目管理委托者在具体展开项目的规划、执行和控制之前，务必要全面理解项目的需求。因此系统需求的定义是系统必须符合的条件或达到的性能。系统需求分析的目的是通过完整、准确地描述用户的期望和要求，将用户的期望和要求准确地反映到系统的分析和设计中，并使系统的分析、设计和用户的期望保持一致。最后形成项目需求建议书，向承约商说明如何满足其已识别需求的建议。

（一）系统需求分析主要内容

系统需求分析主要内容包括以下 3 点。

1. 项目目标

项目目标是指能清晰地表达交付物的具体内容。如本章引导案例中项目的实施范围包括光伏场区的支架安装、组件安装、配电装置、升压站构筑物、升压站区工程、防雷接地、消防系统以及升压站和光伏场区所有图像监控、控制保护系统监控、直流 UPS、通信、远程自动控制及电量计量系统等，以及项目实施中客户可以提供的保障、物品供应等。

2. 需求描述

需求描述中应包括成本、付款方式、进度、投标等内容。成本的多少、客户的付款方式（如分期付款、一次性付款）都是承约商关心的问题。例如，某 IT 项目业主在项目启动时支付给承包公司 20%的款项，项目完成 50%时再支付 30%的款项，项目竣工后支付剩余 50%的资金。

进度是指项目的进度计划，这是客户最为关心的问题。工程的及时完成可以保证能尽早使用工程交付物的成果。

有关承约商投标的事项，应规定建议书的格式及投标方案的内容。投标方案的评审标准可能包括承约商的背景及经历、技术方案、项目进度、项目成本。

3. 交付物说明

交付物说明是指对交付物的评价标准。项目实施的最终标准是客户满意，否则承约商很难获得所期望的利润。

（二）需求分析时应重点把握的问题

1. 用户需求的一致性

通过分析整理，能剔除用户需求矛盾的方面，因为这种矛盾可能源于推广活动中处于不同立场的用户的不同需求，如前期建设的需求和最终运营的需求，管理人员的需求和技术人员的需求等。

2. 用户需求的易读性、准确性

需求的描述必须易于相关各方的沟通和理解，对需求的描述必须是准确的，这是从深度的方面对需求描述提出的要求。

3．用户需求的完整性

从广度方面来说，系统需求的描述应是完整的，对系统的需求分析必须全面，尽可能全面涵盖用户的各个层次的要求。对于系统本身而言，也需要划分出不同的层级，不同的系统可以根据需求整理的要求进行划分。

4．需求分析的可追溯性

需求分析应该按照问题分析、需求描述、需求评审及管理需求等阶段来逐步完成。定义需求时无论怎样谨慎小心，也总会有可变因素存在，变更的需求之所以难以管理，不仅是因为一个变更了的需求意味着要花费时间来实现某一个新特性，而且也因为对某个需求的变更很可能会影响到其他需求。所以关于需求分析的可追溯性，一是需要不断地和用户进行深入交流，和用户最新的需求保持一致；二是需要和系统分析（设计）保持一致。

总之，分析项目的需求应该包括了解客户的需求以及完成项目目标的确定。即是对工程项目在做出是否投资的决策之前，先对与该项目相关的技术、经济、社会、环境等方面进行调查研究，对项目各种可能的拟建方案认真地进行技术经济分析论证，研究项目在技术上的先进适用性、在经济上的合理有利性和在建设上的可能性，对项目建成后的经济效益、社会效益、环境效益等进行科学的预测和评价，据此提出该项目是否应该投资建设，以及选定最佳投资建设方案等结论性意见，从而为项目投资决策提供依据。

二、系统设计阶段

如果需求分析阶段的任务是解决"干什么"的问题，那么系统设计阶段的任务是确定"怎么干"，确定解决需求或相关问题的具体技术、管理或实施方案。鉴于电气与控制工程项目的特殊性，系统设计阶段中需要注意用户需求的符合性、技术成熟性和先进性，系统的安全性、可扩展性，所选产品的质量符合性和法律法规的符合性（甚至包括伦理问题）等。

这个阶段也通常被称为工程项目计划阶段，该阶段为工程项目管理设计运行轨迹，对工程项目的可能性与可操作性进行最佳估计。这是一个分析与优化的过程，所以其编制一定要考虑执行力的问题。系统设计可以分为总体设计和详细设计，总体设计需要进行系统模块结构设计，即将一个大系统分解成不同层次、多个模块，并对模块的输入、输出和接口过程做出规定；在详细设计阶段，要在模块结构设计的基础上，给出每个模块实现方法的细节，对模块的接口进行详细描述。

系统设计阶段是工程项目管理的指南与依据、是确定方案获取授权的阶段，是统一思想达成共识的阶段。这个阶段的成果用来指导实践，确定工程管理控制的目标，并成为绩效考核的基准。

特别需要强调的是，在电气与控制工程项目中，系统需求分析和系统设计两个阶段在时间上往往有比较多的重叠，所以需要在联络会上与项目利益各相关方进行充分讨论，从而保证系统设计能满足用户的需求。

三、设计实现及测试工作阶段

工程项目目标实现的基石是项目执行力，而工程项目执行的主要内容围绕着工作量、工作进度、工作任务、成本、出现的问题辨析等来展开。工程项目执行需要根据工程项目范围描述跟踪项目进展，并按工程项目跟踪程序来执行，在此执行过程中需要实施阶段性评审，包括状态评审、设计评审、过程评审等，并需要根据这个评审结果有效地解决所存在的问题并提出后续过程执行中的预案。

对于电气与控制工程项目，设计实现及测试工作即对应此执行过程。设计实现阶段的所有工作是以系统设计阶段得到的阶段性成果为基础开展的。例如，控制系统的工程中设计实现对于硬件而言就是硬件制造，对于软件而言就是数据库和人机界面组态，另外可能还会有应用开发和接口开发的编程等。所以在设计实现联合体时，仍然沿袭前面需求分析和系统设计时的任务分解和模块的方法，将产品分解为多个单一功能的模块进行实现生产。通过这种工作方法不但利于项目的进度控制，而且可以最大程度地降低项目的风险和返工的可能。

测试工作对应的是对产品是否满足需求的验证。设计实现和测试工作不是完全的前后关系，而是伴随发生的两组活动，重视测试工作就是重视检验工作。特别对 IT 行业来说，测试工作通常分为单元测试和集成测试，单元测试主要是在产品实现过程中针对某一单独功能模块进行的正确性测试；集成测试是在单元测试的基础上将所有模块按照设计要求组装成系统或子系统，对模块组装过程和模块接口进行正确性测试。其测试项目要根据模块特点来定，测试过程必须严格监控产品质量，对测试规范、测试问题、测试报告进行严格评审，最大限度地保证测试质量。

四、现场安装调试阶段

测试工作结束后，对于一个电气与控制工程项目而言，其生产和实现工作基本结束，接下来进入到现场安装调试阶段。安装调试阶段产出项目的最终交付物，前面的工作将在这个阶段进一步得到检验。这个检验是非常具体的，也是现实的，即从原本的实验室环境进入到了现场环境。工业现场环境一般比较恶劣，包括电磁干扰、灰尘以及温湿度的大幅变化等。

对于一定的主体，为保证在变化的外部条件下实现其目标，按事先拟定的计划和标准，采用一定的方法对被控对象进行监督、检查、引导、订正的行为过程。但通常，项目到这个阶段时用户仍然可能变更需求，所以这个情况虽然需要尽可能地避免，有时候却确实避免不了。再有，由于现场安装调试阶段中外界不确定因素及突发事件较多，因此必须对该阶段的风险进行充分地预测，即之前的项目计划在此时依然有可能被更新，故要并保证项目计划随现场实际情况而变化，将项目偏差到最小。所以需要关注以下 4 个方面的问题。

1．工程项目监管与控制的实施

（1）工程项目监管与控制实施的主体即为工程项目的控制者，包括多主体、多层次，如决策层、职能层、项目管理层以及外部层。

（2）外部条件是变化的。需要注意的是，变化是工程项目管理的一大特点，从控制论角度来看，一般认为工程项目管理属于灰色系统。

（3）目标，即成果性目标（交付物）+约束性目标（工期、费用、质量等）。现代工程项目管理的总目标是让工程项目利益相关方都满意。

（4）计划和标准：指南、依据。

2．工程项目监管与控制的方法

工程项目监管与控制的方法包括以下 2 点：

（1）被控对象（即控制的客体）是工程项目，这是一个有机的整体，具有系统性特征。

（2）行为过程：主要利用偏差分析，包括有利偏差和不利偏差两个方向。

1）针对有利偏差（即正偏差或称正反馈），其主要的监控制方法包括原因分析；系统分析，以统筹的、全面的、整体性的系统思想来分析偏差；对策分析，其过程中要始终保持和激励态度，尽可能抑制问题产生的可能性；实施。

2）针对不利偏差（即负偏差或称负反馈）主要的监控方法是纠正和预防同时作用。

3．工程项目管理计划与控制的内容

（1）三控：工期（T）、费用（C）、质量（Q）。

（2）三管：合同管理、信息管理、生产要素（人、财、物、时间、技术、费用）管理。

（3）协调：组织协调。

4．计划与控制的层次

计划与控制的层次是以目标为导向的 PDCA 循环活动，大环套小环，螺旋上升。需要注意的是，电气与控制工程项目中控制系统是服务于工艺系统的，所以需要在工艺系统装备的基础之上来完成安装调试。因此经常出现的问题是主设备安装拖期，压缩了控制系统的调试周期。因为整体工程投入运行的时间是不能经常变更的，如何处理和应对类似的危机是本阶段工作的一个特别需要重视的问题。

电气与控制工程项目的现场安装调试通常按照设备安装、外观检查、接线检查、单体调试、单系统调试、全系统联调的流程来完成。对于一些超大型系统项目，现场安装调试可能会在多个地理位置上，即不同的现场同时进行。对于全局的系统调试尤其需要注意根据各个现场的情况对调试计划做出及时的调整，确保工程项目的整体顺利完成。

五、系统验收阶段

项目验收是电气与控制工程项目的最后一个阶段，也称为项目产品或交付物的确认或项目移交。一般是在项目结束后，项目团队将其成果交付给使用者之前，项目接收方对项目产品或交付物进行审查，审核项目计划规定范围内的各项工作或活动是否已经完成，确认应交付的成果是否满足客户的要求。

工程项目结束也称作工程项目收尾，具体要完成项目移交评审、项目合同收尾、项目管理收尾等工作。

最后由于电气与控制工程专业的特殊性，特别是为保证在无人值守的生产过程中系统控制品质，还涉及一个护航期的问题。所以对于这类项目，整个验收和维护阶段通常包括 3 个阶段，即项目的初验、项目的保证期或试运行以及项目的终验。项目的初验指项目竣工后，按照合同的规定，项目经理向客户提出对项目产品或交付物进行初验测试，实验结束后方能进入试运行阶段，项目的产品或交付物开始运行；而在项目移交完毕后，通常伴随有一个保证期，此期间项目团队应为项目正常运营提供服务；项目的终验是在项目初验的基础上，根据项目试运行及项目初验中遗留的问题进行解决，最终将项目的产品或交付物移交给客户并使客户满意的过程。

工程项目的收尾另外还会涉及有关工程项目的评估与工程项目的后评价。关于工程项目后评价部分的内容，可以查阅相关拓展资料，本书不展开讨论。

最后需要建立工程项目文档（组织、过程、资产），出具工程项目总结报告。

第三节　工程项目管理策划

首先需要说明的是，工程项目管理的策划包括两个阶段完成的策划，一个是项目前期进行的系统策划，即提前为项目建设形成良好的基础，创造完善的条件，使项目在技术上超前合理，在资金、经济方面周密安排，在组织管理方面灵活且有一定弹性，从而保证工程项目具有充分的可行性，且能适应工程项目建设的要求；另一个则是项目实施策划，即是在工程项目立项后，将项目决策付诸实施而形成具有可行性、可操作性和可指导性的实施方案，项目实施策划也可称为项目实施规划（计划），其作用是"承上启下"。本节主要讨论的是前者。

一、工程项目策划的定义、性质、内容与作用

项目策划是项目管理的一个重要组成部分，它将各种项目实施设想转化为符合项目管理的要求，是具有充分可行性的实施方案和工作计划，从而为项目实施中的各种工作提供富有建设性的决策依据。

（一）项目策划的定义

项目策划人员围绕业主提出的目标，根据现实的情况和信息，对项目进行系统分析。在拥有充分信息的基础上，在统筹考虑经济效益、社会效益、环境效益的前提下，判断项目变化发展的规律，从而选择合适、可行的行动方案。从项目选址、投资决策、规划设计施工到运营及管理，其整个工程结合市场进行科学预测、综合分析，制订项目实施计划及措施，并作为投资决策和运作依据，使项目建设达到预期目标。在工作内容上，项目策划是对项目目标、项目组织、项目环境、项目功能等进行安排，是一种计划性的工作；在工作重心上，项目策划工作由于其计划性，故主要集中在项目前期和中期进行。

（二）工程项目策划的性质

工程项目策划的性质是将建设意图转变成定义明确、系统清晰、目标具体且富有策略性运作思路的高智力系统活动。其目的是寻找项目机会，确定工程项目目标，对工程项目进行可行性研究，以使其建立在可靠、优越、坚实的基础上。

（三）工程项目策划的内容

工程项目策划是一个系统的、按部就班的、有步骤的过程，包括以下6点：

（1）工程项目的构思与选择，也就是寻找项目机会。有时会产生多个项目构思，需要上层管理者深思熟虑后根据项目情况与组织现状，择优而取。

（2）工程项目目标设计。工程项目目标设计是根据工程项目全面系统的调查结果，确定预期目标。此目标是指项目完成后，能够产生的功能、作用以及给投资者带来的回报等。

（3）工程项目意义。工程项目意义是指对工程项目目标的详细说明。

（4）工程项目建议书。在此建议书里，工程项目目标被转化成具体详细的项目任务。

（5）工程项目可行性研究。可行性研究是对工程项目进行经济和技术等方面的论证。主要目的是考察项目工作能否实现项目目标及实现的程度如何，其结果也将作为项目决策的依据。

（6）工程项目评价与决策。在得出可行性研究报告后，需要对工程项目进行财务、国民经济和环境等方面的评价，考察其是否满足这些方面的要求。需要注意的是，要根据可行性研究报告及评价结果，对项目进行决策，确定是实施此项目还是另辟蹊径。

工程项目策划过程如图 2-4 所示。

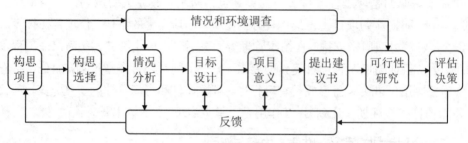

图 2-4　工程项目策划过程

（四）工程项目策划的作用

工程项目策划的作用有以下 2 个。

1. 确定项目目标

没有目标和方向，项目会偏移轨道。项目策划就是根据项目性质，指出项目发展目标，从而构建整体框架，使目标清晰、明确，以保证随后开启的项目实施过程不会出现偏差。

2. 用于指导项目管理工作

项目实施是一个需要各方相互配合的系统工程。如果没有明确的指导方针，项目将陷于混乱之中，无法实施。而在策划时对项目进行可行性论证后，就可以成为项目经理及其成员实施项目的指导手册，从而保证项目顺利实施。

工程项目策划对项目影响很大，一旦项目策划没有做好，所导致的损失将不可估量。项目投入及其影响曲线如图 2-5 所示，从图中可以看出，前期项目策划的投入较少，但其对项目的影响最大。只有做好项目策划，以后的施工过程才能顺理成章，从而保证投资的效率。

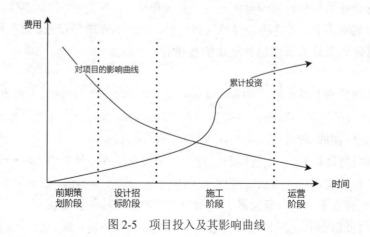

图 2-5　项目投入及其影响曲线

二、工程项目策划的基本原则及方法

（一）工程项目策划的基本原则

工程项目策划的基本原则有以下 2 点。

1. 工程项目必须符合组织战略

战略管理提供了组织未来方向的主题和重心，而战略管理主要包括两个方面，一方面是对外部环境变化做出反应；另一方面是分配企业的稀缺资源，从而改善其竞争地位。

2. 工程项目与战略管理过程的关系

从工程项目管理视角来看战略管理过程与工程项目之间的关系，可以由企业战略规划来确定企业达成战略目标的情况；由项目组合管理来寻找评价和选择项目的方法；由项目群管理来确定如何管理好一群项目；由项目管理来实现如何管理好一个项目的重要因素。工程项目与战略管理过程的关系如图 2-6 所示。

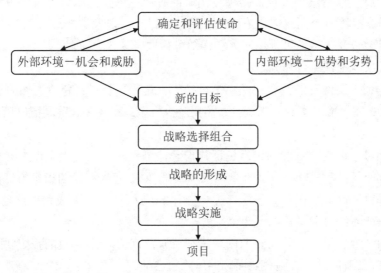

图 2-6　工程项目与战略管理过程的关系

（二）工程项目策划的方法

工程项目策划有多种方法，但每种方法只能解决整个项目的某些方面，要想得出完整、全面、准确、可靠的策划，必须综合运用以下 3 种方法。

1. 以科学为依据的策划方法

将零散资料进行整理、归类，使其系统化；从个别性与特殊性上升至共同性与一般性；运用分类比较、归纳演绎、数理统计等方法，读出工程项目的真实面貌。

2. 以规范为标准的策划方法

规范是行业经历多年的经验总结。在行业内进行工程项目策划时，一定要遵守规范要求，选择不仅能够节省时间，而且能够在较大程度上保证项目策划的准确性和可靠性的项目策划。

3. 系统的策划方法

工程项目策划过程是一个复杂、庞大的工作体系，只依靠一种方法恐怕很难做出完整、

准确的策划，因此要做到具体问题具体分析，综合运用多种方法，相互检验其结果，寻求最准确、最合理的方法，以保证后续工作的顺利开展和项目的圆满完成。

总之，工程项目策划为后续的项目决策提供科学的依据，以一种科学的思维方法，为全面的项目决策做准备。

三、工程项目论证及审核

（一）项目论证的概念

项目论证是一种综合分析和全面科学评价的技术经济研究活动。项目论证又称可行性研究。从市场预测开始，通过拟定几个方案进行比较论证，研究项目的规模工艺、技术方案、原材料及能源供给、设备造型、厂址选择、投资估算、资金筹措和偿还、生产成本等各种要求与制约因素，以分析评价项目。项目论证主要研究项目在建设上的必要性、技术上的可行性、经济上的合理性，最后提出项目可行或不可行的结论。

可行性研究属于项目策划过程，指项目决策前对项目进行技术、经济等方面的论证。主要目的是从技术、经济两个角度来考察工程项目是否可行，以及选择最合理、最优化的方案。一般包括投资机会研究、初步可行性研究和详细可行性研究 3 个阶段。

（二）工程项目论证的内容

工程项目论证主要回答的几个问题包括：技术上是否可行；经济上是否有生命力；财务上是否有利可图；能不能筹集到全部资金；需要多少资金；需要多长时间建立起来；建立起来的作用有多大。

通过工程项目论证要达到的结论：论证建设条件可靠的；经济上有较大的利润可图；采用的技术是先进的(也许不是最先进,不一定要求最高,但综合来看要达成平衡即最优性价比)。

（三）工程项目论证的作用

工程项目论证的作用主要有以下 3 个：

（1）对于企业的作用。真正将企业的经济利益放在首位，把可研报告从"可批"变为"可行"，企业不能自己骗自己，否则企业面临的风险将会加大。

（2）对于政府的作用。需要重点审核重大项目，如果审核的内容和方向改变，则对企业投资的外部环境的监管力度将会加大。政府职能转变以改善投资环境，帮助企业更好地营利，促使经济增长。

（3）对于银行等投资方的作用。实行独立审贷职能，严格监管贷款风险。

（四）工程项目论证经历阶段

联合国工业发展组织（UNIDO）出版的《工业项目可行性研究手册》将可行性研究分为 3 个阶段，即投资机会研究、初步可行性研究和详细可行性研究。由于这 3 个阶段的目的、任务、要求以及所需费用和时间各不相同，故其研究的深度和可靠程度也不同。

1. 投资机会研究阶段

主要是寻找投资机会、选择机会，从各方面进行分析，提供概略的投资建议。投资机会研究重点是关于投资环境的分析，其研究内容有针对地区性的、行业的和资源方面的研究等。投资机会研究的结果是形成一个初步的体系即项目建议书。

2．初步可行性研究（初步论证）阶段

这是介于投资机会研究和详细可行性研究之间的一个中间阶段，其着重点是讨论工程项目建设的必要性和项目建设的可能性（也容许其并无结论）。

初步论证的目的是要判断投资机会研究提出的投资意向是否正确；有无必要通过项目论证进一步详细分析。

初步论证内容包括项目在经济上是否合理；项目发展有无必要；项目所需人、财、物；项目收益估算；项目进度安排。

初步论证结果是初步项目论证报告。

初步论证对于大型复杂项目而言必不可少，其内容与详细可行性研究大致相同，只是研究深度和准确度方面存在差异。

3．详细可行性研究（详细论证）阶段

详细可行性研究是一个系统的、反复的、动态的论证过程。任何一步出现问题，都需要返回到其前面的步骤，检查出现的错误。即便是一个很小的错误，也可能导致项目的重大损失。因此，只有保证所有步骤都准确无误，才能形成最终的可行性研究报告，从而指导项目实施。

这一阶段需要进行深入调研，充分进行技术、经济论证，得出是否可行的结论，同时选择并推荐优化的工程项目实施方案。其目的是了解论证工程项目建设的必要性；论证工程项目建设的可行性；论证工程项目实施所需要的条件；进行相应的财务和经济评价。

详细可行性研究对项目确定和项目实施有重要的作用，具体表现为以下9个方面：

（1）作为工程项目投资决策的依据。详细可行性研究对与工程项目有关的各个方面都进行了调查研究和分析，并论证了工程项目的先进性、合理性、经济性和环境性，以及其他方面的可行性。项目的决策者主要是根据可行性研究的结果来做出项目是否应该投资和应该如何投资的决策。

（2）作为编制设计任务书的依据。详细可行性研究具体研究的是技术经济数据，多需要在设计任务书中明确规定，它是编制设计任务书的根据。

（3）作为筹集资金和银行申请贷款的依据。银行在接受项目贷款申请后，审查工程项目的可行性研究报告，只有在确认了项目的经济效益水平和偿还能力，以及承担的风险不太大后，才同意贷款。

（4）作为与有关协作单位签订合同或协议的依据。工程项目一般是由各个单位共同完成的，因此，在与承包商签订合同或协议时，双方都需要依据可行性研究的结果，才能确定报价的高低、设备的型号和材料的多少等。

（5）作为工程项目建设的基础资料。工程项目的可行性研究报告是工程项目建设的重要基础资料。工程项目建设过程中的技术性更改，应认真分析其对工程项目经济社会指标的影响程度。所以说，可行性研究报告是工程项目的实施和目标控制的重要依据。

（6）作为环保部门审查工程项目对环境影响的依据，并作为向工程项目所在地的政府和规划部门申请建设执照的依据。

（7）作为工程项目的科研试验、机构设置、职工培训、生产组织的依据。根据批准的可行性研究报告，进行与工程项目相关的科技试验，设置相应的组织机构，进行职工培训等生产准备工作。

（8）作为工程项目考核的依据。工程项目正式投产后，应以可行性研究所制定的生产纲要、技术标准及经济社会指标作为工程项目考核的标准。

（9）作为工程项目后续工作的依据。进行工程项目可行性研究后，就要进入设计和施工阶段，这些工作都是建立在可行性研究的基础上。如厂址的建设、设备的选择、原材料的投入和人力资源使用等。如果这些工作没有经过可行性论证，就无法进行。

工程项目论证的 3 阶段比较见表 2-1。

表 2-1   工程项目论证的 3 阶段比较

阶段 \ 内容	论证目的	论证时间	论证质量	论证费用
投资机会研究	鉴定投资机会	1 个月	±30%	占总投资额的 0.2%～1.0%
初步论证	投资方向是否正确	1～3 个月	±20%	占总投资额的 0.25%～1.5%
详细论证	工程项目建设的必要性、可行及性需要的条件	半年～2 年	±10%	小型项目占总投资额的 1.0%～3.0%；具有先进技术的大型项目占总投资额的 0.2%～1.0%

（五）工程项目审核

2004 年 7 月，国务院颁发了《国务院关于投资体制改革的决定》（国发〔2004〕20 号），对原有投资体制进行了改革，确立了企业的投资主体地位，彻底改变以往"不分投资主体、不分资金来源、不分项目性质，一律按投资规模大小分别由各级政府及有关部门审批"的投资管理办法。对于不使用政府性投资资金的项目，一律不再实行审批制。区别不同情况实行核准制和备案制。即对于政府投资项目或使用政府性资金；国际金融组织和外国政府贷款投资建设的项目，继续实行审批制，需报批项目可行性研究报告；凡不使用政府性投资资金（国际金融组织和外国政府贷款属于国家主权外债，按照政府性投资资金项目管理办法管理）的项目，一律不再实行审批制，区别不同情况实行核准制和备案制，无须报批项目可行性研究报告。

1．审批制

政府投资的方式主要有以下三种：一是直接投资，指政府从财政预算中进行财政性拨款，直接用于投资建设项目；二是资本金注入，指政府作为投资方注入资本金，一般实行委托或成立投资公司实行股权托管；三是投资补助和贷款贴息。

对于政府直接投资和以资本金注入方式投资建设的项目，仍然采用"审批制但只审批项目建议书和可行性研究报告，一般不再审批开工报告（大型项目例外）"。具体而言，继续审批项目建议书和可行性研究报告的建设项目包括以下 4 类。

（1）采用政府直接投资和资本金注入方式的建设项目，由国家发展和改革委员会审批或由国家发展和改革委员会审核报国务院审批；地方政府投资项目由国家发展和改革委员会审批。

（2）使用中央预算内投资、中央专项建设资金、中央统还国外贷款 5 亿元及以上的项目，由国家发展和改革委员会审核报国务院审批。

（3）使用中央预算内投资、中央专项建设资金、统借自还国外贷款的总投资 50 亿元及以上的项目，由国家发展和改革委员会审核报国务院审批。

（4）对于借用世界银行、亚洲开发银行、国际农业发展基金会组织等国际金融组织贷款和外国政府贷款及与贷款混合使用的赠款、联合融资等国际金融组织和外国政府贷款投资项目，根据国家发展和改革委员会发布的《国际金融组织和外国政府贷款投资项目管理暂行办法》（国家发展和改革委员会令第 28 号）规定如下：

1）由中央统借统还的项目，按照中央政府直接投资项目进行管理，其项目建议书、可行性研究报告由国务院发展改革部门审批或审核后报国务院审批。

2）由省级政府负责偿还或提供还款担保的项目，按照省级政府直接投资项目进行管理，其项目审批权限，按国务院及国务院发展改革部门的有关规定执行。除应当报国务院及国务院发展改革部门审批的项目外，其他项目的可行性研究报告均由省级发展改革部门审批，审批权限不得下放。

对于政府采用投资补助和贷款贴息方式支持的项目，政府只审批资金申请报告。安排给单个投资项目的投资补助或贷款贴息原则上不超过 2 亿元，超过该额度的，按直接投资或资本金注入方式管理，审批可行性研究报告。安排给单个投资项目的中央预算内投资金额超过 3000 万元，且占项目投资总额 50%以上的，也按直接投资或资本金注入方式管理，审批可行性研究报告。3000 万元以下的，一律按投资补助和贷款贴息管理，只审批资金申请报告。

2．核准制

对于不使用政府性资金的项目不再实行审批制。但是，出于维护社会公共利益的目的，政府需要根据《政府核准的投资项目目录》对重大和限制类固定资产投资项目实行核准制。对于其他项目，无论规模大小均采用备案制。

《政府核准的投资项目目录》对应国家的战略方向，会按年份有其相应的特殊的规定，每年发布的目标都会对核准制的适用范围作相关说明。要注意核准制适用于不使用政府性资金建设的重大和限制类固定资产投资项目。

实行核准制的企业投资项目，政府不再审批项目建议书、可行性研究报告和开工报告。项目单位首先分别向城乡规划、环境保护和国土资源部门申请办理项目选址、环境影响评价和用地预审等审批手续，然后向国务院发展改革部门报送项目申请书，并附项目选址意见书、环境影响评价审批文件和用地预审意见书。

项目申请书主要是对该项目"外部性"和"公共性"作出评价，可视为可行性研究报告的简化版，不再包括投资项目市场前景。经济效益、产品技术方案等应由投资者自主判断决策的内容，仅保留原可行性研究报告中"需政府决策"的内容，即对投资项目的合法性、环境和生态影响、经济和社会效果、资源利用和能源消耗等方面进行分析。

根据《企业投资项目核准暂行办法》，国务院发展部门在受理项目核准申请后，有权委托有资质的咨询机构对该投资项目进行评估，征求该投资项目涉及的其他行业主管部门的意见、征求公众意见、进行专家评议。

3．备案制

除国家法律法规和国务院专门规定禁止投资的项目外，不使用政府性资金投资建设和《政府核准的投资项目目录》以外的项目适用备案制。对于适用备案制的投资项目，项目单位必须首先向国务院发展改革部门办理备案手续，然后分别向城乡规划、环境保护和国土资源部门申请办理项目选址、环境影响评价和用地预审等审批手续。

虽然适用于核准制和备案制的企业投资项目不需要报送并审批项目建议书和可行性研究报告，但企业一般仍应编制可行性研究报告作为项目决策、申请贷款和初步设计的依据。在审批制条件下，可行性研究报告的功能主要表现为报请政府主管部门审批的依据，也是向银行申请贷款、委托设计单位进行初步设计的依据。在核准制和备案制条件下，可行性研究报告的功能首先是作为投资方的企业进行投资决策的依据，其次是向银行申请贷款和委托设计单位进行初步设计的依据，它已不再具有作为报请政府主管部门审批依据的功能。因此，适用于审批制的投资项目，可行性研究报告的内容比较全面，不仅包括市场预测、产品方案、技术方案、投资估算、融资方案、财务评价等反映项目内在情况的分析，还包括对资源条件、环境影响、经济影响和社会影响等外部影响的论证；而对于适用核准制和备案制的投资项目，可行性研究报告主要是对项目内在情况的分析，可不再论证外部性问题。

4．新型投资体制特点

新型投资体制特点是市场引导投资企业，自主决策银行独立审贷融资方式，多样中介服务规范宏观调控有效。

5．项目审批机制改革

（1）改革前：不分投资主体，不分资金来源，不分项目性质，一律按投资规模大小分别由各级政府及有关部门审批的企业投资管理办法。

（2）改革后：对于企业不使用政府投资建设的项目，一律不再实行审批制，区别不同情况，实行核准制和备案制。

6．项目核准

（1）核准：政府仅对重大项目和限制类项目提出《政府核准的投资项目目录》；对于企业使用政府补助、转贷、贴息投资建设的项目，只审批资金申请报告。

（2）核准方向：从维护社会公共利益角度进行核准。

（3）核准内容：项目申请报告核准；外商投资项目从市场进入，资本项目管理等方面进行核准。

（4）项目申请报告：申报单位情况；拟建项目情况；建设用地相关规划；资源利用和能源耗用分析；生态环境影响分析；经济和社会政策分析。

（5）核准程序：如图 2-7 所示。

7．项目备案

项目备案指项目招投标完成后需先收集中标单位的所有资料（投标时的营业执照、资质证书、承装修试、安全生产许可证等相关证件），资料收齐后，报相关主管部门备案。备案项目无论规模大小，均改为备案制。

备案资料包括监理所有资质的扫描件；总包及部分分包单位的资质扫描件；部分前期文件的批文扫描件；项目专职安全员的资质证明文件；总包单位项目经理的资质证明文件；业主单位的资质文件及相关项目前期的批复文件扫描件；总包单位施工过程中的安全措施相关文件。

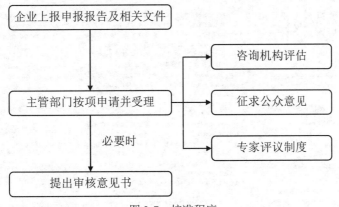

图 2-7　核准程序

8．工程项目后续工作的依据

工程项目可行性研究后，就要进入设计和施工阶段，这些工作都是建立在可行性研究的基础上。如厂址的建设、设备的选择、原材料的投入和人力资源使用等。如果这些工作没有经过可行性论证，就无法进行。

【案例2-1】某项目备案与核准文件

某项目备案证、某项目核准文件如图 2-8 和图 2-9 所示。

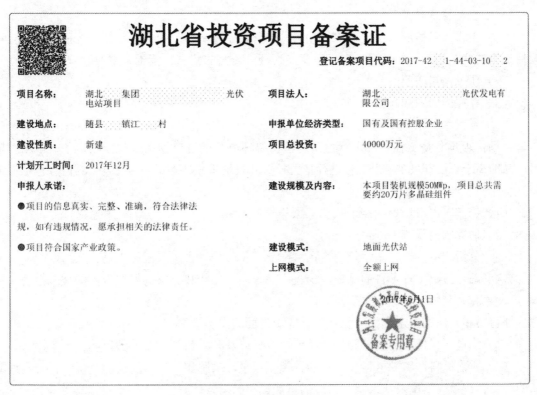

图 2-8　项目备案证

湖北省发展和改革委员会文件

鄂发改审批服务〔2 6〕2 5号

省发展改革委关于湖北　　集团中槽风电场工程项目核准的批复

发展改革委：

报来《　　发改委关于核准　　　　中槽风电场工程项目的请示》（　　发改能源〔　〕4号）及有关材料收悉。经研究，现就该项目核准事项批复如下：

一、为加快我省风能资源开发利用，优化能源结构，推动能源供给多元，促进当地经济社会可持续发展，同意建设　中槽风电场工程。

项目单位为湖北　　集团股份有限公司全资子公司湖北　　风电有限公司。

二、项目建设地点为　　　　　山。

三、项目建设规模为3.4万千瓦，安装17台单机容量2000千瓦的风力发电机组，年设计上网电量6155万千瓦时，年等效满负荷小时数为1810小时，以110千伏电压等级接入系统。

四、项目总投资为29380.68万元（不含送出系统工程投资），其中资本金5886.34万元，占总投资的比例为20%，由湖北　　集团股份有限公司出资，其余由银行贷款解决。

五、项目单位要积极参与中国核证自愿减排（CCER）交易，提高风电经济和社会效益。

六、请严格按照本核准意见实施招标、招标范围、招标组织形式、招标方式等要求见《招标核准意见表》（附后）。

七、核准项目的相关文件分别是：省住建厅《建设项目选址意见书》（鄂规选址420　　　5号）、《省国土资源厅关于湖北　　中槽风电场工程建设项目用地预审意见的函》（鄂土资预审〔2 6〕　号）、恩施州环保局《关于湖北　　中槽风电场工程环境影响报告表的批复》（　　环审〔2016〕7号）、　发展改革委《关于湖北　　中槽风电场工程项目节能评估报告表的核准批复》（　发改审〔2015〕　号）、市社会稳定风险评审委员会《关于湖北　　中槽风电场建设项目社会稳定风险评估意见》（　稳评〔20　〕2号）等。

八、如要对本项目核准文件规定的有关内容进行调整，请按照《政府核准投资项目管理办法》的有关规定，及时以书面形式向我委提出调整申请，我委将根据项目具体情况，出具有书面

确认意见或重新办理核准手续。

九、请湖北　　集团　　风电有限公司根据本核准文件，办理规划许可、土地使用、资源利用、安全生产等相关手续。

十、本核准文件自印发之日起有效期限2年。在核准文件有效期内未开工建设的，项目单位应在核准文件有效期届满前的30个工作日之前向我委申请延期。项目在核准文件有效期内未开工建设也未核准规定申请延期的，或虽提出延期申请但未获批准的，本核准文件自动失效。

十一、根据国家基本建设程序和风力发电建设有关规定要求，项目开工后，12个月内应全部建成并网发电。项目经营期20年，请你委督促项目单位按照上述要求，抓紧开展项目建设工作，按计划高质量地完成项目建设任务，促进地区能源、经济、社会、环境的协调和可持续发展。

附件：招标核准意见表

抄送：省经信委、省国土资源厅、省环保厅、省住建厅、省林业厅、省物价局、省安监局、省发改委能源局华中监管局、国网湖北省电力公司，省发展改革局、湖北　　集团　　风电有限公司。

湖北省发展和改革委员会　　　　　20　年9月　日印发

图2-9　某项目核准文件

四、电气与控制工程项目可行性研究的主要内容

工程项目不同，可行性报告里设计的研究内容也不尽相同，联合国工业发展组织编写的《工业可行性研究手册》提供了一般工业项目可行性研究的内容，但作为电气与控制工程项目又有其特殊性。

1. 工程项目背景及历史

（1）工程项目概况。其包括工程项目的名称，主办单位，承担可行性研究的单位，工程项目提出的背景，投资的必要性和经济意义，调查研究的依据、范围、主要过程等。

（2）研究结果概要。

（3）存在的问题和建议。

2. 市场需求和拟建规模

市场需求预测是工程项目可行性研究的重要环节。通过市场调查和预测，了解市场对项目产品的需求程度和发展趋势，是进行是否投资和投资规模决策的重要依据。其内容包括以下4个方面：

（1）调查国内市场近期需求状况，预测未来趋势。

（2）估算国内现有工厂生产能力。

（3）分析产品价格和竞争能力，预测产品销售前景（含进入国际市场）。

（4）确定拟建工程项目的规模，论述产品方案，比较和分析其发展方向的技术经济。

3. 原材料和投放物的选择供应

原材料和投放物的选择供应包括以下3个方面的内容：

（1）经过正式批准的资源储量、品位、成分以及开采、利用条件的评述。

（2）所需原料，辅助材料，燃料的种类、数量、来源和供应可能性，有毒、有害及危险品的种类、数量、质量及其来源和供应的可能性和储运条件。

（3）所需公用设施的数量、供应方式和条件，外部协作条件。

4．工程项目地点或厂址的选择

工程项目地点或厂址的选择包括以下 3 个方面：

（1）项目的地理位置、气象、水文、地质、地形条件和社会经济现状。

（2）交通、运输及水、电、气的现状和发展趋势。

（3）对厂址进行多方案的技术经济分析和比较，提出选择意见。

5．工艺方案、电气及控制方案、相关设备的配置、软件设计方案等

其包含以下 3 个方面内容：

（1）项目的构成范围，单项工程的组成、技术来源和生产方法，主要技术工艺和设备选型方案的比较，引进技术、设备的来源国别，设备的国内外比较与外商合作制造方案设想。

（2）全厂布置方案的初步选择和工程量估算。

（3）公用辅助设施和厂内外交通运输方式的比较和初步选择。

6．投资、成本估算与资金的筹措

其包括以下 2 个方面的内容：

（1）对项目总体投资及成本进行估计。

（2）给出资金筹集方案。

7．环境影响评价

环境影响评价包含以下 3 个方面的内容：

（1）对项目建设地区的环境状况进行调查，分析拟建项目的"三废"种类、成分和数量，对环境影响的范围和程度。

（2）治理方案的选择和废物回收利用情况。

（3）对环境影响的评价。

8．组织机构和人力资源配置

其包括以下 3 个方面的内容：

（1）全厂生产管理体制机构的设置，对选择的方案的论证。

（2）劳动定员的配备方案。

（3）人员培训规划和费用估算。

9．电气与控制工程项目实施进度安排

实施计划可用甘特图和网络图来表示。电气与控制工程项目实施进度安排包括以下 5 个方面的内容：

（1）勘察设计的周期和进度要求。

（2）设备订货、制造时间要求。

（3）工程施工进度。

（4）调试或投产时间。

（5）整个工程项目的实施方案和总进度的选择方案。

10．经济评价及综合分析（包括后续投运过程中的耗能评价）

经济评价包括以下 4 个方面的内容：

（1）总投资费用、各项建设支出和流动资金的估算。

（2）资金来源、筹集方式，各种资金来源所占的比例，资金的数量和筹措成本。

（3）生产成本的计算：总生产成本、单位生产成本。

（4）进行财务评价与国民经济评价。

综合分析包括以下2个方面的内容：

（1）运用各项数据，从技术、经济社会、财务等各个方面论述工程项目的可行性，推荐一个或几个可行方案。

（2）存在的问题和建议。

附：【案例2-2】某光伏电站项目可行性研究报告目录

某光伏电站项目可行性研究报告目录如图2-10所示。

图2-10　某光伏电站项目可行性研究报告目录

14.1 编制说明

14.2 工程概算表

15 财务评价和社会效果分析

15.1 财务评价

15.2 社会效果评价

16 建设项目招标方案

16.1 招标方案编制依据

16.2 项目概况

16.3 项目招标内容

16.4 项目招标方式

16.5 招标基本情况（附表）

图 2-10　某光伏电站项目可行性研究报告目录（续）

五、工程项目经济评价概要

在工程经济研究中，经济评价是在拟行的工程项目方案、投资计算和融资方案的基础上，对工程项目方案计算期内各种有关技术经济因素和方案投入与产出的有关财务、经济资料、数据进行调查分析。对产品项目、工程项目方案的经济效果进行计算、评价。

经济评价是工程经济分析的核心内容。其目的在于确保决策的正确性和科学性，避免或最大限度地减小工程项目投资的风险，明确建设方案投资的经济效果，最大限度地提高工程项目投资的综合经济效益。为此，正确选择经济评价指标和方法是十分重要的。

评价工程项目方案经济效果的好坏，一方面取决于基础数据的完整性和可靠性，另一方面取决于选择的评价指标体系的合理性。只有选取正确的评价指标体系，并且经济评价的结果能与客观实际情况相吻合，才具有实际意义。

工程项目经济评价的主要方法有静态评价、动态评价、不确定性分析等。

静态评价指标是在不考虑时间因素对货币价值影响的情况下直接通过现金流量计算出来的经济评价指标。静态评价指标的最大特点是计算简便。它适于评价短期投资项目和逐年收益大致相等的项目，另外在对方案进行概略评价时也常采用静态评价指标。

动态评价指标是在分析项目或方案的经济效益时，考虑时间因素对货币价值的影响，对发生在不同时间的效益、费用计算资金的时间价值，将现金流量进行等值化后计算评价指标。动态评价指标能较全面地反映投资方案在整个计算期的经济效果，适用于详细可行性研究，或对计算期较长以及在终评阶段的技术方案进行评价。

一般在方案比较时以动态评价指标为主。在方案初选阶段，可采用静态评价指标。

在进行工程项目方案经济评价时，应根据评价深度要求、可获得资料的多少和工程项目方案本身所处的条件，选用多个指标，从不同侧面反映工程项目的经济效果。

（一）静态评价指标

静态评价指标可分为以下 5 个。

1．投资利润率

投资利润率是指工程项目达到设计生产能力时的一个正常年份的利润总额与项目总资金之比。当项目生产内各年的利润总额变化幅度较大时，应计算项目生产期的年平均利润总额与项目总资金的比率。其计算公式为

$$投资利润率 = \frac{年利润总额或年平均利润总额}{项目总资金} \times 100\%$$

式中，年利润总额=年产品销售收入-年产品销售税金及附加-年总成本费用；年产品销售税金及附加=年消费税+年增值税+年营业税+年资源税+年城市维护建设税+年教育费附加；项目总资金=建设投资+流动资金。

投资利润率可根据损益表中的有关数据计算求得。在财务评价中，将投资利润率与行业平均投资利润率对比，以判别项目单位投资盈利能力是否达到本行业的平均水平。

2．静态投资回收期

静态投资回收期是指在不考虑资金时间价值的条件下，以方案的净收益回收项目全部投入资金所需要的时间。自建设开始年份算起，静态投资回收期 P_t 的计算公式为

$$\sum_{t=0}^{P_t}(C_1 + C_0)_t = 0$$

式中，P_t 表示静态投资回收期；C_1 表示现金流入量；C_0 表示现金流出量；$(C_1-C_0)_t$ 表示第 t 年净现金流量。

当采用上述公式计算时，需要求解高次方程，故不易得出结果。在实际工作中，一般采用下面的实用计算公式，即

P_t=累计净现金流量开始出现正值的年份数-1+（上年累计净现金流量的
绝对值/当年的净现金流量）

将计算出来的静态投资回收期 P_t 与所确定的基准回收期 P_c 进行比较。若 $P_t \leq P_c$，表明项目投入的总资金能在规定的时间内收回，则方案可以接受；若 $P_t > P_c$，则方案不可行。

3．借款偿还期

固定资产投资国内借款偿还期是指在国内财政和项目具体财务条件下，以项目投产后可用于还款的资金偿还固定资产投资国内借款本金和建设期利息所需要的时间。其公式为

$$I_d \sum_{t=0}^{P_d} R_t$$

式中，I_d 表示固定资产投资国内借款本金和建设期利息之和；P_d 表示固定资产投资国内借款还期；R_t 表示第 t 年可用于还款的资金，包括利润、折旧、摊销和其他可用于还款的资金。

借款偿还期可由资金来源与运用表及国内借款还本付息计算表直接推算，单位为年。详细公式为

$$借款偿还期 = 借款偿还后开始出现盈余年份数-开始借款年份+\frac{当年偿还借款期}{当年可用于还款的资金额}$$

$$贷款偿还期 = 贷款偿还后开始出现盈余年份数-开始贷款年份+\frac{当年偿还贷款期}{当年可用于还款的资金额}$$

当借款偿还期满足贷款机构的要求贷款偿还期时，即认为项目是有偿还能力的。

4．利息备付率

利息备付率也称为已获利息倍数，指项目在借款偿还期内各年可用于支付利息的税息前利润与当期应付利息费用的比值。其计算公式为

$$利息备付率 = \frac{税息前利润}{当期应付利息费用}$$

式中，税息前利润=利润总额+计入总成本费用的利息费用；当期应付利息表示计入总成本费用的全部利息。

利息备付率可以按年计算，也可以按整个借款期计算。利息备付率表示使用项目利润偿还利息的保证倍率。对于正常经营的企业，利息备付率应当大于2；否则，表示项目的付息能力保障程度不足。利息备付率指标还需要将该项目的指标与其他企业项目的指标进行比较，来分析决定本项目的指标水平。

5. 偿债备付率

偿债备付率指项目在借款偿还期内，各年可用于还本付息的资金与当期应还本付息金额的比值。其表达式为

$$偿债备付率 = \frac{可用于还本付息的资金}{当期应还本付息金额}$$

式中，可用于还本付息的资金包括可用于还款的折旧和摊销、成本中列支的利息费用和可用于还款的税后利润等；当期应还本付息金额包括当期应还贷款本金额和计入成本的利息。

偿债备付率可以按年计算，也可以按项目的整个借款期计算。偿债备付率表示可用于还本付息的资金偿还借款本息的保证率。正常情况下应当大于1，且越高越好。当指标小于1时，表示当年资金来源不足以偿付当期债务，需要通过短期借款偿付已到期债务。

（二）动态评价指标

动态评价指标可分为以下4个。

1. 动态投资回收期

动态投资回收期是在计算回收期时考虑了资金的时间价值。其计算公式为

$$\sum_{t=0}^{P_t'} (C_1 + C_0)_t (1 + i_c)^{-t} = 0$$

式中，P_t' 表示动态投资回收期（年）；i_c 表示基准收益率；t 表示计算期。

当采用上式求解时，不易得出结果。在实际工作中，可采用下面的实用公式，即

$$P_t' = 累计折现值出现正值的年份数 - 1 + \frac{上年累计折现值的绝对值}{出现正值年份的折现值}$$

假设基准动态投资回收期为 P'，若 $P' \geqslant P_t'$，则项目可行；否则不可行。

2. 净现值与净现值率

净现值（NPV）和净现值率（NPVR）都是反映项目盈利能力或对国民经济的贡献的重要评价指标。净现值是按基准折现率将项目计算期内各年的净现金流量折现到建设期初的现值之和；净现值率是项目的净现值与总投资的现值之比率。其计算公式为

$$NPV = \sum_{t=0}^{n} (C_1 + C_0)_t (1 + i_c)^{-t}$$

$$NPVR = \frac{NPV}{I_P}$$

式中，NPV 表示净现值；NPVR 表示净现值率；C_1 表示现金流入；C_0 表示现金流出；$(C_1-C_0)_t$ 表示第 t 年的净现金流量；t 表示计算期；i_c 表示基准收益率，根据项目的财务现金流量表中的数据计算；I_P 表示总投资的现值，公式为

$$I_P = \sum_{t=0}^{m} I_t (1+i_c)^{-t}$$

式中 m 为投资年限，1 为第 t 年的投资。

净现值是表示项目净效益的绝对指标，净现值率是表示动态分析中单位投资的净效益的比率型指标。这两个指标均既可以用于财务评价，也可以用于国民经济评价。

对于单一项目方案而言，若 NPV≥0，NPVR≥0，则项目可考虑接受；否则项目应予否定。当多方案比选时，若投资差额不大，则净现值越大的方案相对较优。

3．净年值

净年值（NAV）是通过资金等值换算将项目净现值分摊到生命周期内各年（从第 1 年~第 n 年）。其计算公式为

$$NAV = NPV(A/P,io,n)$$

式中，NPV 表示净现值，计算公式同上；(A/P,io,n)表示资金回收系数，资金回收系数亦称"投资回收系数"或"资本回收系数"。在预定的回收期内，按复利计息的条件下，每年回收额相当投资额的比率。在利率与期限既定的前提下，每年要收回多少资金才能定额回收原来的投资，其数值根据所用利率与年数可从评估项目用贴现表中查得。投资回收系数实质上是一笔投资现值转换成预定期限中每年年金现值的换算系数，广泛地应用于投资或贷款回收额的计算；其余符号的意义见净现值计算公式。

判别标准：若 NAV≥0，则项目在经济效果上可行；若 NAV<0，则项目在经济效果上不可行。

净现值与净年值在项目评价的结论上是一致的。净现值给出的信息是项目在整个生命周期内获得的超出最低期望盈利的超额收益的现值；而净年值给出的信息是项目在整个生命周期内每年的等额超额收益。就项目的评价结论而言，净年值与净现值是等效评价指标。

4．内部收益率

内部收益率（IRR）是指项目在计算期内各年净现金流量现值累计等于 0 时的折现率，即指项目净现值为 0 的折现率。其计算公式为

$$NPV(IRR) = \sum_{t=0}^{n} (C_1 + C_0)_t (1+IRR)^{-t} = 0$$

上式中各符号的含义见净现值计算公式。但用上式求 IRR 需求解高次方程，不易求解。

在实际公式中，可用下式计算，得到的是 IRR 的近似值，即

$$IRR = i_1 + \frac{NPV_1}{NPV_1 + |NPV_2|}(i_2 - i_1)$$

式中，NPV_1 表示折现率为 i_1 时的财务净现值（正）；NPV_2 表示折现值为 i_2 时的财务净现值（负）。

当采用上面的公式计算时，其计算精度与 i_2-i_1 的值有关。i_2 与 i_1 之间的差距越小，则计算结果就越精确；反之，结果误差就越大。故为保证 IRR 的精度，要求$(i_2-i_1) \leq 0.02$。

内部收益率指标的评价准则是与基准收益率 i_c 比较。当 IRR 大于 i_c 时，项目是可以考虑接受的。在一般情况下，净现值与内部收益率有完全一致的评价结论。

（三）不确定性分析方法

不确定性分析是以计算和分析各种不确定因素的可能变化，以项目经济效益的影响程度为目标的一种经济分析方法。通过不确定性分析，可以推测项目可能承担的风险，进一步确认项目的可行性及可靠性。

1. 项目论证阶段必须对项目进行不确定分析的原因

（1）项目可行性研究所涉及的因素以及所收集到的数据，随着时间的推移，可能发生不同程度的变化。

（2）在项目可行性研究时所取得的数据和系数不可能非常完整全面，主观认识方面的局限性和客观条件的制约性，使项目的可行性研究具有不确定性，预测的项目效益也有不确定性。因此必须在项目论证时，除分析基本状况外，还应鉴别关键变量，估计变化范围或直接进行风险分析。

2. 常用的不确定性分析方法

（1）盈亏平衡分析：静态的不确定性分析，也称量本利分析方法。

1）建立基本的盈亏平衡方程为

$$P \times Q = F + V \times Q$$

式中，P 为产品价格；F 为固定成本；V 为单位产品变动成本；Q 为产量。

2）计算各种盈亏平衡点（即保本点）。盈亏平衡点及经营风险分析：以产量和生产能力利用率表示的盈亏平衡点越低，项目未来的经营风险越小；而以价格表示的盈亏平衡点越低，表示项目未来经营风险越大。通过盈亏平衡方程的推导分析还可以得出固定成本比率越高，项目生产经验的风险越大的结论。

（2）敏感性分析：动态的不确定性分析。敏感性分析实质是对分析这些因素单独变化，或多因素变化对内部收益率的影响。待定各分析因素的原则包括以下 5 点：

1）选取因其变化将较大幅度影响经济评价指标的因素。

2）选取项目论证时数据准确性把握不大，或今后变动幅度大的因素。

3）单因素敏感性分析：分别假设只有某一因素变化而其他因素不变，将新预测的数据取代基本情况表的相关内容，重新计算变动后的净现值和内部收益率，从而考虑评价指标的变化大小对项目或方案的取舍影响。

4）多因素敏感性分析：计算有两个或多个因素变化，其他因素不变的情况下，对项目经济效益的影响。一般是先通过单因素敏感性分析，确定出两个或多个主要因素，然后用双因素或多因素敏感性图来反映这些因素同时变化时，对项目经济效益的影响。

5）对整个项目的敏感性分析进行汇总、对比，从中确定各因素的敏感程度和影响大小的先后次序，以便决策项目是否可行以及实施时应重点防范的因素。

总之，敏感性分析是不确定性分析中一个重要的方法，在充分肯定其作用的同时，也必须注意它的局限性。首先，这种分析是将几个影响因素割裂开，进行逐个分析的，如果几个因素同时作用则不能单独依靠敏感性分析进行决策，还应配合其他方法进行。其次，每种影响因素的变化幅度由分析人员主观确定，如果事先未做认真的调查研究或收集的数据不全、不准，则敏感性分析得出的预测可能带有较大的片面性，甚至导致决策失误。因此，在运用敏感性分析方法时，必须注意各种影响因素之间的相互关系，广泛开展调查研究，尽量使收集的数据客观、完整，只有这样才能克服预测中的主观片面性，为决策者提供可靠的依据。

任务检测

简答题

（1）谈谈你对工程项目管理全过程的理解。

（2）关注并解构电气与控制工程项目管理全过程。

（3）为什么将项目人力资源、采购、成本管理、信息化管理等归为项目支持活动？

（4）项目需求分析的完整过程包括哪几个阶段？

（5）在项目过程中，需求的变更似乎总是不可避免的，但可以努力使变更在合适的时候发生，那么最需要将变更限制在哪个阶段比较合适？为什么？

（6）何谓项目管理策划？其主要内容有哪些？

（7）结合本章引导案例，简述电气与控制工程项目可行性研究的内容和步骤。

第三章　工程项目组织管理

任务目标

通过本章学习，掌握工程项目管理组织论的基本理论和不同组织结构模式，重点理解项目组织机构设置原则和程序；掌握工程项目经理的责权利，初步具备工程项目组织设计能力并具有项目团队建设能力。

任务描述

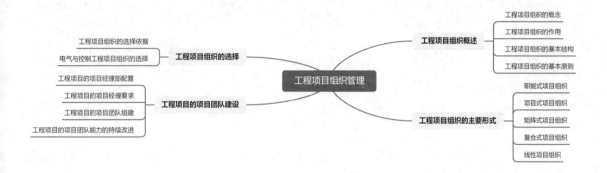

引导案例

投标某城市排污泵站的项目中标，乙方将完成甲方要求，包括①泵房工艺管道设备安装工程；②泵站电气设备安装工程；③自控及视频监控系统的建造及设计。工程内容包括安装17 台立式混流泵及泵站相应输水压力管道、辅助设备、闸门及启闭机、电气系统、自控及视频监控系统等机电及金属结构安装工程，拟采用工程总承包模式

提问：总承包商在项目组织方面应解决主要问题包括项目组织与总承包公司之间的关系如何处理？项目团队的组织机构设置、项目经理的产生、项目经理责任制的建立和项目团队建设等该如何安排？

第一节　工程项目组织概述

工程项目管理作为一门学科，是在许多规模较大、组织较复杂的项目实施过程中逐步形成的。

组织是管理的一个重要职能。"组织"一词，既可以作为名词来理解，也可以作为动词来理解。当作为名词理解时是指组织机构，它原本是生物学中的概念，是指机体中构成器官的单位，是由许多形态和功能相同的细胞按一定的方式结合而成的。这一含义被引申到社会经济系统中，是指按照一定的宗旨和系统建立起来的集体。我们日常工作中的组织正是这种意义上的组织，它们是构成整个社会经济系统的基本单位。当组织作为动词来理解时，是指一种活动的过程，即安排分散的人或事物使之具有一定的系统性或整体性。在这一过程中，体现了人类对自然的改造。管理学中的组织职能，是上述两种含义的有机结合。

工程项目管理的核心任务是工程项目的目标控制。在整个工程项目管理团队中，由哪个组织（部门或人员）定义项目的目标，怎样确定工程项目目标控制的任务分工，依据怎样的管理流程进行工程项目目标的动态控制，这都涉及工程项目的组织问题。只有在管理组织的前提下，才可能有序地进行工程项目管理。应该认识到，组织论是工程项目管理学的母学科，如果把一个工程项目视作一个目标，其目标能否实现无疑有诸多因素，其中组织因素是决定性因素。组织因素包括结构、文化与战略等。

管理工程项目目标的主要措施包括组织措施、管理措施、经济措施和技术措施，其中组织措施是最重要的措施。如果对一个工程的项目管理进行诊断，首先应分析其组织方面存在的问题。因此，说明了工程项目管理组织的重要性。

一、工程项目组织的概念

（一）项目组织

组织是按照一定的宗旨和系统建立起来的集体，是构成整个社会经济系统的基本单位。组织有两层含义，一是组织结构，二是组织行为。

组织结构也称组织形式，反映了生产要素相结合的结构形式，即管理活动中各种职能的横向分工和层次划分。

组织行为表现为组织的工作制度，即组织结构包括的规则和各种管理职能分工的规则，即工作规则。

项目管理组织，是指为进行项目管理，实现组织职能而进行的项目组织系统的设计与建立、组织运行和组织调整三方面工作的总称。

（二）工程项目管理组织

工程项目管理组织是指为实施工程项目管理而建立的组织机构，以及该机构为实现工程项目目标所进行的各项组织工作。

一个工程项目在决策阶段、实施阶段和运营阶段的组织系统（相对于软件和硬件而言，组织系统也可称为组织件）不仅包括建设单位本身的组织系统，还包括各参与单位（设计单位、工程管理咨询单位、施工单位、供货单位等）共同或分别建立的针对该工程项目的组织系统。如项目结构、项目管理的组织结构、工作任务分工、管理职能分工、工作流程组织等。

20世纪60年代，美国经济学家博尔丁和系统管理学家卡斯特等人将系统论与管理学进行有效结合。他们认为，系统的方法是形成、表达和理解管理思想的最有效方法。从系统论的角度来看，工程项目是一个系统；工程项目建设活动是一个系统；工程项目目标是一个系统；工程项目的承包商是一个系统；工程项目经理部也是一个系统。

系统的目标决定了系统的组织，而组织是目标能否实现的决定性因素，这是组织论的一个重要结论。如果把一个工程项目的管理视作一个系统，其目标决定了项目管理的组织，而项目管理的组织是项目管理的目标能否实现的决定性因素，由此可见项目管理组织的重要性。

组织论是一门非常重要的基础理论学科，是项目管理的母学科，它主要研究系统的组织结构模式、组织分工，以及工作流程组织。组织结构模式反映了一个组织系统中各子系统之间、各工作部门或各管理人员之间的指令关系。

组织工具是组织论的应用手段，可用图或表等形式来表示各种组织关系，包括组织结构图（管理组织结构图）、工作任务分工表、管理职能分工表和工作流程图等。其中，管理组织结构图如图 3-1 所示。

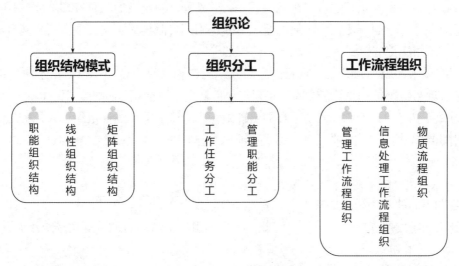

图 3-1 管理组织结构图

组织分工反映了一个组织系统中各子系统或各要素的工作任务分工和管理职能分工。组织结构模式和组织分工都是一种相对静态的组织关系。

工作流程组织反映一个组织系统中各项工作之间的逻辑关系，其是一种动态关系。例如设计的工作流程组织可以是方案设计、初步设计、技术设计、施工图设计，也可以是方案设计、扩初设计、施工图设计。

组织可分为静态的组织和动态的组织，静、动态组织是一个动态变化、互为补充的关系，并不是一成不变，两者之间的关系如图 3-2 所示。

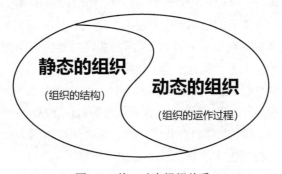

图 3-2 静、动态组织关系

（三）项目组织的特点

由于项目的特点决定了项目组织和其他组织相比具有许多不同的特点，这些特点对项目的组织设计和运行有很大的影响。项目组织的特点包括以下 4 点。

1. 项目组织的一次性

工程项目是一次性任务，为了完成项目目标而建立起来的项目组织也具有一次性。项目结束或相应项目任务完成后，项目组织就解散或重新组成其他项目组织。

2. 项目组织的类型多、结构复杂

由于项目的参与者比较多，他们在项目中的地位和作用不同，而且有着各自不同的经营目标，故在这些单位对项目进行管理的过程中，形成了不同类型的项目管理。对于不同类型的项目管理，由于组织目标不同，它们的组织形式也不同，但是为了完成项目的共同目标，这些组织形式应该相互适应。

为了有效地实施项目系统，项目的组织系统应该和项目系统相一致，由于项目系统比较复杂，导致项目组织结构也比较复杂。在同一项目管理中可能用不同的组织结构形式组成一个复杂的组织结构体系。例如，某个项目的监理组织，总体上采用线性组织形式，而在部分子项目中采用职能式组织形式。项目组织还要和项目参与者的单位组织形式相互适应，这也会增加其复杂性。

3. 项目组织的变化较大

项目在不同的实施阶段，其工作内容不一样，项目的参与者也不一样。同一项目参与者，在项目的不同阶段的任务也不一样。因此，项目的组织随着项目的不同实施阶段而变化。

4. 项目流程组织与企业组织之间关系复杂

在很多情况下，项目组织是由企业组建的，它是企业组织的组成部分。企业组织对项目组织影响很大，从企业的经营目标、企业的文化到企业资源、利益的分配都影响到项目组织效率。从管理方面看，企业是项目组织的外部环境，项目管理人员来自企业，项目组织解体后，其人员重回企业。对于多企业合作进行的项目，虽然项目组织不是由一个企业组建，但是它依附于企业，同时受到企业的影响。

（四）电气与控制工程项目组织需要解决的基本问题

电气与控制工程项目集中体现了当今技术革命、竞争和利润的争夺、市场营销的高成本和无法预测的消费者需求等特征。该类工程项目组织的结构必须要通过人际关系和技术两个子系统的平衡使组织顺利运转。因此，其组织需要包括两个方面的内涵，一方面是项目组织的结构形式，另一方面是项目环境下的组织行为。另外，电气与控制工程项目的实践表明，其组织必须是通过相互协作来实现共同目标的群体，组织的协调功能要求组织有利于良好的信息沟通和组织成员对彼此间的相互关系的清楚把握，而组织的结构应随着技术水平及其更新速度、资源的有效性等因素的变化进行适应性的结构重组，以适应未来要面临的各种挑战。综合以上观点，总结电气与控制工程项目组织需要解决的基本问题有以下 3 个：

（1）针对电气与控制工程项目的专业性，项目管理团队与所在组织的关系，工程项目组织形式要紧密围绕电气与控制工程的核心专业技术。

（2）工程项目管理团队自身机构的设置，要特别考虑相关技术、安全要素。

（3）组织运行规则的确定要以电气与控制工程的系统统筹为要。

由前述工程项目特征来看，工程项目都是一次性的，没有两个完全相同的项目；工程项目全生命周期的延续时间不同，其决策阶段、实施阶段和运营阶段等各阶段的工作任务和工作目标不同，其参与或涉及的单位也不相同；一个工程项目的任务往往由多个甚至许多个单位共同完成，它们多数不是固定的合作关系，并且一些参与单位的利益不尽相同，甚至相对立。所以在进行电气与控制工程项目组织设计时，应充分考虑上述特征。

二、工程项目组织的作用

工程项目组织是指对项目的最终成果负责的组织，它打破了传统的组织界限。其项目的生产过程和任务可以由不同部门甚至不同企业承担，形成一个新的独立于职能部门的项目管理部门，通过综合、协调、激励，共同完成目标任务。其过程是工程目标－工作划分－工作归类－形成组织结构（包括组织图、职位说明书、组织手册）。

组织应该是一个综合平衡体，其应是同盟、合作、伙伴、共赢关系，这种关系立足于共同的目标、共同的信念和利益的共享，甚至可以通过国际合资或合作等形式组织。

工程项目组织的具体作用有以下 8 个：

（1）将市场与生产、资源、研究和开发过程高度地综合起来，具有高度的活力和竞争力。

（2）能形成以任务为中心的管理，工作透明度更高，更注重结果。

（3）能够形成改进最终产品的质量和可靠性，产品开发时间较短，开发费用较低。

（4）能迅速地反映市场和用户的要求，建立较好的用户关系。

（5）整个过程的协调和控制比较方便，信息的传输过程富有效果。

（6）项目组织中，人员责任到位，沟通更畅通，形成以人为中心的创新模式，激发积极性。

（7）让工程项目管理的思想体现创新的要求，让工程项目管理的方法发挥其高实效的优势。

（8）削弱传统权威，让组织人员通过沟通、信任及理解来实现目标。

三、工程项目组织的基本结构

工程项目中有两种工作过程：一种是为完成工程项目对象所需的专业性工作过程，如产品设计、建筑施工、安装、技术鉴定等；另一种是工程项目管理过程，包括专业性工作的形成及实施过程中所需的设计、协调、监督、控制等系列工程项目管理工作，以及在工程项目的立项、实施过程中的决策和宏观控制工作。

工程项目组织主要是由完成项目结构图中各项工作的人、单位、部门组合起来的群体，有时还包括为项目提供服务或与项目有某些关系的部门，如政府机关、鉴定部门等。它由项目组织结构图表示，受工程项目系统结构限定，按工程项目工作流程进行工作，其成员各自完成规定的任务和工作。

（一）工程项目组织的结构层次

工程项目组织的结构层次包括以下 3 个：

（1）工程项目所有者或工程项目的上层领导者。

（2）工程项目管理者，即工程项目组织图。

（3）具体工程项目任务的承担者，即工程项目操作层。

上述结构层次中，还有可能包括上层系统的组织，有项目合作或与项目相关的政府、公共服务部门等。

（二）工程项目组织策划

在设计组织结构时，可以按以下流程进行，如图3-3所示。

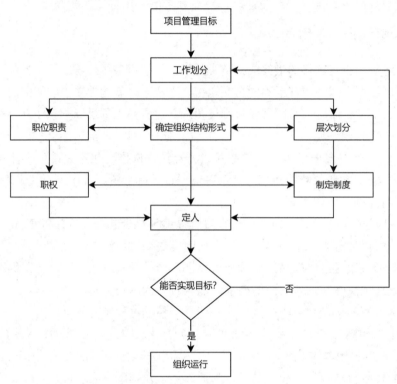

图 3-3　组织结构设计流程

1. 确定项目管理目标

项目管理目标是项目组织设立的前提，明确组织目标是组织设计和组织运行的重要环节之一。项目管理目标取决于项目目标，主要包括工期、质量、成本三大目标。这些目标应分阶段并根据项目特点进行划分和分解。

2. 确定工作内容

根据管理目标确定实现目标所必须完成的工作，并对这些工作进行分类和组合。在进行分类和组合时，应以便于目标实现为目的，考虑项目的规模、性质、复杂程度以及组织人员的技术业务水平、组织管理水平等因素。

3. 选择组织结构形式、确定岗位职责、职权

根据项目的性质、规模、建设阶段的不同，可以选择不同的组织结构形式以适应项目管理的需要。组织结构形式的选择应考虑有利于项目目标的实现，有利于决策和执行，有利于信息的沟通。根据组织结构形式和例行性工作确定部门和岗位以及它们的职责，并根据职权一致的原则确定他们的职权。

4．设计组织运行的工作程序和信息沟通的方式

以规范化、程序化、的要求确定各部门的工作程序，规定它们之间的协作关系和信息沟通方式。

5．人员配备

按岗位职务的要求和组织原则，选配合适的管理人员，关键是各级部门的主管人员。人员配备是否合理直接关系到组织能否有效运行、组织目标能否实现。根据授权原理将职权授予相应的人员。

工程项目组织策划的重点如下：

（1）工程项目组织策划前，应进行工程项目的总目标分析，完成相应阶段的技术设计和结构分解工作，这是工程项目组织策划的基础工作。

（2）确定工程项目的实施组织策略，即确定工程项目实施组织和工程项目管理模式总的指导思想，包括工程项目参与各方如何实施该工程项目，需要具体到工作及材料、设备等的供应方式等。

（3）工程项目实施任务的委托及相关的组织工作，包括工程项目分标策划以及招标和合同策划工作。

（4）工程项目管理任务的组织工作，包括模式的确定、组织的设置、工作流程的分析、职能的分析等。

（5）组织策划的结果通常由招标文件、合同文件、工程项目组织结构图、工程项目管理规范、组织责任矩阵图、项目手册等定义。

【案例 3-1】某医院工程项目组织机构设置

一、管理组织机构

武汉市某医院工程采用"成本+酬金"模式承建。

本项目包括负责施工武汉市某医院工程医护休息区（改建）和医护休息区（新建）部分，主要包括主体工程、室内装修工程、给排水工程、强弱电工程、室外工程以及相应配套设施等施工内容。根据项目管理特点成立医院工程项目部，负责本工程的施工组织、指挥、协调和管理工作。项目部设立"六部一室"，包括工程管理部、技术部、质检部、物资设备部、商务合约部、安监部、综合办公室。项目部组织机构如图3-4所示。

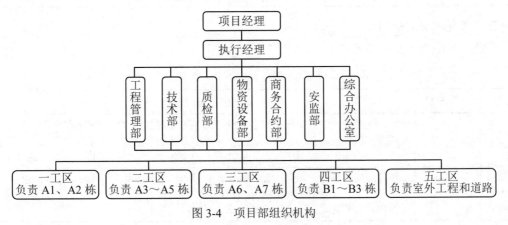

图 3-4　项目部组织机构

二、管理人员配备

根据《项目管理标准》相关规定以及业主对人员履约的要求，结合工程实际情况，武汉市某医院工程项目部从公司抽调具备类似工程施工管理经验的精干人员，拟配备管理人员合计123人。管理人员配置一览表见表3-1。

表3-1　管理人员配置一览表

序号	部门	岗位	人数/人	备注
1	项目班子	项目经理	1	
2		执行经理	1	
3		总工程师	1	
4		商务负责人	1	
5		副经理	1	分管物资设备部
6		质量总监	1	
7		安全总监	1	兼顾防疫
8		副书记	1	负责宣传、后勤
9	技术部	技术员	10	
10		计划员	2	
11		测量员	8	
12	商务合约部	预算员	8	
13	工程管理部	一工区	8	
		二工区	12	
		三工区	8	
		四工区	12	
		五工区	15	
15	物资设备部	物资员	9	
16	质检部	质检员	8	
17	安监部	安全员	10	
18	综合办公室	政工员	5	
合计			123	

三、管理职责划分

管理人员职责一览表见表3-2。

表3-2　管理人员职责一览表

序号	职务/部门	主要管理职责
1	项目经理	项目经理受企业法人委托，代表企业履行工程承包合同规定的义务和权利，是企业法人代表在项目经理部的代理人，同时又是企业承包体制的经济承包人，在本工程管理中处于中心地位，应对工程工期、质量、安全生产、文明施工进行全权管理并负责
2	执行经理	在项目经理的领导下，全面组织现场协调活动，负责工程总体部署、总体计划的管理，合理组织生产。负责工程组织、协调，落实交通疏解等协调管理工作。负责工程的人员管理、物资管理、设备管理和分供方的评审工作

序号	职务/部门	主要管理职责
3	总工程师	在项目经理的领导下,主管施工技术工作。协助项目副经理(生产)抓好施工生产、现场协调;组织多项图纸会审、技术交底,解决设计图纸中交叉碰撞等设计缺陷。协助项目经理搞好单位工程的最后交验;新技术、新材料的推广应用,科技成果的总结发布;各专业深化设计总负责、总协调
4	商务负责人	在项目经理的领导下,主要负责合同预算、索赔等工作;对项目管理人员进行合同交底。协助项目经理研究和控制合同中的关键条款,做好工程索赔的资料收集工作;按合同的要求办理竣工、结算和审查各专业施工队伍的结算等
5	副经理	在项目经理的领导下,主要负责项目物资管理制度和日常管理工作;审核各工区的采购计划,统筹策划和确定采购内容,减少不必要的开支,以有效的资金保证最大的物资供应
6	质量总监	贯彻国家及地方的有关规范、工艺标准、质量标准;全面开展"三工序"活动,采用样板引路方案,实施质量奖罚、质量分析、跟踪检查等质量措施
7	安全总监	负责宣传贯彻安全生产方针、政策、规章制度,推动项目安全组织体系的正常运行
8	副书记	做好项目后勤保障工作,主持项目党支部的日常工作,负责项目部的思想政治工作,参与讨论、研究、决定项目部的重大决策;负责与业主、监理、政府及相关部门的沟通、协调工作,确保工程顺利进行
9	技术部	负责项目施工技术管理、施工技术方案编制、图纸会审和技术核定;负责对专业施工队的施工方案的审定,材料设备的选型和审核,统筹专业施工工程的设计变更和技术核定工作,参与供应商的选择;参与编制项目质量计划、项目职业健康安全管理计划、环境管理计划,负责技术资料及影像资料的收集整理工作,与质量管理部门紧密配合,参与项目阶段交验和竣工交验,共同负责工程创优活动;在项目总工程师的领导下,进行新技术、新工艺在本项目的推广和科技成果的总结工作。负责工程的土建、绿化等专业的深化理解;协调、督促、审查各专业施工队提出工程的深化设计成果;对工程各专业进行深化理解,并对细节部分做出详细设计。
10	商务合约部	负责项目预算成本编制、成本控制工作及大宗材料、设备招标及采购;配合本项目专业分包队伍施工图预算编制、对审;参与项目质量保证计划的编制工作,配合财务编制开支预算和资金计划;负责与业主和专业施工队结算工作,编制项月度请款、付款文件;负责项目合同管理、造价确定以及二次经营等事务的日常工作;负责准备竣工决算报告及其他与商务方面相关的工作;配合技术部进行深化设计,组织项目商务策划
11	工程管理部	对土建、安装等专业工程施工生产、进度计划全面负责,确保施工顺利进行;协调各专业施工生产;组织实施各专业管理人员、施工日常工作的落实,组织各分项工程的施工、验收工作等,及时解决施工中出现的各种问题
12	物资设备部	负责编制项目物资管理制度和日常管理工作;负责物资进出库管理和仓储管理及相关物资账目工作;负责对材料的标识进行统一策划;负责监督检查所有进场物资的质量,协助资料员做好技术资料的收集整理工作,具体负责竣工时库存物资的善后处理;参与分包物资的考察,确定合格供应商
13	质检部	负责项目的质量管理工作;贯彻国家及地区有关工程施工规范、质量标准,确保工程总体质量目标和阶段质量目标的实现;负责组织编制项目质量计划并监督实施,将项目质量目标进行分解落实,加强过程控制和日常管理,保证项目质量保障体系有效运行;负责实施项目过程中工程质量的质检工作,在质检合格的基础上向业主提交工程质量合格证明书,并提请业主组织工程竣工验收;组织已完成施工项目的验收工作

序号	职务/部门	主要管理职责
14	安监部	负责项目安全生产、文明施工和环境保护工作；负责编制项目职业健康安全管理计划、环境管理计划和管理制度并监督实施；制订员工安全培训计划，并负责组织实施；负责每周的全员安全生产例会，定期和不定期组织安全生产和文明施工的检查，加强安全监督管理、消除施工现场安全隐患等
15	综合办公室	配合项目党支部、团支部、工会的日常工作；负责项目计算机及信息化管理工作，建立文件分级传阅保密制度；负责对项目部所有管理人员出勤考核、制工资表等服务工作；项目纪检、监察工作；负责项目综合事务的管理，做好施工现场的后勤管理，宣传接待，对外协调等方面的工作；负责紧急预案小组的各项工作；负责本工程施工的宣传工作；负责项目车辆及后勤管理工作

四、工程项目组织的基本原则

（1）目标统一原则：以总目标为核心基础。从"一切为了确保项目目标实现"这一根本目标出发，因目标而设事，因事而设人、设机构、分层次，因事而定岗定责，因责而授权。这是组织设计应遵循的客观规律，若颠倒这种规律或离开项目目标，则会导致组织的低效或失败。

（2）责权利平衡原则：要在错综复杂的关系中形成一个严密的体系，以达到责权利平衡。集权是指把权力集中在上级领导的手中，而分权是指经过领导的授权，将部分权力分派给下级。在一个健全的组织中不存在绝对的集权，绝对的集权意味着没有下属主管；也不存在绝对的分权，绝对的分权意味着上级领导职位的消失，也就不存在组织了。合理的分权既可以保证指挥的统一，又可以保证下级有相应的权力来完成自己的职责，能发挥下级的主动性和创造性。为了保证项目组织的集权与分权的统一，授权过程应包括确定预期的成果、委派任务、授予实现这些任务所需的职权，以及行使职责使下属实现这些任务。

（3）适用性与灵活性原则：保证结构为目标服务，组织结构大小合适，有利于人员及其职能的开展，并能有效地根据外界条件的变化而变化。

（4）组织制衡原则：注意逻辑性，保证权责分明，并能互相在不影响执行效率的前提下制衡。

（5）保证组织人员和责任的连续性和统一性：特别要避免责任的盲区及发生责任体系中断的可能。

（6）管理层次和管理跨度的要求：规模适度、层次够用、结构简单、运行高效。

1）管理层次是指从最高层管理者到最低层操作者的等级层次的数量。合理的层次结构是形成合理的权力结构的基础，也是合理分工的重要方面。管理层次越多，信息传递就越慢，而且会失真。管理层次越多，所需要的人员和设备就越多，协调的难度也就越大。

2）管理跨度也称管理幅度，是指一个上级管理者能够直接管理的下属的人数。管理跨度加大，管理的人员的接触关系增多，处理人与人之间关系的数量随之增大，其所承担的工作量也增大。对于组织结构，若跨度窄，组织结构层次增多，即不会失控，但效率低；若跨度宽，组织结构层次减少，即出现扁平化结构。例如，现代大型、特大型的项目及多项目的组织一般都是扁平化的组织结构。组织结构扁平化,管理灵活,结构层次少。但缺点是高层负担过重,容易成为决策的"瓶颈",有失控的危险,必须谨慎地选择下级管理人员。跨度大使协调困难,必须制定明确的组织动作规则和政策等。

(7)合理授权:工程项目的特点会导致其项目组织是一种有较大分权的组织,而工程项目如果要鼓励多样性和创新,就必须分权以调动下层的积极性及创造力。但授权务必谨慎,一般新产品工程项目的开发、发展战略、销售策略和政策、投资、融资、人事等权利不能下放分权。

第二节　工程项目组织的主要形式

工程项目组织的形式可用组织结构图来描述,组织结构图也是一个重要的组织工具,其能反映一个组织系统中各组成部门(组成元素)之间的组织关系(指令关系)。

常用的组织结构形式包括职能式组织结构、项目式组织结构和矩阵式组织结构等。这几种常用的组织结构形式不只用在工程项目管理中,也可以用在企业管理中(特别需要注意的是,系统的组织结构和系统内部的工作流程组织概念不同)。

一、职能式项目组织

1．职能式组织结构

职能式组织结构也称部门控制式组织结构,其按职能原则建立项目组织,并不会打乱企业现行的建制,而是把工程项目委托给企业某一专业部门或某一个施工队,由其领导在本单位组织人员负责实施项目组织。组织中每一个职能部门可根据它的管理职能对其直接和非直接的下属工作部门下达工作指令,因此,如果一个工作部门同时能得到其直接和非直接的上级工作部门下达的工作指令,则会形成多个矛盾的指令源。而一个部门多个矛盾的指令源会影响企业管理机制的运行。职能式组织结构如图 3-5 所示。

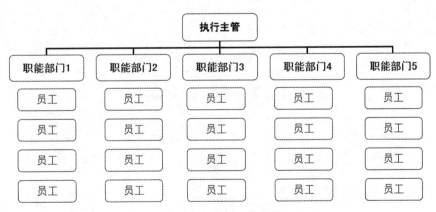

图 3-5　职能式组织结构

这其中包括一种项目协同制,如果只有协调员管理项目,那么也许根本没有项目管理。

2．职能式组织的优点

职能式组织的优点包括资源集中利用;为了交流知识和经营,项目人员可以不在现场;而技术的连续性为专业人员提供一条正常的晋升途径。职能式组织的优点具体可分为以下 5 点：

（1）在人员的使用上具有较大的灵活性。不同专业技术人员可以被临时调配使用，工作完成后又可以返回他们原有的工作岗位。

（2）有利于同一部门的专业人员一起交流知识和经验，可使项目获得部门内所有的知识和技术支持，对创造性地解决项目技术问题很有帮助。

（3）具有较广专业基础的技术人员可同时参加不同的项目。

（4）当有人员离开项目组甚至离开公司时，职能部门可作为保持项目技术持续性的基础，人员因素风险较小。

（5）将项目委托给企业某一职能部门组织，不需要设立专门的组织机构，所以项目的运转启动时间短。

3．职能式组织的缺点

职能式组织的缺点是对客户要求的响应迟缓。项目不是职能部门的焦点，项目所有者不清，项目上的责权利都十分有限，跨部门沟通存在困难，项目的利益得不到优先考虑。职能式组织的缺点具体可分为以下 5 点：

（1）职能部门有其日常工作，项目及客户的利益往往得不到优先考虑。

（2）调配给项目的人员往往把项目看作他们额外的工作甚至负担，其工作积极性不是很高。

（3）经常会出现没有一个人承担项目全部责任的现象。

（4）项目常常得不到很好的支持，与职能部门利益直接有关的问题能得到很好的处理，而那些超出其利益范围的问题则容易被忽视。

（5）技术复杂的项目通常需要多个职能部门的共同合作，但跨部门之间的交流沟通较困难。

4．职能式组织的适用范围

职能式组织的适用于规模较小，时间短，专业性较强，以技术为重点，不涉及众多部门配合的工程项目。

职能式组织中的部门职责如图 3-6 所示。

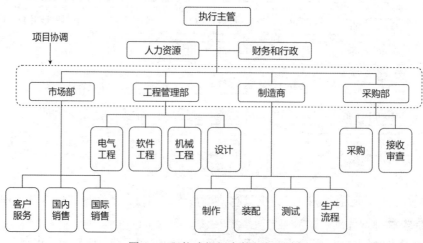

图 3-6　职能式组织中的部门职责

二、项目式项目组织

1. 项目式组织结构

项目式组织结构为特定项目设置专门的项目团队，并建立以项目经理为首的自控制单元，项目经理可以调动整个组织内部和外部的资源。即有专职的项目经理，且经理独立于企业职能部门之外；有独立的项目团队，且团队成员来源于职能部门之外。项目式组织结构如图 3-7 所示，其中白色框为企业原本的组织结构中的成员，灰色框为组成具体项目时的成员。

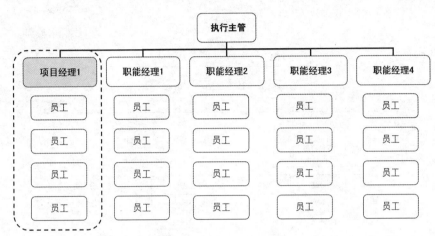

图 3-7　项目式组织结构

2. 项目式组织的优点

项目式组织的优点是目标单一，能做到以项目为中心；命令协调，决策速度快；机构简单灵活，易于操作。项目式组织的优点具体可分为以下 4 点：

（1）项目经理权利集中，可以及时决策，指挥方便，有利于提高工作效率。

（2）项目经理从各个部门抽调或招聘的是项目所需要的各类专家，他们在项目管理中可以相互配合、相互学习、取长补短，有利于培养一专多能的人才并充分发挥其作用。

（3）各种专业人才集中在一起，减少了等待或争执的时间，解决问题快，办事效率高。

（4）由于减少了项目组织与企业职能部门的结合部，使协调关系减少，同时弱化了项目组织与企业组织部门的关系，减少或避免了本位主义和行政干预，有利于项目经理顺利地开展工作。

3. 项目式组织的缺点

由于资源独占，造成资源浪费，项目结束后项目团队成员的工作保障有问题，与企业各职能部门之间的横向联系少。项目式组织的缺点具体可分为以下 4 点：

（1）各类人员来自不同的部门，具有不同的专业背景，缺乏合作经验，难免配合不当。

（2）各类人员集聚在一起，但在同一时期内他们的工作量可能有很大的差别，因此很容易造成忙闲不均，从而导致人员的浪费。对专业人才，企业难以在企业内进行调剂，往往导致企业的整体工作效率的降低。

（3）项目管理人员长期离开原单位，离开他们所熟悉的工作环境，容易产生临时观念和不满情绪，影响积极性的发挥。

（4）专业职能部门的优势无法发挥。由于同一专业人员分散在不同的项目上，相互交流困难，职能部门无法对他们进行有效的培训和指导，影响各部门的数据、经验和技术积累，难以形成专业优势。

4．项目式组织的适用范围

项目式组织的适用于包含各个相似工程项目的企业长期的、大型的、重要的和复杂的工程项目，以及工程项目所在地远离企业所在地的情况。

项目式组织中的部门职责如图3-8所示。

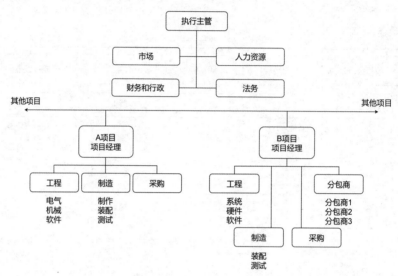

图3-8　项目式组织中的部门职责

三、矩阵式项目组织

1．矩阵式组织结构

矩阵式组织结构是取职能式组织形式和项目式组织形式的特征，将其各自的特点混合而成的一种项目组织形式。其是一种专业化结构，力求最大限度地发挥项目式和职能式结构的优点并尽量避其弱点。矩阵式组织结构如图3-9所示，其中白色框为企业原本的组织结构中的成员，灰色框为组成具体项目时的成员。

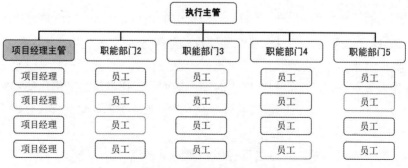

图3-9　矩阵式组织结构

矩阵式组织又分为弱矩阵、平衡矩阵和强矩阵式组织。

（1）弱矩阵式组织。弱矩阵式组织从企业相关职能部门安排专门人员组成项目团队，但无专职的项目经理。该组织形式偏向于职能式组织，所以其优缺点和适用条件类似于职能式组织。弱矩阵式组织结构如图 3-10 所示，其中白色框为企业原本的组织结构中的成员，灰色框为组成具体项目时的成员。

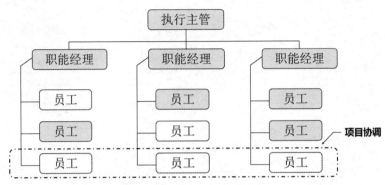

图 3-10　弱矩阵式组织结构

（2）平衡矩阵式组织。平衡矩阵式组织从企业相关职能部门安排人员组成项目团队，有专职的项目经理，且项目经理一般从企业的职能部门选聘。平衡矩阵式组织结构如图 3-11 所示，其中白色框为企业原本的组织结构中的成员，灰色框为组成具体项目时的成员。

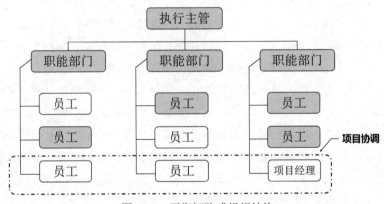

图 3-11　平衡矩阵式组织结构

（3）强矩阵式组织。强矩阵式组织中项目经理独立于企业职能部门之外，项目团队成员来源于相关职能部门，项目完成后再回到原职能部门。

强矩阵式组织形式可以通过项目经理使各自项目目标与各个功能部门之间工作协调，能避免资源的重置，同时项目能得到较好的关注，项目团队成员对项目结束后的忧虑减少。但这种组织中项目管理人员同时为 2 个以上的主管工作，当有冲突发生时，可能会处于两难困境，如若处理不好，则会出现责任不明确，争权夺利现象。

强矩阵式组织形式适用于需要利用各个职能部门的资源且技术相对复杂，但又不需要技术人员全职为项目工作的项目，特别是当几个项目需要同时共享某些管理技术人员等情况。强矩阵式组织结构如图 3-12 所示，其中白色框为企业原本的组织结构中的成员，灰色框为组成具体项目时的成员。

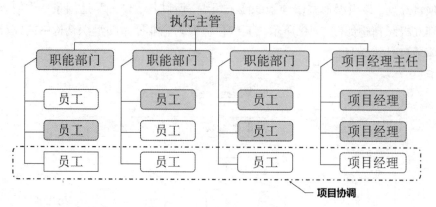

图 3-12　强矩阵式组织结构

强矩阵式组织结构的特点：项目经理独立于企业职能部门之外，项目团队成员来源于相关职能部门，项目完成后再回到原职能部门。

在矩阵式组织形式中，永久性专业职能部门和临时性项目组织同时交互起作用。纵向表示不同的职能部门是永久性的，横向表示不同的项目是临时性的。职能部门的负责人对本部门参与项目组织的人员有组织调配、业务指导和管理考核的责任。项目经理将参加本项目的各种专业人员按项目实施的要求有效地组织协调在一起，为实现项目目标共同配合工作，并对他们负有领导责任。矩阵式组织中的每个成员都应接受原职能部门负责人和项目经理的双重领导。他们参加项目从某种意义上说只是"借"到项目上。在一般情况下，部门负责人的控制力大于项目经理的控制力。部门负责人有权根据不同项目的需要和工作强度，将本部门专业人员在项目之间进行适当调配，使专业人员可以同时为几个项目服务，避免出现某种专业人才在一个项目上闲置而在另一个项目上又奇缺的现象，大大提高人才的利用率。项目经理对参加本项目的专业人员有控制和使用的权力，当感到人力不足或某些成员不得力时，他可以向职能部门请求支持或要求调换，没有人员包袱。在这种体制下，项目经理可以得到多个职能部门的支持。但为了实现这些合作和支持，矩阵式组织要求在纵向和横向上有良好的沟通与协调配合，这整个企业组织和项目组织的管理水平和工作效率提出更高的要求。

2．矩阵式组织的优点

矩阵式组织的优点是在组织上打破了传统的以权力为中心的观念，树立了以任务为中心的思想；目标导向更为明确，能够保证项目和部门工作的稳定性和资源的高效率发挥；组织结构富有弹性，能更好地适合于动态管理和优化组合；关键资源得到充分利用，关键资源的共享提升了管理效率和效益。

3．矩阵式组织的缺点

矩阵式组织的缺点是存在双重领导、双重职能、双层汇报关系，双重的信息流、工作流和指令界面；采用矩阵式的组织结构会导致对已建立的企业组织规则产生冲击、由于许多项目同时进行，故会导致项目之间互相竞争专业部门的资源。

4．应用好矩阵式组织的关键点

矩阵式组织应用的核心关键和基础性工作是建立一个有效的企业项目管理体系，体现在以下 3 点：

（1）职能部门经理和项目经理的权力分配与职责界定。

（2）矩阵式组织的角色界定和建立操作流程。

（3）建立以目标为导向的矩阵组织成员的双重考核体系。

四、复合式项目组织

复合式项目组织包括三种组织，分别是项目式+职能式组织；矩阵式+职能式组织；矩阵式+项目式组织。复合制组织结构如图 3-13 所示，其中白色框为企业原本的组织结构中的成员，灰色框为组成具体项目时的成员。

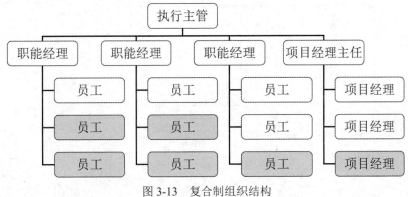

图 3-13　复合制组织结构

可根据职能式项目组织、矩阵式项目组织和项目式项目组织的特点选择复合式项目组织的结合方式，这三种项目组织形式特点对比见表 3-3。

表 3-3　项目组织形式特点对比

特征	职能式	矩阵式	项目式
项目经理的权限	很少或没有	有部分权力	很高甚至全权
全职工作人员的比率	几乎没有	15%～60%	85%～100%
项目经理任务	兼职	全职	全职
项目管理行政人员	兼职	兼职	全职
优点	有效利用资源；有利于专业知识交流	能控制资源；向客户负责；有利于专业知识交流	能控制资源；向客户负责
缺点	不注重客户；反应迟缓	双层领导	效率低下，不利于专业知识交流
适用范围	复杂程度低，时间短，规模小，以技术为重点的项目	需用到多个职能部门的资源，但又不需要技术人员全职工作的项目	多个相似项目或价值高、时间长、规模大的项目

五、线性项目组织

线性项目组织也称直线式项目组织。在线性组织结构中，每一个工作部门只能对其直接的下属部门下达工作指令，每一个工作部门也只有一个直接的上级部门。因此，每一个工作部门只有一个指令源，避免了由于矛盾的指令而影响组织系统的运行。

在国际上，线性组织结构形式是工程项目管理组织系统的一种常用形式。因为一个工程项目的参与单位很多，少则数十，多则数百，大型项目的参与单位将数以千计，故在项目实施过程中矛盾的指令会给工程项目目标的实现造成很大的影响，而线性组织结构形式可确保工作指令的唯一性。线性式组织结构如图 3-14 所示。

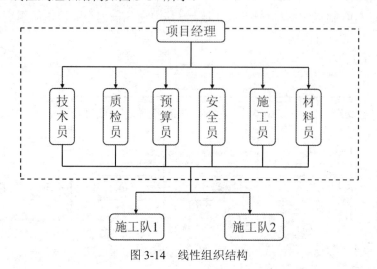

图 3-14　线性组织结构

但在一个较大的组织系统中，由于线性组织结构形式的指令路径过长，有可能会造成组织系统在一定程度上的运行困难。因为在该组织结构中，每一个工作部门的指令源是唯一的。

第三节　工程项目组织的选择

一、工程项目组织的选择依据

选择什么样的项目组织形式，应由企业做出决策，要将企业的具体情况综合实际问题进行具体分析，选择最适宜的项目组织形式，不能生搬硬套某一种形式，更不能不加分析地盲目做出决定。

【案例 3-2】某深水港业主方组织结构

业主方项目管理最核心的问题是其组织结构，在进行项目管理组织结构图设计时，需要考虑多方面的因素，项目管理组织结构图如图 3-15 所示。

由图 3-15 可以看出，工程的规模和特点、项目结构、工程任务的委托和发包模式、合同结构以及业主方管理人员的人力资源条件等都将对业主方项目管理组织结构设计产生影响。

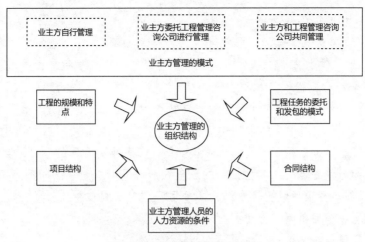

图 3-15　项目管理组织结构图

基于此，该深水港业主方组织结构图如图 3-16 所示。

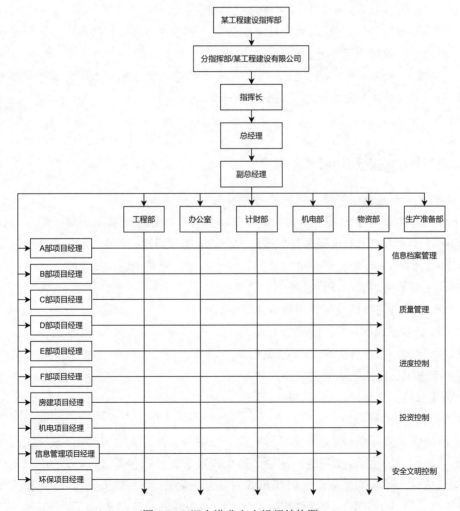

图 3-16　深水港业主方组织结构图

　　该项目组织结构有以下 3 个特点：

　　（1）其组织结构为强矩阵式，职能部门为"一室五部"，即办公室、工程部，计划财务部（简单计财部）、机电设备部（简称机电部）、物资部、生产准备部；并根据项目特点划分 10 个子项目部，职能部门提供技术和管理支撑。

　　（2）对合同和招投标实行综合管理和归口管理相结合的工作方式。合同管理指定计财部为综合管理部门，负责合同项目的计划和资金筹措，参与合同谈判，进行合同的综合管理和全过程管理；其他部室作为合同管理的归口管理部门，负责相关合同的签订、实施、变更。招投标管理指定计财部为主管部门，其他部室的职责按照合同归口管理的职责分工实施。

　　（3）分指挥部实行项目经理负责制，即项目经理对工程质量、投资、进度控制和合同履行、信息档案管理等全面负责，并进行全过程动态管理。

　　总之，工程项目组织的选择依据以下 5 点：

　　（1）项目自身的情况，包括规模、难度、复杂度、子项目情况等。

　　（2）上层系统组织状况，同时进行的项目数量，以及在本项目中承担的任务范围。例如，如果同时进行的项目很多时，必须采用矩阵式的组织形式。

　　（3）应采用高效率、低成本的项目组织形式，使各方面有效地沟通，各方面责权利益关系明确，能进行有效的项目管理。

　　（4）决策简便、快速。工程项目与企业部门之间存在复杂的关系，而其中最重要的是指令权的分配，不同的组织形式有不同的指令权分配。

　　（5）不同的组织结构可用于项目生命周期的不同阶段，即项目组织在项目期间不断改变。

二、电气与控制工程项目组织的选择

　　1. 选择电气与控制工程项目组织的考虑因素

　　由于电气与控制类工程项目有其一般性及特殊性，所以在选择何种项目组织来执行工程项目管理时，要考虑的因素包括项目规模的大小、战略重要性、新颖性和创新需要、整合的需要（涉及多个部门）、环境复杂程度、预算和时间限制、需求资源的稳定性。

　　另外，还需要考虑如下 4 种具体项目情况：

　　（1）确定项目的目标及主要交付成果。

　　（2）确定为完成项目交付成果的主要工作。

　　（3）确定每一项任务的相关职能部门。

　　（4）考虑项目特点或内外部因素。

　　2. 电气与控制工程项目组织结构的选择

　　在电气与控制工程项目中，只有合适的组织结构并不能完全保证组织顺畅运转。原因是其技术的前沿性及受环境、资源变化等影响而导致的可变性因素太多，所以该类工程项目组织的运转需要相适应的驱动力，而这种驱动力很大程度来自于顾客需求。大量的电气与控制工程项目的实践证明，顾客需求驱动的组织形式对其是一种相当有效的选择，即"契约式组织形态"。在契约式项目组织中，项目利益相关者之间的关联关系可以通过相互之间的契约关系来

缔结。项目组成员与其管理者之间的关系用"伙伴关系"来形容远比传统的主管和下属的关系来得贴切，这是一种平等关系，是一种以双赢为主要目的契约关系，这种关系可以很好地解决管理项目成员中面临的技术难题以及信息不对称的难题。除此之外，电气与控制工程项目一般都会遇到"计划不如变化快"的状况。由于项目环境的不断变化，基于原先制度的管理也必须进行不断变化，而原则却可以相对稳定，基于原则的管理比基于制度的管理更能适应项目的特质。所以一般情况下，电气与控制工程项目组织形式的选择建议有如下4条：

（1）对于大型电气与控制工程项目，如果是大型综合企业的人员，其素质好、管理基础强、业务综合性强，宜采用矩阵式、直线式、项目式组织形式。

（2）对于简单或小型的电气与控制工程项目，其内容专一、技术性强，可采用职能式组织形式。

（3）当然在同一企业内也可以根据工程项目的具体情况采用几种组织复合形式，即项目式+矩阵式、矩阵式+项目式等；但要注意的是，不建议使用矩阵式+直线式，以免造成管理渠道和管理秩序的混乱。

（4）电气与控制工程项目一般会选择承诺与兑现承诺这样的契约式组织形式，这是一种价值观，也是一种企业生态的优化选择。

【案例3-3】某市轨道交通项目组织结构的动态调整

城市轨道交通是近年在各大、中城市进行得如火如荼的建设项目，而其中的电气与控制工程部分规模相对较大，且每一个项目都可以虚拟为一个利润中心。随着一条条支线的构成，以及整个城市交通网的逐步形成，其项目数量逐年增多；加上技术、组织运作模式尚在发展过程中，其管理结构并不是一次到位，而是随着业务的发展，在不断地衍生变化架构。

某市在筹建轨道交通指挥部时，首要考虑的问题是确定其组织结构图。在项目刚开始时，其组织结构图如图3-17所示，图中主要明确了以下4种机构设置和关系。

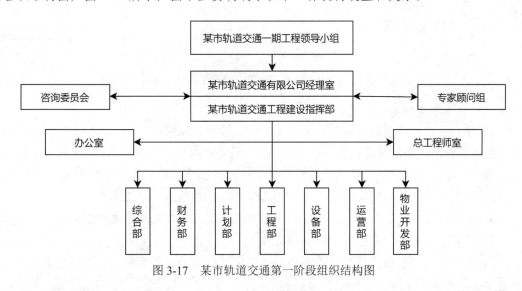

图3-17 某市轨道交通第一阶段组织结构图

（1）该市轨道交通工程领导小组、该市轨道交通有限公司和该市轨道交通工程建设指挥部的关系（该市轨道交通有限公司和该市轨道交通工程建设指挥部联合办公）。

（2）设置技术审查咨询委员会和专家顾问组。

（3）设置总工程师室，总工程师对 7 个工作部门不直接下达指令。

（4）设置 7 个工作部门，如综合部和财务部等。

当工程进行到一定的阶段（以下简称第二阶段）时，将采用如图 3-18 所示的组织结构图。

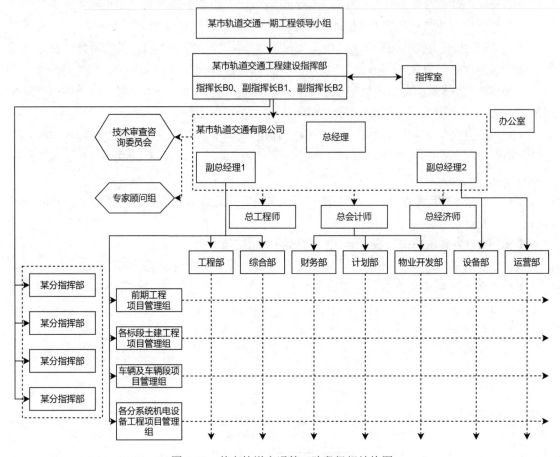

图 3-18　某市轨道交通第二阶段组织结构图

第二阶段组织结构图的特点有如下 5 点：

（1）经过按第一阶段组织结构图运行后，发现该市轨道交通有限公司和该市轨道交通工程建设指挥部作为一个管理层次联合办公不妥。为强化工程建设指挥部的领导，将该市轨道交通工程领导小组、该市轨道交通工程建设指挥部和该市轨道交通有限公司设为 3 个管理层次。

（2）采用矩阵式组织结构，纵向为 7 个工作部门，横向为 4 个工作部门。

（3）总经理和副总经理分别直接管理下属的工作部门，以避免矛盾的指令。

（4）设置总工程师、总会计师和总经济师。

（5）在该市轨道交通工程建设指挥部下设 4 个地域性的分指挥部，以协调轨道交通工程与所在地区的关系。

当大面积工程施工开始后（以下简称第三阶段），将采用如图 3-19 所示的组织结构图。

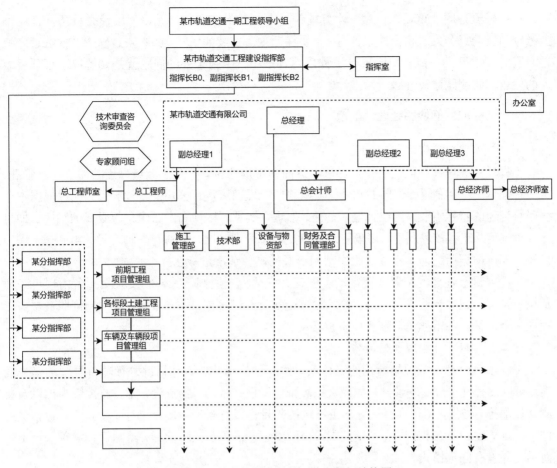

图 3-19 某市轨道交通第三阶段组织结构图

此案例表明：现实中，由于工程项目的特点，既可以同时进行、全面展开，也可以根据投资规划而确定分期建设的进度规划，因此工程项目建设单位组织结构也应与之相适应。如果项目同时实施，则需要组织结构强有力的保证，因而组织结构扩大；如果项目分期开发，则相当于将大的工程项目划分为几个小的项目，逐个进行，因而组织结构可以减少。从以上的分析中可以看出，根据工程项目的实际特点不同，组织结构会有一定的变化，所以不同的工程项目采用的组织结构形式也不尽相同。工程项目组织结构形式的确定要根据主客观条件来综合考虑，不能一概而论，且在工程项目不同的阶段，也可以进行动态的调整。

第四节 工程项目的项目团队建设

以前人们并没有意识到工程项目管理中人的作用，20 世纪 80 年代，人们认为工程项目的失败主要是定量的失败，是规划、时间、预测、成本控制和目标不明确等导致的；但从 20 世纪 90 年代开始，专业人士研究发现工程项目失败不是定量的，而是定性的；随之越来越多的有识之士认为团队士气不高，成员动力不足，团队的关系不够和谐，效率低下，不够投入，是工程项目失败的很重要的原因。

管理好流程固然重要，但做一个好的领导者则是最核心的。无论使用什么技巧，都比不上激励和调动每个人的积极性来得有效。要保证项目持续的成功，就必须鼓励成员们去遵守流程，因为"项目+人+流程=成功"。工程项目管理中一个很重要的问题就是要解决工程项目中人的问题，即团队建设问题。

一、工程项目的项目经理部配置

（一）工程项目经理部的配置

工程项目经理部最能代表企业形象，是面向市场的窗口，是企业最直接的加强项目管理、实现管理目标、全面履行合同的主体。工程项目经理部应执行公司的管理制度，同时根据本工程项目管理的特殊需要，围绕计划、责任、监理、奖惩、核算等方面建立起专属的制度，如目标管理制度、工程核算制度、现场管理制度、信息管理制度、资料管理制度等。由此，工程项目经理部再根据所选的工程项目组织结构形式的具体情况进行选择。

工程项目经理部的配置要遵循动态管理、优化配置原则，其编制及人员配备由项目经理及相关管理和技术专业人员组成，要求尽可能实行一职多岗，一专多能，全部岗位职责覆盖工程项目全过程，不留死角，避免职责重叠交叉。

（二）工程项目经理部的运作

工程项目经理部应根据所选的工程项目组织结构形式的具体情况进行项目管理的运作活动，可以设置几个分支管理部，如经营核算部、工程技术部、物资设备部、监控管理部以及检测计量部等。当然，工程项目经理部也可按控制目标设置管理部门来进行实操运作，包括进度控制、质量控制、成本控制、安全控制、合同管理、信息及风险管理、组织协调等部门，不一而足，并没有固定模式。

（三）工程项目经理部的解散

工程项目是一次性的整体任务，当工程交工验收，已经完成竣工结算，与各分包单位结算完毕，已协助企业与承包单位签订了"工程保修书"，"工程项目目标责任书"已经履行完毕并经过审计合格，各项工作已经与相关部门协商一致并办理了有关手续后，工程项目经理部就可以解散了。

但当工程项目经理部解散后，其工程项目在保修期间的善后问题处理，工程余款的结算及回收等工作依然需要依托企业的业务主管部门来完成。对于工程项目经理部的工作人员，要提前给以解聘通知，另外还需要根据竣工时间和质量等级确定工程保修费的预留比例。

要注意电气与控制工程项目中按合同规约特别涉及的护航、工程尾款和质保期等问题。

各项善后工作结束后，项目经理离任或重新聘用前，必须确保工程项目经理部人走场清、账清、物清。而工作过程中与相关方发生的任何纠纷等都需要依据双方签订的合同和有关的签证进行妥善处理。

二、工程项目的项目经理要求

（一）工程项目经理

工程项目经理是企业法人代表在工程项目上的一次性授权代理人，是对工程项目实施阶段全面负责的管理者，在整个工程项目活动中占有举足轻重的地位，其必须把组织管理职责放在首位。确立工程项目经理是搞好工程项目管理的关键。

（二）工程项目经理的职责与地位

工程项目经理居于整个项目管理的核心地位，其承担所管理的项目的责任，并对所属上级组织负责，需要做到以下 6 点：

（1）明确工程项目目标和约束，制订工程项目的各种活动计划。

（2）明确适合于工程项目的组织机构，招募组织成员，建设工程项目管理团队。

（3）获取工程项目所需资源。

（4）领导团队执行项目计划，跟踪项目实施，对项目进行控制。

（5）处理与项目相关者的各种关系。

（6）对项目进行考评，提出项目报告。

实践证明，工程项目经理是工程项目管理中的第一责任人，要承担履行合同义务、执行合同条款、处理合同纠纷等责任，受法律的约束和保护，是工程项目责权利的主体，对整个项目的成功与否有决定性的影响，是整个工程项目经理部的"灵魂"。

（三）电气与控制工程项目经理的要求

电气与控制工程一般都涉及多种学科知识。由于技术门槛高，项目经理一般都是从技术人员中选拔出来的，他们大多是具备电气与控制工程相关专业、项目管理知识与技术的复合型人才。从技术人员、工程师，甚至可能是技术专家到项目经理，这种角色的转型跨度对有些人来说是很大的。技术人员熟悉本专业技术，这有助于尽量避免技术决策上的错误，而且与项目团队成员有共同语言，能够在专业上指导下属，具有专家性威信基础。所以当其成为项目经理时，对项目成员具有一定的影响力。但技术人员担任项目经理，也可能存在潜在的不利，即其往往按照以前的思维惯性，用处理技术的方法和心态去处理团队管理问题，没有意识到他们管理的对象已经不是可控、可观测的控制对象了，而是有思想、有感情的人，所以对于电气与控制工程项目经理有以下 5 个要求：

（1）工程项目经理的知识结构要求。

（2）工程项目经理的能力要求，指在项目范围内担当类似总经理的角色（项目经理应该是总经理式的人才）。

（3）项目领导能力（因为对管理要求的是正确地做事，而对领导要求的是做正确的事）。

（4）具备分解、分析、排序、具体运用的能力，并有时间控制能力的自我管理的能力。

（5）要有创造性的思辨（维）能力。

总之，电气与控制工程项目经理要具备"专业+管理+个人"的能力，即过硬的政治素质、领导素质、知识素质、身体素质和丰富的实践经验、严格的自律能力，以及极强的职业道德和个人道德品质。

电气与控制工程项目管理中，对项目经理既提出了管理能力的挑战，也提出了技术能力的挑战。在现实中，由于精力的限制，尤其是在复杂的大型项目中，项目经理很难做到面面俱到，所以对于一个电气与控制工程系统的项目经理来说，当他承担复杂的项目时，必须具有战略头脑，要善于深入思考，运筹全局；遇到事情能够拿出主意，处理问题善于做出决断；能够在错综复杂的情况下判别事情的本质，一定不要为一时一事的得失所困惑；善于排除干扰；也更需要其能尊重并善于利用其他支持部门的管理支持，从而可以专心致力于关键的管理专业活动。

（四）工程项目经理的选择

工程项目经理的选择由决策者通过合理的选择方式、规范的选择程序来确定工程项目经理的人选。首先审核其是否符合资质要求，其次是经理经历要求，最后是系统解决问题的能力要求。

三、工程项目的项目团队组建

（一）项目团队

项目团队主要指项目经理及其领导下的项目经理部和各职能管理部门，是为了能有效地实施工程项目，把来自不同部门的若干人组织协调起来，而形成的一个跨职能、跨部门的小组。项目经理部就是一个项目团队。

（二）项目团队的特点

项目团队具有以下 6 个特点：

（1）明确的共同目标（组建之初要了解，不能存在利己主义）。

（2）合理的分工与协作（最高效率地完成目标）。

（3）不同层次的权利和责任。

（4）高度的凝聚力（成员之间很好地沟通与合作）。

（5）全身心地投入。

（6）有效的沟通与信任。

（三）项目团队的建设

（1）项目团队的基本要素。项目团队的基本要素包括明确的目标和承诺、所需的技能组合（补充的）、界定的个人角色和任务、被普遍接受的规则、愿意贡献、相互配合等。

（2）团队成员的基本要求。团队成员的基本要求是具备项目工作所需要的技能，其需要可以通过参与项目而实现，团队成员应具有与其他员工相融的个性，应不反对项目工作的各种约束等。

（3）项目团队的组建。

1）一个实力强大、团队合作的项目组即是项目的核心，也是项目成功的保障。因此，在组建项目组时应考虑建立一个结构合理的项目组；寻找合适的人选，熟悉其技术方面、管理方面的长处和弱点，了解他们的能力；争取管理部门的支持；项目组内能经常进行有效的沟通；树立并保持项目组的团队精神。

2）项目团队建设就是要创造一个良好的氛围与环境，使整个项目管理团队为实现共同的项目目标而努力，做到合理分工与协作；做到相互关心，彼此认同，形成开放坦诚的沟通气氛。团队中所有成员需要有目标意识、团队意识、服务意识、竞争意识以及危机意识。

（4）项目团队建设的阶段。项目团队建设的阶段包括形成阶段、磨合阶段、规范阶段、成效阶段、休整阶段。其中成效阶段是团队最佳状态时期，也是团队的成熟期。

1）形成阶段。团队的形成阶段主要是组建团队的过程。在这一过程中，主要是依靠项目经理来指导和构建团队。团队形成的基础有两种：一种是以整个运行的组织为基础，即一个组织构成一个团队的基础框架，团队的目标为组织的目标，团队的成员为组织的全体成员；另一种是在组织内的一个有限范围内为完成某一特定任务或为一共同目标等形成的团队。在项目管理中，这两种团队的形式都是会出现的，具体根据项目的大小、项目采取的组织形式而有所不同。在构建项目团队时还要注意建立起团队与外部的联系，包括团队与其上一级或所在组织的联系方式与渠道，与客户的联系方式与渠道，同时明确团队的权限等。

2）磨合阶段。磨合阶段是团队从组建到规范阶段的过渡过程。在这一过程中，团队成员之间，成员与内外环境之间，团队与其所在组织、上级、客户之间都要进行一段时间的磨合。

- 成员与成员之间的磨合。由于成员之间的文化、教育、家庭、专业等各方面的背景与特点不同，故他们的观念、立场、方法和行为等都会有各种差异。在工作初期，成员相互之间可能会出现各种程度与不同形式的冲突。
- 成员与内外环境之间的磨合。成员与环境之间的磨合包括成员对具体任务的熟悉和专业技术的掌握与运用；成员对团队管理与工作制度的适应与接受；成员与整个团队的融合及与其他部门关系的重新调整。
- 团队与其所在组织、上级、客户之间的磨合。对于一个新的团队，其所在组织会产生一个观察、评价与调整的过程。两者之间的关系有一个衔接、建立、调整接受、确认的过程，同样对于上级和客户来说也有一个类似的过程。

在以上的磨合阶段中，可能有的团队成员因不适应而退出团队。为此，团队要进行重新调整与补充。在实际工作中应尽可能缩短磨合时间，以便使团队早日形成合力。

3）规范阶段。经过磨合阶段，团队的工作开始进入有序化状态。即团队的各项规则经过建立、补充与完善，成员之间经过认识、了解与相互定位，形成了自己的团队文化、新的工作规范，培养了初步的团队精神。这一阶段的团队建设要注意以下4点：

- 团队工作规则的调整与完善。工作规则要在使工作高效率完成和工作规范合情合理、成员乐于接受之间寻找最佳的平衡点。
- 团队价值取向的倡导。创建共同的价值观。
- 团队文化的培养。注意鼓励团队成员个性的发挥，为个人成长创造条件。
- 团队精神的奠定。团队成员相互信任、互相帮助，尽职尽责。

4）成效阶段（也称表现阶段）。经过上述3个阶段，团队进入了成效阶段，这是团队的最好状态时期。团队成员彼此高度信任、相互默契，工作效率有较大的提高，工作效果明显，这时团队已比较成熟。

成效阶段需要注意问题有以下2点：

- 牢记团队的目标与工作任务。不能单纯追求团队的建设而抛弃了团队的组建目的。要时刻记住，团队是为项目服务的。
- 警惕一种情况，即有的团队在经过前3个阶段后，在第4阶段很可能并没有形成高效的团队状态，团队成员之间迫于工作规范的要求与管理者权威而出现一些成熟的假象，使团队没有达到最佳状态，无法完成预期的目标。

5）休整阶段。休整阶段包括休止与整顿两个方面的内容。团队休止是指团队经过一段时期的工作，工作任务即将结束，这时团队将面临总结、表彰等工作，所有这些均暗示着团队前一时期的工作已经基本结束。团队可能面临马上解散的状况，团队成员要为自己的下一步工作进行考虑。团队整顿是指在团队的原工作任务结束后，也可能准备接受新的任务。为此团队要进行调整和整顿，包括工作作风、工作规范、人员结构等各方面。如果这种调整比较大，那么实际上是构建成了一个新的团队。

四、工程项目的项目团队能力的持续改进

如何在项目环境下进行团队的管理，找出正确的事，用正确的方法做事，精心确定事情的主次、内在逻辑，关注全局，发现关键的驱动因素，需要关注如下3点。

（一）项目团队的工作效率

在项目团队建设的不同阶段，如果全部成员能达成目标理解清晰、职责和角色期望明确、目标导向正确、高度合作互助、高度信任、良好的信息沟通、高度的凝聚力与民主气氛，并形成学习是一种经常化的活动的风气，那么这个团队一定是高效的。但如果全部成员目标不明确、职责和角色期望不明确、项目结构不健全、缺乏沟通，领导工作不利，项目团队成员流动不畅等，则会极大妨碍团队的有效工作。而这些需要在动态过程管理中去不断克服，以求项目团队能力的持续改进。

（二）持续改进项目团队的能力

通过改善工作环境，人员培训与文化管理，团队的评价、表彰与奖励，反馈与调整等方式来获得项目团队能力的持续改进，以有利于工程项目管理最高效地进行。特别需要注意的是，在这个项目团队的建设与团队能力的可持续发展过程中，项目经理首先必须要做到尊重、先聆听、明确期望、承担责任这几条行为准则，以吸引同伴全力以赴地合力同心，从而取得项目的成功。

（三）全员参与

项目经理需要对项目团队的全体成员负责，包括他们的期望、付出以及他们的价值感和成就感，要对他们的错误负责，对自己的言行负责，如此才能获得大家的信任，同时也能够信任大家和自己。如果该部分最后的实施未完成，则还需要有两大管理来协助完成，一个是项目成员的激励管理，另一个是项目成员的冲突管理。前者需要绩效考核管理工具，后者需要了解冲突原因及其解决办法，这两者都是涉及人力资源管理的问题。

【案例3-4】

某地铁线综合监控自动化系统的项目经理在其团队建设中提出了三项基本准则：一是顾客驱动的组织原则；二是生活在团队中；三是用正确的方式做正确的事。

顾客驱动的组织原则是以满足客户的期望为己任，不仅要满足顾客在系统应用需求方面的期望，还要满足进度、易于合作、愉快合作等方面的需求。生活在团队之中的核心内涵是"分工合作"，即团队成员各自负责一块工作，在做好这个工作的基础上，加强合作。另外当项目组成员碰到困难时要通过团队的努力加以解决，将工程经验与团队共享。用正确的方式做正确的事就是首先通过系统思考和团队沟通确定什么是团队应该做的事，而且是必须做到的事，然

后提出并遵循一种比较好的做事方法，一次性将事情做到位。

【案例3-5】

某城市轨道交通供电环节的电力监控系统项目中，有一直流750V开关柜，其是由国内一个厂家供应的，但开关柜的直流保护装置是从国外购入的。作为系统集成商，这位项目经理所负责的团队有义务将直流保护装置接入他们的系统，但问题就在于国内的这个开关柜厂家没有足够的技术力量来支持他们的接入。那么该项目经理该如何做呢？

这个项目经理没有围绕"到底是谁的责任"与开关柜厂进行纠缠，而是认为，在开关柜厂明显缺乏技术力量的情况下，这种纠缠对项目结果没有任何帮助，反而会耗尽项目经理的精力，甚至错过解决问题的时机。因此，这个项目经理进行了三个方面的操作：一是用通俗易懂的方式让客户明白问题在哪里；二是提出解决方案（例如，他们直接与提供开关柜核心部件的法国厂家直接沟通）并与客户一起积极推动实施这个方案；三是与这个开关柜供应商沟通，强调解决供应问题对双方的重大意义，使其自觉地配合。或许将这个问题推给客户或者第三方似乎更简单，但问题得不到解决。该问题解决的关键是两个供应商的技术专家之间的沟通。客户不是技术专家，开关柜厂也没有技术专家。领导者应该始终关注结果，为目标而行动，即使这个行动将是非常困难的，但也一定不要为了做事而做事。

任务检测

1. 选择题

（1）以下能够孕育最好的项目管理文化的组织结构是（　　）。

    A. 项目式项目组织

    B. 矩阵式项目组织

    C. 复合式项目组织

    D. 任何一种组织结构都能拥有良好的项目管理文化

（2）过去，高层经理和项目经理相信项目的失败是由于拙劣的规划和估算造成的，现在他们认为项目的失败应归咎于（　　）。

    A. 员工士气低落　　　　　　B. 消极的人际关系

    C. 缺乏责任感　　　　　　　D. 生产效率低下

（3）你认为卓越的项目管理与（　　）领导方式关系最密切。

    A. 推动式　　　　　　　　　B. 情境式

    C. 权威式　　　　　　　　　D. 以发起人为中心的

（4）属于矩阵式项目组织形式的优点是（　　）。

    A. 客户直接与项目经理沟通，对客户反应迅速

    B. 沟通简单，项目人员只向一个上司报告

    C. 最大限度地使用公司资源，几个项目可以分享稀缺资源

    D. 可以广泛征求意见，解决问题

（5）矩阵式项目组织形式结合了职能式项目组织形式和项目式项目组织形式的优点，但也存在着一些问题，其中最大的问题是（　　　）。

    A．部门很难对项目结果做出承诺

    B．项目资源的使用效率低

    C．多个上司的权力冲突问题

    D．项目组成员没有归宿感，项目成员的成长存在问题

2．简答题

（1）工程项目管理的组织形式主要有哪几种？各自的特点、优缺点和适用条件是什么？

（2）就引导案例所述，请对该项目的组织问题进行讨论，并提出组织方案。

（3）简述电气与控制工程项目经理有哪些特征要求。

（4）请举一个身边日常的项目例子，说明其团队建设的过程。

（5）讨论：作为一个项目经理，如何培养团队的信任与合作？

（6）根据电气与控制工程项目的特征及要求，说说"契约驱动"的项目组织形式的核心理念是什么。

第四章　工程项目管理流程之项目发起

任务目标

学习本章内容，理解一个工程项目如何发起，如何描述其范围，以进行预期量化，并能让团队成员达成共识？特别要理解工程项目利益相关方的确定；了解电气与控制工程项目的范围确定及作用，掌握工作分解结构及其实务。

任务描述

引导案例

某广场 ICT 及安全防范工程：包括综合布线系统、网络电话系统、网络及其无线网络系统、数字信息发布系统、视频监控系统、消防火灾报警系统、紧急广播系统及其电视伴音系统、客房管理系统、楼宇自控系统、照明智能调光系统、AV 系统等深化设计，布线施工及设备和材料安装、系统调试及人员培训和售后服务。施工合同（含增补）总价约 110 万美金，实际工期三年半。

提问：项目无论体量大小，涉及专业、人员、设备繁杂，如何团结所有利益相关方发起该项目？如何把相关任务从技术及量单层面进行有效划分？如何将划分后的工作任务落实到责任人？如何让项目有序地执行下去？

本章的任务，就是指导如何发起项目，让你大踏步前进，而不是原地转圈，你会发现用正确的方式发起项目是多么重要。

第一节　工程项目的发起

我们可以做一个小实验：给人蒙上眼睛，将其带到户外，让他们沿直线向前走，会发生什么？我们会发展，他们会不停地转圈，无一例外，只不过有的圈大，有的圈小，而且他们走的不是正圆，总是歪歪斜斜的，有的人甚至还会绕回来。原因是当人无法看到太阳、月亮、山顶或其他参照物时，就会一直原地转圈，没有了目标也就无法前进。

　　这便是工程项目管理的意义所在。缺少了工程项目管理，我们就会失去方向。这就等于失去了地图、地标和里程碑等能够让我们寻找方向的工具，工程项目会因此止步不前。不了解工程项目的预期，就像被蒙上了双眼，只能凭感觉寻找方向，到最后又"绕回来了"。额外的工作（返工）、猜测或因为工程项目"范围变化"而压力倍增，这些都预示着工程项目可能会脱离最初的预期，或者超出我们所能控制的范围。

一、关注工程项目的发起

　　"发起"是工程项目管理流程中最重要的一环，因为在这一阶段，对工程项目的任何微小的误解都可能导致一场灾难。所以对发起工程项目的条件要慎之又慎，容不得出现半点偏差。就像从武汉飞往北京的飞机，航线仅仅偏差一度，最后却可能飞到呼和浩特。管理工程项目也是同样的道理，因为工程项目在流程中一直是具有变化和发展不可控倾向的，所以一旦缺乏对结果清晰一致的认识，工程项目必将以失败告终。项目管理专家认为："在数据和信息不足的情况下得出的不切实际的预期"是工程项目管理失败的一个主要原因。

　　作为工程项目管理者，最主要的工作之一就是让所有人统一思想，从项目伊始就澄清预期，如这个任务并不轻松，如果没有做好就会给工程项目带来巨大的风险。缺乏一个明确的预期，就等于走错了方向，要么会超出预算，要么会超时，或者两件事同时发生。为了得到清晰的预期，我们需要设置这样几个问题：这个项目会对谁产生影响；谁决定了项目的成功，他们的预期是什么；项目的限制是什么；如何让大家对项目结果达成共识。

　　由此，我们需要遵循的步骤是确定所有利益相关方，确定主要利益相关方，有效地与主要利益相关方进行信息沟通。

二、工程项目的利益相关方

【案例 4-1】黄河小浪底参与方

　　图 4-1 为黄河小浪底的"建设之歌"大坝纪念广场。广场中设立了一座主体雕塑（图 4-2），高约 21m，这 3 根柱子意为"三足鼎立"，其含义代表业主方（水利部小浪底建管局）、设计方（黄河水利委员会勘测规划设计研究院）、施工方（外国承包和中国水电建设者）三方共同承担小浪底水利枢纽工程建设。中间的石头表明小浪底枢纽是以土石建筑为主的工程。

　　大坝纪念广场以主体雕塑为中心，旁边竖立了 6 座雕塑，高约 6m，分别代表设计，监理和一、二、三、四标承包商。

　　图 4-3 为黄河小浪底雕塑，其中第 1 雕塑由 6 块"石块"组成，造型为"Y"，是一标承包商 YRC 英文缩写的首字母，既代表意大利英波吉罗公司为责任公司的黄河承包商，还表示一标承建的工程为堆石坝，中国水利水电第十四工程局有限公司为它们的合作伙伴，小浪底拦河大坝就是由其施工的；图 4-3 中的第 2 个雕塑的"XECC"四个英文字母是小浪底工程咨询有限公司的缩写，它告诉人们承担小浪底国际工程监理者就是小浪底工程咨询有限公司；图 4-3 中的第 3 个雕塑由一支巨大的铅笔组成，它体现了一支笔能绘出最新最美的图画，代表了小浪底水利枢纽精心的设计者是黄河勘测规划设计研究院有限公司；图 4-3 中的第 4 个雕塑是

泄洪工程标,工程主要包括进水塔、大型洞群三个巨大的消力塘,该标由德国旭普林工程股份公司为责任方的中德意联营体承建,联营伙伴是中国水利水电第七工程局有限公司和中国水利水电第十一工程局有限公司等,该工程是枢纽建设最为艰难的部分,雕塑用粗犷的手法简洁再现从山体中开挖出洞群这一结构特色;图4-3中的第5幅图是发电系统标,主要承担发电系统的洞室开挖,该项工程由法国杜美思公司为责任方的小浪底承包商承建,联营伙伴为中国水利水电第六工程局有限公司等;图4-3中第6幅图是机电安装标,由中国水利水电第十四、第四和第三工程局有限公司组成的"FFT"联营体承建。

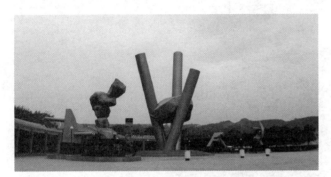
图4-1　大坝纪念广场

图4-2　主体雕塑

图4-3　黄河小浪底雕塑

图 4-4 为黄河小浪底工程移民标，这座雕塑是为了纪念小浪底工程移民的。为了黄河小浪底水利枢纽工程建设，共有近 20 万移民迁移了故土，为工程建设做出了牺牲，做出了贡献。

图 4-4　黄河小浪底工程移民标

举世瞩目的黄河小浪底水利枢纽这一跨世纪的工程，动态总投资 400 亿元人民币，全方位与世界国际惯例相接轨，是中国水利水电事业走向世界的一个窗口，而上述图片中代表的就是全部参加该项工程的利益相关方。

（一）利益相关方的定义

利益相关方指积极参与到工程项目中，或对项目产生正面或负面影响的人或组织。

（二）确定所有的利益相关方

工程项目管理的一个关键点就是绝对不要有盲区，越努力去了解与工程项目相关的人，犯错的概率就越小，因此需要在判断利益相关方上花费时间，这样不仅能对主要利益相关方、审批人、决策者等关键人物有准确的判断，同时也能降低项目失败的风险。

1. 确定主要利益相关方

主要利益相关方是指任何一个决定工程项目成功或失败的人或组织。工程项目是否成功，主要是由主要利益相关方来判断的，这些人对工程项目的输入越多，工程项目成功的胜算就越大。大多数工程项目经理都低估了这一步骤的重要性，往往只与一位客户、主办者或经理谈话。虽然认为自己已经对预期有了明确的认识，但在现实中预期往往是多元的，甚至是冲突的。因为每个工程项目绝不仅仅只有一个利益相关方，许多人都会受到工程项目的影响，可能包括工程项目的业主单位、业主单位的主管部门、政府、投资方（最关键）、主要部门的负责人等。

2. 从利益相关方中确定关键人物

从利益相关方的名录中确定关键人物，包括决策（做出控制或影响工程项目预算的决策）、审批（有权威对工程项目给予批准），或从工程项目中受益的人（直接从工程项目受益或受到影响从而需要了解工程项目的所有进展），这些都是对工程项目做出预算或在审批结果上签字的人，要确保把每个人都列进清单，不能出现遗漏从而导致盲区的产生。

另外还有与工程项目结果有关联或为其带来能量的人，例如，解决困难或取得成功所需要的人、资金或资源相关方，能够给予正能量或负能量从而影响工程项目成败的相关方。这些关联类的人物对工程项目的成功有着巨大的影响，但这种影响有可能不会在最初就显现出来，在工程项目实施中也许不需要签字或审批，但他们与工程项目有着千丝万缕的联系，并最终将从工程项目结果中受益或被影响。例如，电气与控制工程项目中关键设备的设计者，他们对设备的技术与创新、稳定与可靠运行起着决定性的作用；区域建设规划的设计师，他们对某些公共项目的公众效益直接负责；还有系统软件的编制者等。如果有可能，最好让他们参与到项目全过程中，这不仅可以平衡其他主要利益相关方甚至公司的意见，也会因为他们所拥有的话语权，从而影响其他人的看法。这样将会减少很多不必要的冲突，使项目经理能够集中精力去与更多利益相关方沟通。

三、电气与控制工程项目确定利益相关方的主要工具——团队头脑风暴

电气与控制工程项目由于技术性要求突出、专业服务范围极广，所以在确定其工程项目利益相关方时比较复杂，这就要求在确定利益相关方时，最好能邀请团队主要技术骨干成员参与头脑风暴，让他们获得一个自我表达的机会，让大家发散思维，共同将项目利益相关方尽可能地罗列出来，避免遗漏和盲区。

第二节　关注利益相关方的预期

一、与主要利益相关方有效沟通

确定了主要利益相关方以后，需要尽早地从他们那里得到尽可能多的输入；需要与他们进行有效的沟通，仔细倾听，认真访谈，"做好铺垫"，即尽早获得全部信息。前期得到的信息越多，后面的不确定性也就越小。

需要做到的内容包括预约见面时间，说明沟通目的以及希望的预期；仔细倾听，先听后说，敢于提问，直到对预期有了完全清晰的认识。

要提前准备好几个关键问题以便在必要的时候来引导谈话的方向。所有问题必须明确地说明你希望从沟通中得到什么信息，这样才不会使沟通离题，且在工程项目开始前就能最充分地了解主要利益相关方的独特视角与他们的预期。

二、与利益相关方有效沟通的主要内容

与利益相关方有效沟通的主要内容包括以下 6 点。

（1）工程项目目的：描述为什么要做这个工程项目，这个工程项目将会对部门和公司的目标产生什么影响。

（2）工程项目描述：尽可能说清工程项目怎么做、做什么和什么时候做的问题，包括所有的细节。

（3）工程项目预期的结果：要说明什么是工程项目的成功，必须要实现的结果是什么。

（4）排除项：需要填上不属于工程项目考虑范畴的内容，以避免工程项目范围变化带来的困扰，从而避免时间、资金和其他因素的干扰。

（5）沟通需求：工程项目成功的一个重要因素就是良好的沟通，因此要了解每个人不同的沟通方式和内容需求，否则如果在工程项目深入开展时出现沟通问题就无法弥补了。

（6）审批条件：要清楚工程项目审批的决策者。

（7）约束条件：所有对工程项目可能的局限区域都要了解清楚。

三、与工程项目利益相关方的团队沟通

在与工程项目利益相关方沟通的时候，如果只限于一对一的沟通，虽然能真实了解对方对工程项目的预期，但有可能缺乏讨论的协同性，从而导致沟通时间增加，所以经常需要与其团队进行沟通。

团队沟通的益处是信息质量在方法得当的情况下会更高，但团队沟通的难度比较大，因为每个人都想发言的时候时间难以把控，所以需要注意如下8个问题：

（1）将尽可能多的利益相关方聚在一个会议环境中。

（2）设定严格的时间表，承诺会在规定时间内结束会议并严格遵守。

（3）设立会议规则，不能打断其他人讲话，保证互相倾听。

（4）给每个人回答提问的时间。

（5）不要就提出的问题展开讨论，只在需要澄清和确认时再提问。

（6）认真记录每一个人的发言。

（7）感谢所有参与者，如果发现有更好的建议，可以接下来进一步单独沟通。

（8）会后分发会议纪要（让所有参与方了解沟通结果）。

需要注意的是，工程项目会引来争议，利益相关方会对彼此做事的方法、工程项目的细节、费用、资源、时间甚至是工程项目的价值提出各种问题，这些都需要有效地引导。可以就上述问题展开多边讨论，向利益相关方解释、充分聆听、提出明确期望并承担责任。有如此的沟通态度与方法，相信在工程项目发起阶段，利益相关方更能形成合力，为预期目标而共同努力。

四、电气与控制工程项目中与利益相关方进行有效沟通

大部分电气与控制工程的项目经理都知道要更好地满足利益相关方的期望，以此来提高其满意度。因此需要将相关方的期望收集整理转化为项目的规范，但这在实践中并不是件容易的事情。

质量、工期、费用是工程项目的三大约束性目标。项目的利益相关方都对其抱有期望，如果将这种期望转变为项目的规范，那么这三者包括围绕这三者的相关问题在某种程度上即可转化为对特定项目规范的满足程度，其落实就变得清晰而具体了，所以需要进行有效的沟通，来解决这个问题。

（一）提问漏斗

基于电气与控制工程项目中的专业要求的技术程度、立体化实施复杂性、工期的时效性、所涉各专业人员的广泛性等情况，特别推荐在电气与控制工程项目中与利益相关方沟通时以提问漏斗作为有效的工具，其可以帮助在沟通中从一般信息进入具体信息，从而最高效地接近电气与控制工程项目管理的思维导图，有利于后面工程项目管理工作的展开。提问漏斗包括以下3个过程：

（1）开始。收集一般信息（内容、时间、地点、人物、原因和方式），可以帮助了解大方向和背景。

（2）深入。获取具体信息和成功的标准，可以对个别信息进行深入探讨。

（3）结果。引出一个明确的是或否的回答，这是沟通成功的关键，这类问题能够验证是否真正了解了沟通对象的想法，从而确保一切都清晰明了。

（二）模块归档法

在电气与控制工程项目中，模块化是一个通用的原则，不同的公司能够独立地设计和生产出不同的产品部件，这些模块可以组装成一套复杂且平衡运行的产品。随着集成化的高速发展，模块化已经是行业内一种有效的组织复杂产品和工程过程管理的策略。例如，城市地铁综合监控系统中便集成了电力监控系统、环境监控系统、防灾报警等10多个不同专业的子系统模块；而当中的电力监控子系统模块又可以分解为监控本车站站级监控系统模块和监控整条地铁线所有车站的中央级监控系统模块等；然后将其更进一步划分为监控范围、实现功能、接口界限、物理接口、软件协议等层次；再往下还可以就其装配、连接、通信等功能进一步细化。所以对于这样的关键技术模块分别制作定性与定量的衡量规范，最后再统一集成到整个工程项目系统中，不失为一种较灵活的单元组合方式。

另外在第二章中描述了电气与控制工程项目经常会划分为几个阶段，其中需求分析和系统设计是最先展开的两个阶段，它们一般是在设计联络阶段完成的，许多项目的设计联络效果并不好，项目的后续过程会因此付出代价。其原因多种多样，但最主要的当属与项目利益相关方缺乏良好的沟通，时间估算不准确，缺乏有效和充足的监控以及对角色和责任的混淆等，所以特别需要利用有效的沟通来促进该阶段的成功。在电气与控制工程项目管理中一般会将专业技术模块的单元组合方式置于阶段性的时间轴中来进行讨论，采用归档法，即通过归档的方式，将所有各方对于各模块乃至整体项目的期望明晰化、规范化。

需要注意的是，电气与控制工程项目管理的过程中的需求分析和系统设计这两个阶段经常会并行，这两个阶段在时间轴上虽然有先后，但很大一部分是重叠的。以此类推，要一次性将事情做到位并不容易，所以电气与控制工程类项目管理过程中，沟通会是逐步完善并递进深入的，一般会设计三次联络会来分阶段完善这个归档。所有的工作基于清晰的归档，当第一次设计联络会开始的时候，就应该看到第三次设计联络会结束时应该达成的目标，这样便于把握每次设计联络会的重点和谈问题的时机，在什么条件下开展什么样的工作，有的放矢，不断提出问题，并创造尽早解决问题的条件。通过这样的沟通及方式，可以尽可能地将相关各方均纳入到项目过程中来，并将项目管理及其目标渗透到项目全过程以保障工程项目管理的系统性及实效性。

【案例 4-2】某电力监控系统规范的归档文件目录

目录

1. 文件标识

2. 参考文件

3. 术语表

4. 技术规格书

　　4.1　硬件需求技术规格书

　　4.2　软件需求技术规格书

　　4.3　人机界面设计

　　4.4　详细接口规范

　　4.5　系统功能规范

5. 执行、安装及测试

6. 质量保证

7. 工期保证

8. 费用保证

9. 附录

第三节　工程项目的预期量化

一、工程项目的预期量化——工程项目范围描述

无论在范围管理还是在整个项目管理中，可交付成果都是一个非常关键的术语。PMBOK对可交付成果的定义是"为了完成项目或其中的一部分，而必须做出的可测量的、有形的及可验证的任何成果、结果或事项"。所以针对所有前述的了解与确定，都是为了能对工程项目进行预期量化，而且是得到了所有利益相关方同意的明确的预期量化，即工程项目范围的描述。工程项目范围描述了项目的范围或项目周围的"界限"，是对管理目标的确定，是一个标准的工程项目管理工具。

国际项目管理知识体系里对范围描述作出的定义是"范围描述为将来项目决策以及确认和发展利益相关方对于项目范围的共识提供了一个书面的依据，随着项目的发展，在经过同意的前提下可以对其进行修改、完善以反映项目范围的变化"。确定项目的范围就是确定项目的系统界限、明确项目管理的对象。项目范围描述即是对项目工作范围进行的定义、计划、控制和变更等活动。

范围描述是工程项目的指南针，可以指引项目前行的方向。据此，利益相关方能够一次性了解工程项目的原因、内容、时间和情况。此外，范围描述还可以指导项目成员需要做什么，不能做什么，并能清晰地描述什么是项目的成功。总而言之，工程项目范围描述能让所有主要利益相关方对工程项目的成功有一个清晰的共识。

（一）工程项目范围描述的目的

工程项目范围描述就是要将项目的主要可交付成果划分为较小的、更易管理的单元。例如，一个新的自动化控制系统可能包含 4 个组成单元，即硬件、软件、培训和安装施工。其中，硬件和软件是具体产品，而培训和安装施工则是服务，具体产品和服务形成了控制系统这一项目整体，如果项目要求是为顾客开发这个控制系统，要定义这个项目的范围，则首先要确定这个控制系统应具备哪些功能，定义产品规范，然后具体定义系统的各组成部分的功能和服务要求，最后明确项目需要做些什么才能实现这些功能和特征。

工程项目范围描述的目的即是通过明确项目系统范围，保证实施过程和最终交付工程的完备性，进而保证项目目标的实现。即分类以下 3 个方面的内容：

（1）按照工程项目目标，用户及其他相关者要求确定应完成的工程活动，并详细定义、计划这些活动。

（2）在工程项目实施过程中，确保在预定的项目范围内有研发经费进行项目的实施和管理工作，完成规定要做的全部工作，既不多余也不遗漏。

（3）确保项目的各项活动满足项目范围定义所描述的要求。

（二）工程项目范围描述的内容

工程项目范围描述作为基础工作贯穿于工程项目管理的全过程，包括如下 3 个方面的内容：

（1）项目范围的确定。明确项目的目标和主要可交付成果，确定项目的总体系范围并形成文件，以作为项目设计、计划、实施和评价项目成果的依据。

（2）项目结构分析。范围的定义是对项目范围进行结构分析工作即工作分解结构（WBS）。WBS 是"面向可交付成果的对项目任务的分组，它组织并定义了整个项目范围"，所以一般工程项目范围定义的结果是 WBS 及其相关的说明文件。用可测量的指标定义项目的工作任务，并形成文件，以此作为分解项目目标、落实组织责任、安排工作计划和实施控制的依据（还有与之相适配应用的组织分解结构（OBS）以及成本分解结构（CBS）等）。WBS 和工作范围说明书是范围定义的主要内容，WBS 的每一项活动应在工作范围说明书中表示出来。

（3）实施过程中的范围有变量的情况时，应根据流程加以控制。

（三）确定工程项目范围

在工程项目实施的过程中，项目范围的确定及项目范围的文件是一个相对的概念。项目建议书、可行性研究报告、项目任务书，以及设计和计划文件、招标文件、合同文件等都是定义和描述项目范围的文件，并为项目的进一步实施（设计、计划、施工）提供了基础。工程项目范围的确定是一个前后相继、不断细化和完善的过程，前期文件作为后面范围确定的依据。

1．工程项目范围的确定

工程项目范围的确定需要经过以下 6 个过程：

（1）工程项目目标的分析。

（2）工程项目环境的调查与限制条件分析。

（3）工程项目可交付成果的范围和项目范围确定。

（4）对工程项目进行工作分解结构（WBS）工作。

（5）工程项目单元的定义。

（6）项目单元之间界限的分析，包括界限的划分与定义、逻辑关系的分析、实施顺序的安排等。

2．工程项目范围确定的依据

工程项目范围确定的依据有如下 5 点：

（1）工程项目目标的定义文件。

（2）工程项目范围说明文件。

（3）环境调查资料。

（4）项目的其他限制条件和制约因素。

（5）其他依据。

3．确定工程项目范围的影响因素

确定工程项目范围的影响因素包括以下 3 点：

（1）最终应交付成果的范围。对于单价合同，业主在招标文件中提供比较详细的图纸、工程说明（规范）、工程量表以及合同文件等。承包工程项目的可交付成果有工程量表、技术规范。而对于 EPC（设计－施工－供应）的总包合同，由业主方提出设计任务书。

（2）合同条款。

（3）因环境制约产生的活动。

【案例 4-3】某光伏发电项目特点及其项目范围划分

一、合同类型

合同类型属于 EPC 工程承包合同；分包合同属于固定总价合同。

二、项目特点

该项目处于淮河流域与长江流域的交汇地带，位于中纬度季风环流县域的中部，属亚热带季风气候，年平均气温为 15.4℃左右，无霜期 220～240 天，年均降水量 960mm。该项目位于某省某县东北部，距××城区 52km、距××镇 45km。本电站装机容 50MW，根据业主提供的用地范围线，光伏电站总占地面积约 135.32hm²（合 2030 亩），其中本期占地面积约 30.90hm²（合 464 亩）。厂址中心坐标为北纬 N××°，E××°，场址紧邻××省道，交通方便，地理位置优越。

三、工程要求

（1）本工程施工需提前策划，合理安排施工计划，减少土建电气交叉作业，为设备到货放置提供良好的条件。

（2）针对本工程质量要求高、混凝土工作量大的特点，本工程拟采用商品混凝土施工，以泵送为主，少量低标号混凝土拟采取现场拌和配合供应。

（3）公司合理组织施工人员和机具，确保高质量按工期完成施工任务。

（4）项目管理部及全体施工人员将尊重当地居民的民俗民规，处理好和当地居民的关系，维护我院的良好形象。

（5）随着人们环保意识的加强，环境保护和文明施工在工程施工的地位越来越重要。项目部将采取各种措施，减少对当地环境的污染，防止水土流失，为业主奉献绿色工程。

四、某光伏发电项目项目范围划分

1. 建设单位（业主）的管理范围

发包人向承包人提供施工场地位于××省××市××县××镇。

（1）按照合同付款条件的约定，按时向承包人支付工程款。

（2）负责组织当地相关政府、电网、安评及环评等相关部门的验收。

（3）履行合同中约定的合同价格调整、付款、竣工结算义务。

（4）履行《安全生产法》《电力建设工程施工安全监督管理办法》（发改委令第××号）等有关法律、法规规定的安全生产主体责任。

（5）确定进场条件和进场日期。发包人根据批准的初步设计和由承包人提交的临时占地资料，与承包人约定进场条件，确定进场日期。

（6）工程完成竣工验收移交，发包人需办理结算审批手续。

2. EPC总承包单位的管理范围

（1）完成合同约定的全部工作，并对工作中的缺陷进行整改、完善和修补，使其满足合同约定的目的。

（2）按合同约定的工作内容和进度要求，编制设计、施工的组织和实施计划，并对所有设计、施工作业和施工方法，以及全部工程的完备性和安全可靠性负责。

（3）按照合同约定的标准、规范，工程的功能、规模，考核目标和工期，完成设计、采购、施工、竣工验收和试运行。

（4）按合同约定，自费修复因承包人引起的设计、文件、设备、材料、部件、施工、竣工验收和试运行存在的缺陷。

（5）保证工程质量，包括建立质量保证体系，确保实施过程的质量保证。

（6）保证工程安全，包括保证工程安全性能，保证现场安全施工和环境安全符合合同健康、安全和环境的约定。

（7）保证职业健康和环境保护，包括保证工程设计符合环境保护和职业健康的法律规定，保证现场职业健康和环境保护符合合同健康、安全和环境的约定。

（8）承包人按项目进度计划，合理有序地组织设计、采购、施工、竣工验收和试运行需要的各类资源，采用有效的实施方法和组织方法，保证项目进度计划的实现。

（9）承包人承担其进入现场、施工开工至发包人接收单项工程或（和）工程之前的现场保安责任（含承包人的预制加工场地、办公及生活营区）。并负责编制相关的保安制度、责任制度和报告制度，提交给发包人。

（10）承包人应按分包合同约定，按时支付分包人进度款，未经承包人同意，发包人不得以任何形式向分包人支付任何款项；承包人对分包人负责，因分包人的任何违约行为、管理不善、疏忽或其他过错导致工程质量出现缺陷，给发包人造成损失或导致工期延误的，由承包人负责。

3. 工程标段划分及各标段的工作范围与接口

（1）界定原则。本文字描述仅对本工作范围做原则性描述，详细以施工图和 BOQ 清单为准。当本文字描述与提供的图纸有矛盾时，解释先后顺序为本文字描述、施工图、BOQ 清单，具体工作内容参照 BOQ 清单。

（2）因开工及工期时间限制，土建及安装发包拟采用竞争性谈判。施工范围包括以下 3 部分。

1）20MW 光伏区土建及升压站土建分包。某光伏发电项目 20MW 光伏区土建分包表见表 4-1。

表 4-1　某光伏发电项目 20MW 光伏区土建分包表

序号	类别	内容
1.1	光伏场区工程	场地平整、道路、挡土墙、护坡、截水沟、土石方等
1.2	光伏场区建构筑物	组件支架基础、逆变器及箱变基础
1.3	支架安装	
1.4	组件安装	
1.5	配电装置	主变基础、主变构架、GIS 基础、GIS 出线构架、无功补偿基础、避雷针等
1.6	升压站建构筑物	综合楼、配电室、污水处理设施、事故油池等
1.7	升压站区工程	场地平整、道路、挡土墙、护坡、截水沟、土石方等
1.8	防雷接地	
1.9	消防系统	
1.10	其他工程	暖通、照明、给排水、永久性用水打井、管道敷设及泵送等；弃土处理及挡土墙等
1.11	接地材料等零星采购	接地材料
1.12	进站道路、检修道路等	
1.13	临建	临建规模、用水、用电

2）30MW 光伏区土建及升压站土建分包。某光伏发电项目 30MW 光伏区土建分包表见表 4-2。

表 4-2　某光伏发电项目 30MW 光伏区土建分包表

序号	类别	内容
2.1	光伏场区工程	场地平整、道路、挡土墙、护坡、截水沟、土石方等
2.2	光伏场区建构筑物	组件支架基础、逆变器及箱变基础
2.3	支架安装	
2.4	组件安装	

3）50WM 光伏区土建及升压站土建分包。某光伏发电项目 50MW 光伏区土建分包表见表 4-3。

表 4-3　某光伏发电项目 50MW 光伏区土建分包表

序号	类别	内容
3.1	50WM 光伏区电气安装	
3.1.1	逆变器	

续表

序号	类别	内容
3.1.2	汇流箱	
3.1.3	箱变	
3.1.4	汇流电缆	
3.1.5	集电线路	
3.1.6	光伏场区防雷接地	
3.2	升压站电气安装	
3.2.1	主变系统	主变压器、主变中性点
3.2.2	配电装置系统	35kV 配电装置、110kV 屋外配电装置
3.2.3	无功补偿系统	SVG、FC
3.2.4	站用电系统	站用变、箱式变压器、低压配电柜
3.2.5	电力电缆及保护管、防火材料	
3.2.6	控制保护系统	监控、直流 UPS、通信、远程自动控制及电量计量系统
3.2.7	图像监控系统	包含升压站和光伏场区所有图像监控设备采购和安装
3.2.8	升压站调试	

（3）对侧变电站间隔改造采用单一来源形式。

（4）接口界定。

1）分包方与总包方接口界定。分包方与总包方接口界定可分为以下 13 个方面。

- 生活、施工用水方面。各自承担生活用水费用，施工用水费用由分包单位承担。
- 现场用电方面，由分包方自行解决，并承担全部费用。
- 分包方自费修建从现场主道路到其堆场、作业区域、办公区域等的临时道路。
- 现场临建方面。总包方将在现场划分区域提供分包方临时设施修建、材料堆放、土建施工之需，分包方须负责设计、修建自身需要的临时设施，相关费用由分包方自行承担。
- 业主、第三方单位配合方面。分包方有责任配合总包方就业主对工程所发生的问题向业主澄清。对工程内按照主合同及规范所需的试验、检验以及所聘第三方单位等相关工作，分包方负责实施。
- 现场验收资料方面。总包方负责根据现场进度编制、报送资料给业主，分包方配合。分包方在验收日期前 7 天向总包方书面报送验收资料和验收计划。
- 现场测量放样方面。总包方提供现场附近的测量控制点，土建分包方负责由该控制点引入本工程施工区域并设置本工程内测量控制网。本工程内测量控制网须报总包方审批后，分包方方可用于现场施工测量。
- 现场安保方面。分包方须负责自己作业区域、材料堆放区域安保工作（包括人身和材料）。
- 工机具供应方面。分包方需自费提供所有用于本工程施工的工机具，包括大型工程机械。进场大型机械资料及操作人员资质需提前向总包方报备。

- 成品及半成品保护。分包方须负责其工程范围内的成品及半成品保护工作，直至移交业主。
- 现场清理及恢复。工程竣工后，分包方须负责保持所辖区域的整洁，清理本工程所含区域内的余料、废料等建筑垃圾至总包方指定位置；分包方的生活垃圾由分包方自行处理。对临建设施的拆除和占用场地的恢复，由分包方负责，并且要满足总包方和业主的要求。
- 钢结构工程由总包方负责提供钢结构设计总说明，钢构件平、立面布置图及部分相关的典型节点图。分包方应在此基础上进行深化设计，完成所有节点及构件加工图设计。加工图纸应提交总包审查。
- 本工程涉及土建施工的材料、设备的卸车及二次倒运工作由分包方负责（包括过程中使用的机械设备及其他辅助设施）。

2）土建工程和安装工程接口界定。原则上按照《电网工程建设预算编制与计算标准》（2013年版）进行划分，具体划分各专业工作范围说明，部分施工交接界线补充包括以下 8 个方面的内容。

- 界线划分的依据是电站总平面布置图及相关设计图纸等。
- 本工程接口部位原则上是根据施工图的设计界定，接口部位的连接由后完成者实施。为完成接口工作所涉及的一切工作均由接口执行者负责，需要总包方协调的，接口执行者要提前提出书面申请。现场各单位要服从总包方项目管理人员的统一安排、协调。
- 因初步设计的局限性，部分界线只提出原则性划分意见。分包方必须无条件服从总包方对划分界线的解释，并接受由此产生的工程量调整，总包方拥有对各施工工程施工分界的最终解释权。
- 施工过程中由于设计及工艺穿管要求，须预埋或预留孔属土建工程；由于安装临时需要穿墙打洞、补洞等工作属安装工程；设备基础二次灌浆属安装工程。
- 标识：房间、设施、设备、管线等按甲方统一要求，谁施工谁负责。
- 设备辅助平台及扶梯属安装工程。
- 电子间挡鼠板及房间名称属建筑工程。
- 施工分界未阐明的以施工图为准。

二、工作分解结构（WBS）

在工程项目管理中，工作分解结构（WBS）是最重要的内容之一。WBS 处于计划编制过程的中心，同时也是制订进度计划、成本预算、人员需求、质量计划、文档管理等的基础。WBS 必须是系统化的，是"面向可交付成果的对项目任务的分组，组织并定义了整个项目范围"。

（一）工作分解结构的概念

工作分解结构是一种层次化的树状结构，是一种在项目全范围内分解和定义各层次工作的方法，它将项目按照其内在结构或实施过程的顺序进行逐层分解，将项目分解到相对独立、内容单一、易于成本核算与检查的工作单元，并将各工作单元在项目中的地位与构成直观表示出来。这种结构或框架具有层次性，简单的项目只需分成3层，即项目、子项目、工作；复杂的或大型的项目，则可分为更多层。在 WBS 中，每下降一级表示项目的单元描述逐渐变得详细，这种层次清晰的工作分解结构，将成为项目管理计划和控制的最重要依据。

工作分解结构可与工程项目组织结构有机地结合在一起，有助于项目经理根据各个项目单元的技术要求，将完成这些单元工作的责任赋予相应的具体部门或人员，从而在项目资源与项目工作之间建立一种明确的目标责任关系（即职能责任矩阵）。同时，项目计划人员也可以对 WBS 中的各个单元进行编码，以满足项目控制的各种要求。

（二）工作分解结构的目的

工作分解结构的目的有以下7个：

（1）将整个项目划分为相对独立、易于管理的较小的项目单元，即工作或活动。

（2）将这些工作或活动与组织机构相联系，将完成每一个工作或活动的责任赋予具体的组织或个人，即组织或个人的目标。

（3）对每一工作或活动做出较为详细的时间、费用估计，并进行资源分配，形成进度目标和费用目标。

（4）可以将项目的工作或活动与财务账目相联系，及时进行财务分析。

（5）确定项目需要完成的工作内容、质量标准和项目各项工作或活动的顺序。

（6）估计项目全过程的费用。

（7）可与网络计划技术共同使用，以规划网络图的形态。

（三）建立工作分解结构的步骤

工作分解结构包括项目所要实施的全部工作，建立工作分解结构就是将项目实施的过程、项目的成果和项目组织有机地结合在一起。工作分解结构划分的详细程度要视具体的项目而定。具体可分为以下13个步骤：

（1）确定项目总目标：根据项目技术规范和项目合同的具体要求，确定最终完成项目需要达到的项目总目标。

（2）确定项目阶段性目标：确定层次，确定工作分解结构的详细程度（WBS 分层数）。

（3）划分项目建设阶段：将项目建设的全过程划分成不同的、相对独立的阶段，如设计阶段、施工阶段等。

（4）建立项目组织结构：项目组织结构中应包括参与项目的所有组织人员，以及项目环境中的各个关键人员。

（5）确定项目的组成结构：根据项目的总目标和阶段性目标，将项目的最终成果和阶段性成果进行分解，列出达到这些目标所需的硬件（如设备、各种设施与结构）和软件（如信息资料与服务）条件，实际上是按工程内容对子项目或项目进一步分解形成的结构图表。

（6）建立工作分解结构：以现有财务图表为基础，建立项目分解结构的编码体系。

（7）编制工作分解结构：对步骤（3）～（6）整合，即形成了 WBS。

（8）编制总体网络计划：根据 WBS 的第二或第三层，编制项目总体网络计划（总体网络计划可以对利用网络的一般技术如关键线路法等进行细化），总体网络计划确定了项目的总进度目标和关键子目标。

（9）建立职能矩阵：分析 WBS 中各个子系统或单元与组织机构之间的关系，用以明确组织机构内各部分应负责完成的项目子系统或项目单元，并建立项目系统的责任矩阵。

（10）建立项目财务图表：将 WBS 中的第一个项目单元进行编码，形成项目结构的编码系统；此系统与项目的财务编码系统相结合，即可对项目实施财务管理，制作各种财务图表，建立费用目标。

（11）编制关键线路网络计划：详细网络计划一般采用关键线路法（CPM）编制，它是对 WBS 中的项目单元做进一步细分后产生的，可用于直接控制生产或施工活动，详细网络计划确定了各项工作的进度目标。

（12）建立工作顺序系统：根据 WBS 和职能矩阵，建立项目的工作顺序系统，以明确各职能部门所负责的项目子系统或项目单元何时开始，何时结束，同时，也明确了项目子系统或项目单元间的前后衔接关系。

（13）建立报告和控制系统：根据项目的整体要求及总体和详细网络计划，即可建立项目的报告体系和控制系统，以核实项目的执行情况。

（四）工作项目分解结构的方法

工作项目分解结构的方法包括基于成果或功能的分解法和基于流程的分解方法。

（1）基于成果或功能的分解方法。基于成果或功能的分解方法是指以完成该项目应交付的成果或所包含的部分为导向，确定相关的任务、工作、活动和要素。上层一般为可交付成果，下层一般为可交付成果的工作内容。基于成果（系统）的分解结构和基于功能（系统）的分解结构分别如图 4-5 和图 4-6 所示。

图 4-5　基于成果（系统）的分解结构　　　图 4-6　基于功能（系统）的分解结构

（2）基于流程的分解方法。基于流程的分解方法是指以完成该项目所应经历的流程为导向，确定相关的任务、工作、活动和要素。例如，某宾馆大楼建设项目，可采用基于流程的分解方法进行分解。基于流程的分解结构如图 4-7 所示。

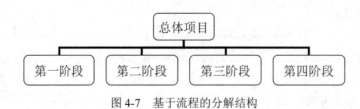

图 4-7　基于流程的分解结构

三、电气与控制工程项目工作分解结构实务

WBS 看起来像组织结构图或交错的活动列表，其最低层次的可交付成果又称项目结构单元即工作包。这一可交付成果可以分配给另一位项目经理进行计划和执行，即可以通过子项目的方式得以完成，然后再将其进一步分解为子项目的 WBS 或各个活动。注意项目结构单元（工作包）应该由唯一一个部门或分包商负责。

电气与控制工程项目管理实践中，对于工作包有一个"80 小时法则"，即完成工作包的时间尽量不超过 80 小时。在每个 80 小时或 80 小时的期间结束之前，报告该工作包的结果。通过这种定期检查的方式，可以尽早控制项目的变化，有利于项目系统性的推进与管理。

（一）WBS 的表现方法

WBS 的表现方法包括以下 2 种。

（1）树形结构图：其中每一个单元又统一被称为项目结构单元（也叫工作包），它表达了项目总体的结构框架。

（2）项目结构分析表：即将项目结构图用表来表示，其结构类似于计算机文件的目录路径。

（二）电气与控制工程项目 WBS 的方法

利用工作分解结构可以对一个工程项目的工作范围进行定义。在电气与控制工程系统中，通常按系统的体系结构和工程阶段来进行工作结构的分解，同时用技术规格书对产品的范围进行定义，通过对各方责任的划分来定义产品以外的项目工作范围。

可按以下 5 个部分内容对项目产品进行分解。

（1）建设项目：按一个总的设计意图，由一个或几个单项工程组成，经济上实行统一核算，行政上实行统一管理的建设单位。一般以一个企业、事业单位或独立的工程作为一个建设项目，如一个风力发电站。

（2）单项工程：指具有独立设计文件，可以独立施工，建成后能够独立发挥生产能力或效益的工程。单项工程是建设项目的组成部分，如风电站的风机机组。

（3）单位工程：指具有独立设计文件，可以独立组织施工，但完成后不能独立发挥效益的工程。它是单项工程的组成部分，如风电站的上位机控制系统。

（4）分部工程：单位工程的组成部分，电气与控制工程即属于专业划分的分部工程。

（5）分项工程：建设项目的基本组成单元，由专业工种完成的中间产品，可以通过简单的施工过程生产出来，可以有适当的计量单位。这是计量工料消耗、进行计划安排、统计工作、实施质量检验的基本构造因素，如动缆敷设、仪表接线、机旁箱安装等，都称作分项工程。

【案例 4-4】某自动化系统工程项目的 WBS

根据自动化工程特点划分的某自动化系统工程项目的 WBS 如下：

1. 需求分析和系统设计

1.1 初步设计

　　　1.1.1 硬件初步设计

　　　1.1.2 软件初步设计

　　1.2 初步设计审查

　　　1.2.1 硬件初步设计审查

　　　1.2.2 软件初步设计审查

　　1.3 详细设计

　　1.4 详细设计审查

　2. 工厂制造

　2.1 硬件制造

　　　2.1.1 紧急后备盘的制造

　　　2.1.2 服务器、操作员站网络设备采购

　2.2 软件开发

　　　2.2.1 数据库组态

　　　2.2.2 人机界面组态

　　　2.2.3 软件接口开发

　　　2.2.4 软件集成测试

　3. 系统出厂

　3.1 工厂出厂验收

　3.2 包装运输

　3.3 设备到货检验

　4. 现场安装调试

　4.1 现场安装指导

　4.2 现场调试

　　　4.2.1 单机调试

　　　4.2.2 车站局部联调

　　　4.2.3 中心大联调

　5. 用户培训

　5.1 用户工厂内培训

　5.2 用户现场培训

　6. 系统验收

　6.1 系统预验收

　6.2 系统保证期

　6.3 系统最终验收

按承担任务的组织进行分解的某自动化系统工程项目WBS见表4-4。

表 4-4　按承担任务的组织进行分解的某自动化系统工程项目 WBS

项目活动	自动化供应商责任	业主
设计联络（适用于所有的设计联络阶段）	负责自身的资源及成本，包括人力和会议室	1．负责自身的交通； 2．对于由业主审核的所有文档，业主应在 2 周内将书面意见返回给自动化供应商； 3．督促设计单位、接口厂商按计划给自动化供应商提交相关文件
第一阶段设计联络	1．在合同签署后 60 日内，组织实施第一阶段设计联络，为期 21 天，包括第一次设计联络会和若干次接口联络会； 2．在××市筹备和组织第一次设计联络会，会议召开前 30 天提供演示用文档和业主要求的相关文档； 3．在××市筹备并组织第一阶段接口联络会，主要内容是接口规范，任务包括准备详细接口规范（DIS）的初稿，并在会议开始前 30 天内将其发给业主确认；将初步的 DIS 发给各接口系统/设备供应商；筹备并组织接口联络会议； 4．编辑和签署会议纪要	1．接口设计联络会议的重要先决条件：为了讨论接口方案，应在召开联络会议前 2 个月选择并确定接口商。在该方面的任何延迟均会导致项目的延迟； 2．对于所有接口，为了满足紧迫的项目日程安排，应避免使用专有协议，提倡并坚持使用开放式标准协议。接口商在与业主签署合同之前应同意该项要求； 3．确保接口商出席接口联络会议，并在会议期间将其书面意见提交给自动化供应商； 4．主持设计接口联络会，在会议期间，当接口商和主设计公司之间出现争议时，进行调停； 5．会议结束时，与接口商签署会议纪要

按管理目标进行分解。合同签订后，可以根据目标管理的需要，按 WBS 的要求自上而下进行目标分解，分解的目的是为了自下而上保证目标的实现。由于管理目标有多种，包括质量、进度、成本和安全目标，因此可以对每类目标进行专业分解，也可结合项目管理组织机构的职责分工进行综合分解。

按管理目标进行分解的某自动化系统工程项目见表 4-5，其中自动化供应商 A 负责计算机及外围设备、网络、IBP、大屏幕的设计与采购，应用软件分包商 B 负责软件部分的工作。

表 4-5　按管理目标进行分解的某自动化系统工程项目 WBS

项目	自动化供应商（A）	应用软件分包商（B）	备注
1.项目活动			
1.1 项目系统工程	□（表示对应的供应商或分包商总负责）	□	
1.2 接口工程	S（表示接口工程）	□	
2.子系统设计、制造、FAT 和现场交货		□	
2.1 计算机外设		T（表示技术负责）	
硬件	□		
软件		□	
2.2 前端处理机 FEP		T	

续表

项目	自动化供应商（A）	应用软件分包商（B）	备注
硬件	□		
软件		□	
2.3 网络		T	
硬件	□		
软件	□		
2.4 控制台与设备		T	
硬件	□		
2.5 OPS（大屏幕系统）		T	
硬件	□		
软件	S	□	控制器由 A 提供，人机界面图像由 B 提供
2.6 综合后备盘（IBP）		T	
硬件	□		
软件	□		
2.7 工厂验收测试（FAT）	□	TS（表示技术支持）	
2.8 集成工厂验收测试（iFAT）	□	TS	
3.现场安装督导	□		
4.现场测试及试运行	□	TS	
5.保证期		TS	
硬件	□	S	
软件	S	□	

四、编制一份经过审批的项目范围描述

（一）编制工程项目范围描述

编制工程项目范围描述分为 3 个步骤，即起草一份工程项目范围描述；检查说明；获得审批。

在工程项目的最初阶段，我们常常以为自己能够完美地完成任务，并具有无限的可能。但作为工程项目的管理者，必须保证实事求是，包括工程项目的内容、限制、方向等，只有在与主要利益相关方的沟通中，将排除项和局限等方面做好铺垫，才能够让所有的主要利益相关方对工程项目有一个共同且明确的认识，否则项目很可能会成为某人或某利益相关方的"愿望清单"，永远无法实现。所以范围的核实与审批是项目利益相关方正式接受项目范围的过程，范围的核实与审批需要审查可交付成果和工作结果，以确保它们都已经圆满地完成。范围的核实与审批不同于质量控制，前者主要关心对工作结果的"接受"，而后者主要关心工作结果的

"正确性"。这些过程一般平行进行，以确保项目的可接受性和正确性。

（二）工程项目范围描述的成果

工程项目范围描述使用的工具与项目主要利益相关方沟通的工具相同，包括 WBS、OBS、PERT 等，利用以上工具将沟通中收集的所有信息按照前述的分析与确定归类方法分析便能得出一个清晰的工程项目范围描述，具体格式见表 4-6。

表 4-6 工程项目范围描述

工程项目范围描述		
项目名称：	项目开始时间：	
负责人：	结束时间：	
项目目的：		
项目描述：		
预期的结果：		
排除项：		
沟通需求：		
审批条件：		
局限项：		
批准：		
主要利益相关方	沟通日期	审批

综上，工程项目管理是通过项目各利益相关方的合作，把各种资源应用于项目，以实现项目的目标，使项目利益相关方的需求得到不同程度的满足。相应的工程项目管理也具有同样的全局的整合观念。质量、时间和费用3个传统目标既互相关联，又互相矛盾。那么作为最基础的发起是工程项目最关键的阶段，因为所有的后续工作都要依据这个步骤展开，好比空中楼阁，如果没一个好的开始，那么又如何能成功呢。

发起工程项目前，首先确定每一个可能与项目相关的利益相关方，这样可以避免盲区；接着判断所有的利益相关方，无论是明显的或是隐藏的。做好这些工作就可以准确得出工程项目的目标、描述、局限项等，即"我们为什么要做这件事""工程项目完成后是什么样""我需要多少钱才能完成这件事"等问题，这些问题决定了工程项目的范围。

发起工程项目的正确方式就是在前期多投入、多付出，做好功课。如果没有按照我们描述的那样做好功课，那么就不得不经常返工直到时间与费用都损失掉，最终却没有完成项目。所以做功课是工程项目成功的基本原则。在工程项目发起前，列出所有的局限项，即时间、费用、设备和组织团队等，并对各种情况进行假设，相当于在工程项目中确定利益相关方，沟通以及编写工程项目范围描述。功课做得越充足，工程项目成功的概率就越大。

任务检测

1. 选择题

（1）下列文件中，（   ）是项目团队和相关利益方之间通过确定项目目标及主要的项目可交付成果而达成协议的基础。

　　A．项目实施计划　　　　　　B．项目章程
　　C．工作授权计划　　　　　　D．工作范围说明书

（2）项目范围是指（   ）。

　　A．只需在项目的需求分析阶段加以考虑
　　B．应该在项目的概念形成阶段到项目收尾阶段一直加以管理和控制
　　C．仅在以后项目执行期间去处理即可
　　D．在系统设计确认以后就不成为问题了

（3）为了有效管理项目，工作应该分解为小的单位，下列没有说明每个任务应该分解到的程度的是（   ）。

　　A．可以进行进度估算、费用估算
　　B．可以由一个人完成
　　C．可以在两周以内完成
　　D．不可能被进一步进行逻辑细分

（4）WBS的工作包是指（   ）。

　　A．最底层次工作分解结构的可交付成果
　　B．具有唯一标识的任务
　　C．可以分配到一个以上组织单位的任务
　　D．工作分解结构中的三级以下的任务

2．简答题

（1）简述工程项目范围的定义和确定过程。

（2）试就引导案例说明承包商承包该项目范围由哪些因素决定。

（3）为什么电气与控制工程项目可以使用模块归档法来进行与利益相关方的沟通，其目的是什么？

（4）简述工程项目工作分解结构（WBS）的概念及方法。

（5）以学校迎新晚会项目为例，请设计附有责任落实人的迎新晚会项目 WBS。

項目规划

第五章　工程项目管理流程之项目规划

任务目标

理解工程项目管理目标的内涵及相互关系；了解工程项目规划各子项目计划编制的基本要点；学习并尽可能掌握相应编制工具的应用；学会设计清晰的路线图，掌握电气与控制工程项目管理计划的设计流程及要点。

任务描述

引导案例

某污水处理厂三期项目施工进度计划

1. 主要工序工效分析

基坑支护工程施工内容主要包括灌注桩、三轴水泥土搅拌桩坑底加固、型钢水泥土搅拌墙、冠梁、腰梁及支撑梁、FSP-IV 型拉森钢板桩。其中工程量最大的为三轴水泥土搅拌桩坑底加固，其在一次场平部分交接工作面后首先进行施工。根据工程量和现场情况，多级 AAO 生物池使用 4 台三轴水泥土搅拌桩机进行施工，总量为 47247 组，每天每台平均施工数量为 85 组，需要 4.5 个月完成。灌注桩机每天施工数量为 12 根，总量约为 800 根，需要 2 台灌注桩机工作 1 个月，平均每天立模 15m²。每个钢筋工每天绑扎钢筋 0.8t，共组织 2 支施工队同时施工，每支施工队都有自己的施工区域，在施工区域内组织流水施工。前期每支施工队组织 40 个木工，40 个钢筋工，20 个混凝土浇筑工，其他工种 60 人同时作业，后期主体工程全面展开后根据具体情况再陆续增加人员。

2. 主要工程进度计划

本工程合同施工总工期 730 日历天，计划开工日期为××年 7 月 20 日，计划竣工日期为后年 7 月 19 日。其中具体开工日期以业主、监理批准的开工报告为准。业主要求竣工当年的 12 月 31 日通水。

具体施工进度计划重要节点：在一次场平土方清运和拆迁工作按期完成条件下，①×× 年 8 月完成主要构筑物主体结构施工；②××年 9 月开始设备采购及安装工作；③××年 10

月基本完成构筑物结构施工；④××年 11 月完成设备安装工作并同步完成总图管网施工；⑤××年 12 月完成道路、绿化等配套设施，通水试运行。

提问：施工进度计划与整个工程项目管理规划有什么关系？如何制订工程进度计划、费用计划？依据是什么？其内容涵盖哪些？不同管理计划有没有相互关系？工程项目管理实施计划是不是一成不变的？工程项目管理如何制订风险管理计划？如何实现信息沟通？

本章将通过不同层次的概念剖析，来引导完成对于上述问题的回答。

第一节　工程项目管理规划

工程项目管理流程之项目规划的指导思想是为了做出系统性的优化的可操作方案，必须要设计一幅清晰的路线图。

正如第四章工程项目发起阶段所述，工程项目充满了各种局限条件，能否按时保质完成工程项目，能否控制住工程项目的范围，是否有足够的资源来完成项目的目标，能否最大程度满足各利益相关方的期望，该如何规避风险等，这些都是项目成功与否的关键因素。那么在对局限条件进行优先排序后，我们得到了工程项目发起阶段的范围描述。在此基础之上，接下来就应该进行工程项目管理的规划了。如果说工程项目范围描述是为工程项目管理指引方向的指南针，那么工程项目管理规划就是指导我们抵达目的地的行军路线图。

一、工程项目管理规划的定义、作用

（一）工程项目管理规划的定义

规划是指一项综合性的、完整的、全面的总体计划。它包含目标、政策、程序、任务的分配，采取的步骤，使用的资源及为完成既定行动所需要的其他因素。

工程项目管理规划是对工程项目管理的各项工作进行的综合性的、完整的、全面的总体计划，即工程项目组织要根据工程项目目标的规定，对其实施工作进行的各项活动做出周密安排。

工程项目管理规划需要围绕项目目标的完成系统地确定项目的任务，安排任务进度，编制完成任务所需要的资源预算等，从而保证项目能够在合理的工期内，用尽可能低的成本和尽可能高的质量完成。在工程项目管理规划过程中一般会使用项目基线的方法。项目基线是特指项目的范围、应用标准、进度指标、成本指标，以及人员和其他资源原使用指标等。定期建立项目基线可以确保项目全体成员的工作保持同步。但项目基线不可能是固定不变的，它将随着项目的进展而变化。需要注意的是，在项目过程中，应该在每次迭代结束点，即次要里程碑处，以及与生命周期各阶段结束点相关联的主要里程碑处定期建立项目基线。

在项目管理与实践中，项目管理规划是最先发生并处于首要地位的，项目管理规划是龙头，它能确保项目各种管理职能的实现，是项目管理活动的首要环节。抓住这个首要环节，就可以提携全局。项目管理规划是项目得以实施和完成的基础及依据，项目管理规划的质量是决定项目成败优劣的关键性因素之一。

（二）工程项目管理规划的作用

任何一个项目都会有一个明确的工期、费用和质量目标。为完成这些目标，项目实施之前必须制定项目管理规划。具体而言，工程项目管理规划的作用表现为以下4个方面：

（1）对工程项目构思、工程项目目标更为详细的论证。确定完成项目目标所需的各项任务范围，落实责任，制定各项任务的时间表。明确各项任务所需的人力、物力、财力并确定预算，保证项目顺利实施和目标实现。在工程项目的总目标确定后，通过工程项目管理规划可以分析研究总目标能否实现，总目标确定的费用、工期、功能要求是否能得到保证，是否能达到综合平衡。

（2）规划结果是许多更细、更具体的目标的组合，是各个阶段的责任及中间决策的依据。

（3）规划是工程项目管理实际工作的指南和项目实施控制的依据，在项目实施过程中，管理者应不断掌握项目进展状态，分析项目偏差，则项目管理规划即是依据，项目每进展一个阶段或最终完成，都需要进行验收、总结和考核，其重要依据之一就是项目管理规划。

（4）为业主和项目的其他相关方（如投资者）提供需要了解和利用的工程项目管理规划信息，项目管理的主要相关方都必须编制与之相适应的项目管理规划，并以此为依据指导项目管理全过程。

二、工程项目管理规划的要求（原则）

（一）解析工程项目目标

这是工程项目管理的最基本要求。管理规划是为保证实现项目管理总目标而做的各种安排。因此，工程项目目标是项目管理规划的灵魂，必须详细地分析项目总目标，弄清总任务，并与相关各方就总目标达成共识。如果对目标和任务理解有误，或不完全，则必然会导致项目管理规划的失误。

（二）符合实际

（1）符合环境条件。

（2）反映工程项目本身的客观规律，按工程规模、质量水平、复杂程度、工程项目自身的逻辑性和规律性做计划，不能过于强调压缩工期、降低费用和提高质量。

（3）反映工程项目管理相关各方的实际能力，包括业主的支付能力、设备的供应能力、管理和协调能力；承包商的施工能力、劳动力供应能力、设备装备水平、生产效率和管理水平、过去同类工程的经验；承包商现有在建工程的数量，以及对本工程能够投入的资源数量；设计单位、供应商、分包商等完成相关项目任务的能力和组织能力等。

（三）全面性

工程项目管理规划必须包括工程项目管理的各个方面和各种要素，必须对项目管理的各个方面做出安排，提供各种保证，形成一个非常周密的多维系统。特别要考虑项目的设计和运行维护，考虑项目的组织及项目管理的各个方面。与通常意义上的规划不同，工程项目管理规划更多地考虑项目管理的组织、项目管理系统，特别是项目的技术定位、功能策划、运行准备和运行维护，以使项目目标能够顺利完成。需要注意的是，由于项目管理规划过程又是资源分配的过程，为保证项目管理规划的可行性，还必须注意工程项目管理规划中局部与总体以及与企业层面的计划的协调。

（四）内容的完备性和系统性

由于项目管理对项目实施和运营的重要作用，项目管理规划的内容十分广泛，涉及项目管理的各个方面。通常包括项目管理的目标分解，环境调查，项目范围管理和结构分析，项目实施策略，项目组织和项目管理组织设计，以及对项目相关工作的总体安排（如功能设计、技术设计、实施方案和组织、建设、融资、交付、运行）等。

（五）集成化

项目管理规划是项目实施的基础工作，是规划的各项工作，以及与规划编制完成后的相关工作之间的系统联系，包括各个相关计划的先后次序和工作过程关系；各相关计划之间的信息流程关系；计划相关各个职能部门之间的协调关系；工程项目各参加者（如业主、承包商、供应商、设计单位等）之间的协调关系。

（六）有弹性

因为在工程项目管理规划的执行过程中会受到许多因素的干扰，编制时要留足空间，干扰因素有市场变化、环境变化、气候的影响；投资者的情况的变化；其他方面的干扰，如政府部门的干预、新的法律的颁布等。因此，项目管理规划要留有余地。

（七）风险分析

项目管理规划中必须包括相应的风险分析内容，对可能发生的困难、问题和干扰做出预测，并提出预防措施。

三、工程项目管理规划的类型

项目管理规划不论哪一种类型都是作为其项目管理的职能工作，都应贯穿于项目生命周期的全过程。在项目实施过程中，项目管理规划会不断地得到细化和具体化，同时又不断地进行修改和调整，形成一个动态体系。

（一）按不同的相关方分类

项目的主要相关方都需要编制各自的项目管理规划，包括由建设单位编制的建设项目管理规划；由设计单位编制的设计项目管理规划；由监理单位编制的监理项目管理规划；由施工单位编制的施工项目管理规划；由咨询单位编制的咨询项目管理规划等。

（二）按编制深度分类

按编制深度划分，项目管理规划可分为项目管理规划大纲和项目管理实施规划两种类型。项目管理规划大纲是项目管理工作中具有战略性、全局性、宏观性的指导文件，目的是满足战略、总体控制和经营的需要；项目管理实施规划是具体指导项目管理实施的规划，具有作业性和可操作性。

（三）按范围分类

按范围划分，项目管理规划可分为局部项目管理规划和全面项目管理规划。局部项目管理规划是针对项目管理中的某部分或某专业的问题所编制的规划；全面项目管理规划是针对一个项目的全部规划范围和全部规划内容所编制的完整的、系统的项目管理规划。每个项目都必须有一个全面项目管理规划大纲和全面项目管理实施规划。

工程项目管理实施规划，也通常被称作工程项目管理计划，下面就以此为讨论对象进行详细介绍。

工程项目管理计划要紧密围绕工程项目目标来进行，以保证其管理目标的实现，而目标是工程项目管理规划的灵魂。工程项目立项后，其总目标已经确定，通过对总目标的研究和分解即可确定阶段性的工程项目管理目标。在这个阶段编制工程项目管理计划，以让各相关方人员充分理解项目的计划实施执行过程。

第二节　工程项目管理计划的编制

工程项目管理计划是项目未来的行动方案，是执行项目的蓝图。"凡事预则立，不预则废"，说明了充分而详尽的工程项目管理计划对于项目有效地实施有重要指导作用。工程项目管理计划指导项目执行；工程项目管理计划明确项目目标与基线要求；工程项目管理计划便于项目利益相关者沟通达成共识；工程项目管理计划对项目进行控制以及为评价项目绩效提供基准。

一、工程项目管理计划的编制依据

工程项目管理计划的编制依据包含两个层次，即制定工程项目管理计划的编制依据和实施工程项目管理计划的编制依据。

制定工程项目管理计划的编制依据包括招标文件及发包人对招标文件的解释；对招标文件的分析研究结果；工程现场情况；发包人提供的工程信息和资料；有关竞争信息；企业决策层的投标决策意见；

实施工程项目管理计划的编制依据包括项目管理计划大纲；项目管理目标责任书；合同及相关文件；项目经理部的管理水平；项目经理部掌握的有关信息等。

【案例5-1】省妇幼项目管理实施计划编制说明及依据

一、工程项目概况及特点

工程名称：省妇幼保健院××院区门诊楼工程

建设单位：省妇幼保健院

监理单位：××建设监理有限公司

设计单位：××建筑设计院有限公司

建设地点：××××

省妇幼保健院门诊楼工程位于××路。该项目设计规模等级一级，设计使用年限50年，防水类别为一类高程，屋面防水等级一级，抗震设防烈度6度。建筑功能为门诊、急诊、医技、住院病房、手术、ICU病房中心病房供应及办公楼等。总建筑面积为91320m²，其中地上64309m²，地下面积为27011m²。地下室两层，主楼25层，裙楼5层，建筑总高度为96.30m，裙楼高度为22.65m。本工程±0.000相对于1985年国家高程基准点为28.75m，室内外高差450mm。

结构概况方面，本工程结构形式为框-剪结构形式，结构的安全等级为二级，结构设计使用年限均为 50 年。抗震设防类别均为乙类，抗震设防烈度 6 度。本工程基础采用板式筏板基础与柱下独立基础混用，采用抗浮锚杆桩。地基基础的设计等级为甲级。砼等级：基础垫层为 C15，圈梁、构造柱砼为 C25，筏板底板为 C40，剪力墙框架柱有 C35、C40、C45、C50，梁板为 C30、C35、C40，地下室抗渗等级为 P8。层高有 3.5m、4.2m、4.5m、4.7m、5.1m、5.7m。

节能部分：外墙，200 厚蒸压加气块，采用 35 厚岩棉板保温；屋面，采用 60 厚岩棉板保温隔热。屋面设有集热板太阳能。

防水：地下室底板、顶板防水采用 1.5 厚贴必定 CLF 交叉层压膜高分子自粘防水卷材，屋面采用 1.5 厚 YTL-VX 交叉层压膜自粘防水卷材。

装饰：外墙面采用玻璃幕墙和氟碳漆涂料装饰，裙楼中庭采用干挂石材；采光屋面网架将二次深化设计。内墙采用乳胶漆墙面、挂贴磨光花岗岩、吸音墙面、釉面砖墙面等。

外门窗：门窗采用单框断热铝合金节能门窗，氟碳涂层铝合金框料，淡色低辐射镀膜中空玻璃，幕墙玻璃采用低辐射镀膜 IOW-E 玻璃。

二、编制说明

本工程实施计划为针对省妇幼保健院××院区门诊楼工程编制，体现本工程实施的总体构思和部署。编制时对项目管理机构设置、劳动力组织、工程进度计划控制、机械设备及周转材料配备、主要分部分项工程施工方法、工程质量控制措施、保证措施、安全生产保证措施、文明施工及环境保护措施等诸多因素尽可能充分考虑，突出科学性、适用性及针对性。我们将根据合同要求，结合施工图纸，按照本实施计划设计确定的原则，编制详细、全面的单项施工方案及作业指导书，用以指导施工，确保本工程优质、安全、文明、高速地建成。

三、编制原则

（1）本实施计划编制将遵循 4 项基本原则，即符合性原则、先进性原则、合理性原则、满足业主要求的原则。

（2）满足业主对工程质量、工期及安全生产、文明施工要求的原则。

（3）满足与业主、监理、设计及有关单位协调施工的原则。

（4）充分利用充足的施工机械设备，积极创造施工条件，做到连续均衡生产、文明施工。

（5）采用先进的施工工艺、施工技术，制订科学的施工方案。

（6）贯彻施工验收、安全及健康、环境保护等方面的法规、标准规范和规程，以及有关规章制度，保证工程质量和施工安全。

（7）采用科技成果和先进的技术组织措施，节约施工用料，提高工效，降低工程成本。

（8）充分利用高新技术，提高机械化施工程度，减少笨重体力劳动，提高劳动生产率。

（9）充分利用原有和正式工程设施，减少临时设施，节约施工用地。

（10）合理选择资源和运输方式，节省费用开支。

四、编制依据

（1）省妇幼保健院××院区门诊楼工程招标文件。

（2）省妇幼保健院××院区门诊楼工程地质勘察报告。

（3）设计施工图纸。

（4）依据标准、规范及图籍。

1）国家法律和政府法规，包括《建设工程施工现场管理规定》《中华人民共和国消防法》《中华人民共和国建筑法》《中华人民共和国安全生产法》《建设工程质量管理条例》《建设工程安全生产管理条例》。

2）土建主要标准和规范（略）。

3）安装主要标准及规范，包括《建筑电气工程施工质量验收规范》（GB 50303－2002）、《通风与空调工程施工质量验收规范》（GB 50243－2002）、《建筑给水排水及采暖工程施工质量验收规范》（GB 50242－2002）、《电梯工程施工质量验收规范》（GB 50310－2002）、《建筑与建筑群综合布线系统工程施工及验收规范》（CECS89：97）、《火灾自动报警系统施工及验收规范》（GB 50166－92）、《自动喷水灭火系统施工及验收规范》（GB 50261－96）。

4）采用主要图籍（略）。

五、工程目标

公司将以高起点、高标准、严要求对本工程实施管理，工程的质量、工期、安全和文明施工等目标承诺如下。

质量目标：确保"楚天杯"，争创"鲁班奖"。

进度目标：本工程总工期计划为 1080 天，拟定××年 3 月 1 日为开工日期，具体开工时间以开工报告为准。

安全生产管理目标：在整个施工中杜绝重大伤亡事故，一般事故率控制在 3‰ 以内，确保该工程达到安全"楚天杯"。

文明施工管理目标：按本公司文明施工布置和管理整个施工现场，达到市文明样板工地标准。

服务目标：信守合同，密切配合，认真协调与各方关系，接受业主、监理等的控制与监督，让业主的每一份投入都获得满意的回报。

科技进步：为实现上述工程质量、工期、安全、文明施工等目标，充分发挥科技是第一生产力的作用，在工程施工中，积极采用新技术、新工艺、新材料、新设备和现代化管理技术。

协调目标：做好内外关系协调，结合当地情况充分发挥项目优势，主动争取各方的支持与配合。

环境保护目标：遵循 ISO14000 的环保原则，根据本工程的具体情况，将充分搞好施工噪音、污水排放和粉尘等方面的控制，开创建筑施工环境保护的新局面。

六、合同文件组成及解释顺序

组成合同的各项文件应互相解释、互为说明。除专用合同条款另有约定外，解释合同文件的优先顺序如下：

（1）合同协议书。

（2）中标通知书（如有）。

（3）投标函及投标函附录（如有）。

（4）专用合同条款。

（5）通用合同条款。

（6）业主方要求。

（7）总承包方建议书。

（8）技术标准和要求。

（9）价格清单。

（10）其他合同文件。

二、工程项目管理计划的编制流程

工程项目管理计划编制的先后顺序，即其编制流程如下。

定义目标→确定任务→建立逻辑关系图→为任务分配时间→确定项目组成员可支配时间→为任务分配资源并进行平衡→确定管理支持性任务，准备从下至上的估计，检查 15%～20% 的规划（因为工程项目管理占 15%～20% 的技术活动时间）→重复上述过程直到完成→计划汇总（包括个人进度计划、项目里程碑、累积的任务汇总、人员阶段的汇总、累积的资源汇总、任务分配单等）→汇总工程项目计划书。工程项目管理计划编制流程如图 5-1 所示。

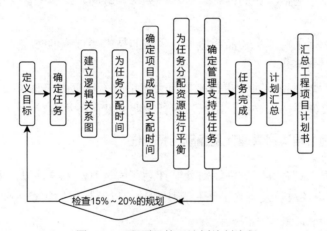

图 5-1　工程项目管理计划编制流程

以上这个流程不能颠倒，因为后一项内容的编制必须利用前项内容已产生的资料，且实现前项内容的有关要求。

三、不同层次工程项目管理计划的编制

计划是管理的核心，而控制是计划得以顺利执行的核心。不同层次工程项目管理计划的编制虽然包括业主、设计、监理、工程施工等各方面，但总体内容项基本包括以下 10 项。

1．项目目标

项目目标表明实施项目最后需要达到的结果。其编制应符合具体（Specific）、可测（Measurable）、得到项目各方的认同（Agreed）、可实现（Reality）、有时限（Timely）原则，即通常所说的 SMART 原则。

2．项目范围说明书

项目范围说明书包工作分解结构图（WBS）、对项目目标、主要交付物以及实现项目交付物所需要进行的具体活动、项目的约束条件与假设前提等。

3．项目进度计划

项目进度计划包括主要里程碑、工期估算以及甘特图。

4．项目的预算

项目的预算指所需资源的成本估计、费用分配。

5．人员组织计划

人员组织计划包括组织结构图、人员管理计划、责任分配矩阵。

6．项目质量保证计划

项目质量保证计划包括作业指导书、图纸、技术参数、功能特性等，以及评审、测量、验收标准。

7．项目风险管理计划

项目风险管理计划包括风险识别、评估、风险应对策略。

8．项目沟通管理计划

项目沟通管理计划包括沟通的内容、方式、频次、时间、地点等。

9．采购管理计划

采购管理计划包括采购什么物品或服务，采购的技术要求，何时需要。

10．项目变更控制计划

项目变更控制计划包括项目变更控制委员会名单及工作权限与程序；另外，还有一些辅助材料，如项目授权书、技术文件、图纸、设计说明书及商务协议等。

四、电气与控制工程项目管理计划编制的特殊性

电气与控制工程项目有其特殊性，对此其计划在编制时需要关注以下 6 点：

（1）确定项目组各成员及工作的责任范围和地位以及相应的职权以便按要求去指导和控制工程项目的工作，从而减少风险。

（2）因为电气与控制工程均以为工艺对象服务为宗旨，所以特别要求在计划编制时要确定项目组成员及项目委任人和管理部门之间的交流与沟通，增加顾客满意度，并使项目各工作协调一致，在协调关系中了解哪些是关键因素。

（3）电气与控制专业类工程项目有许多是靠软件取胜的，发挥人的主动性显得尤为重要，所以需要让项目组成员明确自己的奋斗目标，实现目标的方法、途径以及期望，并确保以时间、成本及其他资源需求的最小化来实现项目目标。

（4）由于电气与控制专业类工程项目涉及的设备多、工期长、交叉连接点众多，所以其规划要作为进行分析、协商及记录项目范围变化的基础，同时也是约定时间、人员和经费的基础。这样就为工程项目的跟踪、控制过程提供了一条基线，用以衡量进度，计算各种偏差及决定预防或建设措施，便于对变化进行管理。

（5）特别需要关注电气与控制工程项目工作分解的结合部在哪里，如何组织使结合部最少，并以标准格式记录关键性的项目资料，以备他用。

（6）要把叙述性报告的需要减少到最低，尽量用图表的方式将计划与实际工作进行对照，使报告效果更好，这样也可以提供审计跟踪以及把各种变化写入文件，提醒项目组成员及委托

人如何依据这些变化而变化。

总之，在编制电气与控制工程项目管理计划时，需要特别关注专业的技术要求，关注专业的安全问题及潜在的风险项，关注电气与控制专业与其他专业的系统性连接点。

【案例 5-2】某自动化系统项目计划内容表

某自动化系统项目计划内容表见表 5-1。

表 5-1　某自动化系统项目计划内容表

序号	内容	相关的项目管理过程
1	工作说明、范围说明、工作分解结构	范围计划编制
2	综合进度计划、主要里程碑	进度计划编制
3	质量计划、技术规范书	质量计划编制
4	文档定义、文档分类和管理方法	文档管理计划编制
5	预算和成本控制系统、现金流量预测	成本控制计划编制
6	执行情况汇报、报告和审查程序	沟通计划编制
7	活动事件网络计划	详细进度计划编制
8	设备制造、采购、物流	设备和物流计划编制
9	项目组织计划、项目人员计划、关键人员和责任分配矩阵	组织计划编制
10	尚未定论的问题和有待做出的决策、风险评估	风险管理计划编制

根据项目复杂程度的不同，计划可以由一个主计划和几个子计划组成。这些计划的编制也并不是在项目一开始就全部完成的，而是会随着项目的展开去逐步完善项目实施计划中的某些部分，例如，只有当已经编制出初始项目计划并识别出其中的风险，并对这些风险进行了定性和定量分析时，才能编制应对这些风险的计划。

【案例 5-3】某智能酒店弱电系统工程项目管理计划目录（系统施工技术方案部分节选）

项目各系统施工技术方案

（一）综合布线系统

1．施工标准

2．施工工序

3．施工技术需要注意的问题

4．工程电气测试及系统调试

（二）网络电话系统

1．施工标准

2．施工工序

3．施工技术需要注意的问题

4．工程电气测试及系统调试

（三）网络交换机及 Wi-Fi 系统

1．施工标准

2．施工工序

3．施工技术需要注意的问题

4．工程电气测试及系统调试

（四）数字信息发布系统

1．施工标准

2．施工工序

3．施工技术需要注意的问题

4．工程电气测试及系统调试

（五）视频监控系统

1．施工标准

2．施工工序

3．施工技术需要注意的问题

4．工程电气测试及系统调试

（六）消防火灾报警系统

1．施工标准

2．施工工序

3．施工技术需要注意的问题

4．工程电气测试及系统调试

（七）紧急广播系统及其电视伴音系统

1．施工标准

2．施工工序

3．施工技术需要注意的问题

4．工程电气测试及系统调试

（八）客控管理系统

1．施工标准

2．施工工序

3．施工技术需要注意的问题

4．工程电气测试及系统调试

（九）楼宇控制系统

1．施工标准

2．施工工序

3．施工技术需要注意的问题

4．工程电气测试及系统调试

（十）照明智能调光系统

1．施工标准

2．施工工序

3．施工技术需要注意的问题

4．工程电气测试及系统调试

（十一）AV 系统

1．施工标准

2．施工工序

3．施工技术需要注意的问题

4．工程电气测试及系统调试

第三节　电气与控制工程项目管理计划的编制实务

电气与控制工程项目管理计划是该类工程项目实施的具体行动方案，是执行项目的蓝图。要清楚表达的内容包括需要做什么，什么时间做，谁去做，做这些事情需要哪些资源，花多少钱去做，应该做成什么样子，可能会出现哪些情况，出现这些问题该如何对付，如何进行信息交流，如何处理项目的变更等。

上述需要表达的内容不光是针对电气与控制工程项目，也同样适用于其他类工程项目。在此我们依据工程项目实施的具体情况，重点讲述其中几个管理计划子项目的编制。

一、设计风险管理计划

【案例 5-4】疫情期间某医院工程项目重难点分析

1．时间紧、任务重

公司于 202× 年 1 月 25 日（大年初一）接到本工程一期建设任务，1 月 31 日接到二期建设任务，2 月 5 日接到医技区南侧主路的建设任务。一期交付节点为 202× 年 2 月 ×× 日，二期交付节点为 202× 年 2 月 ×× 日，医技区南侧主路交付节点为 2 月 ×× 日。一期工期 14 天，二期工期仅 9 天，两期总计建筑面积约 $14000m^2$，共 10 栋建筑，在半个月的时间内需完成从基础平整、板房搭设拼装、屋内水电、网络安装等全部施工内容，并做到水通、电通、其他管网通。

2．资源组织难度大

公司接到任务当天正值大年初一，绝大部分施工工人与管理人员均正在休假，大部分施工材料厂商春节停工停产，现有库存材料不多；同时正处于疫情期间，各省地交通封闭，劳动力组织进场困难，再加上前期调集了大量的资源参与其他项目，种种条件制约下大大增加了项目的资源组织难度。

3．沟通协调量大

公司进场时设计仅提供了一期的项目平立剖图，详图在完善中，设计成果不稳定，须沟通协调的工作量巨大。公司需在迅速掌握现有物资资源储备的基础上，充分理解设计意图，在满足相关规范要求的前提下，需结合现有资源多次沟通和设计调整细部方案，满足工程整体的进度要求。

4．人员高度密集，防疫任务艰巨

某医院医护区高峰期施工管理人员 123 人，投入劳动力 1194 人，且医护区一期又位于室内施工，疫情期间防疫物资调配紧张，施工现场人员高度密集。施工任务紧，现场 24 小时施工，人员易疲惫、免疫力下降，一旦出现确诊将大面积影响现场施工作业，防疫任务异常艰巨。

施工管理目标一览表见表 5-2。

表 5-2　施工管理目标一览表

序号	项目	目标
1	质量管理目标	质量标准：合格。各项施工符合国家验收规范，关键项目参照国际标准
2	安全管理目标	实现施工全过程"七无"，即无死亡、无重伤、无倒塌、无中毒、无爆炸、无重大交通事故、无感染；施工期间管理人员和操作工人轻伤事故率控制在 0.8‰ 以下
3	工期目标	本工程计划工期共 10 天，开工日期为 202×年 1 月××日
4	环境保护目标	环境污染控制有效，土地资源节约利用，工程绿化完善美观，水保措施落实到位，对噪声、振动、废水、废气和固体废弃物进行全面控制，尽量减少这些污染排放所造成的影响
5	文明施工目标	合格
6	绿色施工目标	施工全阶段严格按照建设工程规划、设计要求，采取有效的技术措施，全面贯彻落实国家关于资源节约政策，最大限度节约资源，减少能源消耗

大家都熟悉墨菲定律，即"任何可能发生的事，终将发生"。特别在电气与控制工程项目中，微小的漏点都有可能引发危险且造成不可逆的事故，所以尽管有些风险不可避免，但可以通过风险管理计划，将其影响降到最低。

（一）确定风险

首先判断项目可能的风险并评估其影响。因为风险评估结果会影响项目的计划，所以需要评估好每个风险的影响，再组织项目时间计划。

判断工程项目风险，首先要列出所有可能出现的问题，包括财务资源、团队能力、供应商、技术、颠覆性的创新及政治因素等，这些都是工程项目风险可能的来源。但如果对这些潜在风险因素进行同样完全的关注几乎是不可能的，所以需要将风险进行排序，通过评级，将风险分为高、中、低三级，再施以不同层级的管控。

（二）风险评估

风险评估的公式：影响×可能性=实际风险

通过头脑风暴确定所有的风险因素，分别对每个因素的影响及可能性进行分析，将其两者相乘后即得到该因素的"真实风险"（实际风险）得分。对于得分大于或等于某值（如 12，一般由经验值给出）的风险因素，则需要花时间思考并编制相应的降低风险的计划了。当然风险评级的加权值需要根据不同的情况而定，这对于项目管理者而言有很强的主观判断要求，与其经验、认知有关。

在风险评估过程中，能够意识到哪些风险必须制定对策，哪些风险发生的可能性相对较低，有时，甚至可以编制计划使风险系数保持一个较低的水平。

【案例 5-5】某项目的风险分析及评估

某项目风险分析及评估表见表 5-3。风险的影响和可能性等级用数字表示，具体采用 5 分制，5为高，3为中，1为低。

表 5-3　某项目风险分析及评估表

	风险	影响	可能性	得分
风险 1	现场住宿无法满足要求	4	3	12
风险 2	薪酬无法满足所有员工需求	4	2	8
风险 3	项目中符合要求的候选人不足	5	2	10
风险 4	无法完成培训	5	4	20
风险 5	培训能力不足	5	1	5
风险 6	客户服务水平下降	5	4	20

（三）控制风险

作为思考工具，TAME 选项可以帮助找到可能的策略并将风险降低到最小。它提供了 4 个风险管理的选项，当然也可以将其进行组合，得到更多的选择。TAME 是指可以转移风险（Transfer），将它转移给第三方；可以接受风险（Accept），了解风险，当风险发生时给予解决；可以降低风险（Mims），降低风险发生的可能性或影响；可以清除风险（Eliminate），尽所能将风险解决。

虽然也许不可能清除所有的风险，但仍然需要仔细分析全部的 TAME 选项，以此设计相应的风险管理策略。事实上，如果能正确地判断项目范围，就可以对什么可行、什么不可行有一个比较明确的把握了。

（四）设计风险管理计划

一旦确定了风险应对策略，就要将其编写成风险管理计划，这样便于向主要利益相关方及团队成员传达信息。出于对利益相关方的尊重和负责，要对高分风险项和盘托出，如果风险失败概率很大，则务必告知利益相关方，并向团队解释风险管理计划。项目成功的90%取决于沟通（需要编制专门的"信息与沟通计划"，限于篇幅，本书未对沟通计划进行单独叙述），通过将高风险项目及应对措施编辑成文档，使每一个团队成员统一思想。当理解了风险的潜在压力和挑战，再和团队成员共同使用 TAME 的选项来找到应对方法，以提高项目成功的概率。

针对上例中需要管控的风险进行分析及评估，现设计风险管理计划，并落实责任到具体执行人。其风险管理计划见表 5-4。

表 5-4　某项目风险管理计划

风险管理计划			
工程项目名称：			
日期：		准备人：	
风险	得分	策略	负责人
风险 1：现场住宿无法满足要求	12	租赁临近空置场地	张××
风险 5：培训能力不足	20	雇佣顾问公司	李×
风险 6：客户服务水平下降	20	提前从雇佣公司聘请人员	方×

注意：表中所有风险管理计划中的行动事项都要被考虑到工程项目整体计划中。

二、设计项目进度计划

管理工程项目，首先要知道什么时候做什么事，而进度表就像地图，所以需要将项目分解成小细节，再将每个细节排入其中。进度表中包含了完成项目所需的全部关键任务和里程碑，它能帮助辨别项目是否在沿着正确的轨道前进。因此进度计划是可视的、持续更新的，同时要对工程项目每个成员开放。

正是因为进度表中包含了完成工程项目所需的全部关键任务和里程碑，故在设计进度表时，可以应用工程项目规划软件、Excel 或者直接在纸上画出来。

工程项目进度计划的编制由工程项目管理职能部门、技术人员、工程项目管理专家、参与工程项目工作的其他人员等负责编制。

设计项目进度计划包括以下 6 个步骤：

（1）目标拆分架构即工作分解结构。

（2）确定工程项目团队及责任人。

（3）为工作排序。

（4）预测每项工作所需的时间（资源）。

（5）确定关键路径。

（6）制订工程项目预算（属于费用计划部分）。

（一）编制 WBS

同一建设项目可以有不同的项目分解结构方法，而不同的项目分解结构将直接影响项目投资进度、质量目标的实现。因此项目结构的分解应和整个工程实施的部署相结合，并和将来采用的合同结构相结合。将一个完整的工程项目分解成若干工作单元是工程项目管理的最基本也最重要的工作，工程项目分解的目的是明确一个工程项目所包含的各项工作，也就是将复杂的工程项目逐步分解成一层一层的要素（即工作），直到具体明确为止。工程项目分解的工具就是工作结构分解，即 WBS。这是一种在工程项目全范围内分解和定义各层次工作的方法。

1．工程项目分解结构

项目分解结构的基本原则有以下 7 个：

（1）确保各项目单元内容的完整性，不能遗漏任何必要的组成部分。

（2）项目分解结构是线性的，一个工程项目单元，只能从属于一个上层工程项目单元，不能同时交叉属于两个上层工程项目单元。

（3）工程项目单元所分解得到的工程项目单元，应具有相同的性质。或同为功能，或同为要素，或同为实施过程。

（4）每一个工程项目单元应能区分不同的责任人和不同的工作内容，应有较高的整体性和独立性。

（5）工程项目分解结构是工程项目计划和控制的主要对象，应为工程项目计划的编制和工程实施控制服务。

（6）工程项目分解结构应有一定的弹性。当工程项目实施中进行设计变更与计划的修改时，能方便地扩展工程项目的范围、内容和变更工程项目的结构。

（7）工程项目分解结构应详细得当。详细程度应与工程项目的组织层次、参加单位的数量、各参加单位内部的职能部门与人员的数量、工程项目的大小、工期的长短、工程项目的复杂程度等因素相适应。

注意：工程项目分解结构图不同于工程项目管理组织结构图，前者用于工程项目分解，后者用于部门分工和指令关系；合同结构图不同于合同分解结构图，前者用于分析合同关系，后者用于合同分类。

项目管理知识体系中认为"WBS 以目标为方向，将项目构成进行分组，这决定并构成了整个项目的范围。"所以 WBS 是项目总目标及每单个分目标构成的清单，目标就是项目的内容，而各个部分组成了每单个分目标。当开始编制 WBS 时，也许并不了解所有的目标及其组成，而编制 WBS 的过程也是利用头脑风暴对目标进行解析的最佳时机。

采用何种方法进行分解，应针对项目的具体情况加以确定，并非对任何项目都可以任意选择。

2．项目的结构分解注意事项

项目的结构分解注意事项有以下 8 点：

（1）分解的结果应包含项目所有的工作要素，不能有遗漏，也不能重复。

（2）分解的每一个工作要素都应有明确的范围和内容，并应用任务描述表对其进行描述。

（3）分解粗细程度应根据项目管理的需要加以确定。

（4）分解应运用系统思想，充分考虑项目各层次、各要素之间的相关性，即子母关系。

（5）分解过程中，不考虑工作要素之间的顺序关系。

（6）分解后的项目应该是可管理的、可定量检查的、可分配任务的、独立的。

（7）分解包括管理活动。

（8）对分解结构中的各层次、各个工作要素都需要编码。

第四章中，我们已经了解到，WBS 是将工程项目按照其内在结构或实施过程的顺序进行逐层分解而形成的结构示意图，它可以将工程项目分解到相对独立、内容单一的、属于成本核算与检查的工作单元，并能把各工作单元在项目中的地位与构成直观地表示出来。WBS 图是实施工程项目、创造最终产品或服务所必须进行的全部活动的一张清单，也是进度计划、人员分配、预算计划的基础，主要可以由下述两种工具表来表述。

（1）工作分解结构描述表。工作分解结构描述见表 5-5。

表 5-5　工作分解结构描述表

工作分解结构	说明
任务名	订购材料
任务交付物	签名并发出定单
验收标准	部门经理签字、定单发出
技术条件	本公司采购工作程序
任务描述	根据第×号表格和工作程序第×条规定，完成定单并报批
假设条件	所需材料存在

续表

工作分解结构	说明
信息源	采购部、供应商广告等
约束	必须考虑材料的价格
其他	风险：材料可能不存在 防范计划：事先通知潜在的供应商，了解今后该材料的供货可能性
签名	项目组成员 A

（2）工作分解结构之项目工作列表。工作分解结构项目工作列表见表 5-6。

表 5-6　工作分解结构项目工作列表

工作分解结构	工作说明
工作代码	用计算机管理工作时的唯一标识符，可看出工作之间的父子关系
工作名称	该工作的名称
输出	完成该工作后应输出的信息（包括产品、图纸、技术文件、工装及有关决策信息）以及对输出信息的规范和内容定义
输入	完成本工作所要求的前提条件（包括设计文档、技术文件、资料等）
内容	定义本工作要完成的具体内容和流程（包括应用文件、支撑环境、控制条件、工作流程）
负责单位	本工作的负责单位或部门
协作单位	完成本工作的协作单位和部门
子工作	WBS 树型结构中与本工作直接相连的下属工作

3．WBS 图的层次

工作项目分解结构的层次。工作项目的分解结构是一个树型结构，以实现项目最终成果所需进行的工作为分解对象，依次逐级分解，并编码标识成若干大小不同的项目单元。WBS 应能使项目实施过程中便于进行费用和各种信息数据的汇总。WBS 还考虑诸如进度、合同以及技术作业参数等其他方面所需的结构化数据。工作项目分解结构的层次见表 5-7。

表 5-7　工作项目分解结构的层次示意表

层次	级别	说明
管理层	1	总项目
	2	单体项目
	3	项目任务
	4	子任务
	5	工作包
	6	作业层

工作项目分解结构通常可以分为 6 级。第 1 级是总项目，由一系列单体项目（第 2 级）组成，这些单体项目之和构成了整个工程总项目。每个单体项目又可以分解成许多项目任务（第 3 级），这些项目任务之和构成该单体项目。以此类推，一直分解到第 6 级（或认为合适的等级）。

从工程项目管理角度看，WBS 的前 3 级是由项目组织者（业主）根据工程项目可行性研究报告以及业主的最高决策层进行分解的，主要用作项目组织者向业主报告进度和进行总进度控制。更低级别的分解则由不同的承包商在其投标时或中标后，根据其工程投标文件或合同范围的约定，在其以上级别分解的基础上继续进行分解，主要用作承包商内部计划与控制。

4．WBS 的编码

通过编码标识并区别每一个项目单元，可以方便"读出"某一个项目单元的信息。同一项目中 WBS 编码的统一、规范和使用方法明确，是项目管理规范化的要求，也是项目管理系统集成的前提条件。

项目的编码设计采用"父码+子码"的方法编制。项目结构分解中第 1 级表示某一项目，可用 1～2 位的数字或字母来表示，或采用英文缩写，或采用汉语拼音缩写，方便识别。第 2 级或代表实施过程的主要工作，或代表关键的单项工程或各个承建合同，同样可采用第 1 级编制方法。依次类推，一般编到工作包级为止。每一级前面的编码决定了该级编码的含意。编码中应注意的是，当某一级项目单元（一般是下面几级）具有同样的性质（如实施工作、分区功能和要素等），而它们的上一级项目单元彼此不相同时，最后采用同一意义的代码，这样有利于项目管理与计划工作的细化。

根据项目分解结构从高层向低层对每项工作进行编码，要求每项工作有唯一的编码。编码的方法有两种。

（1）多位编码方法。某桥梁工程项目多位编码如图 5-2 所示。

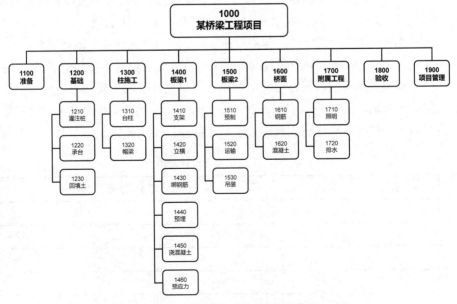

图 5-2　某桥梁工程项目多位编码

（2）少位编码方法。某铁路复线建设项目少位编码如图 5-3 所示。

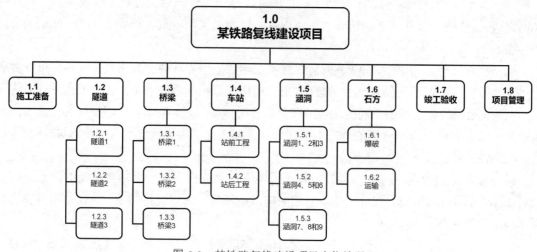

图 5-3   某铁路复线建设项目少位编码

注意： 编码时不能漏编，不能重复，粗细程度的分解由管理需要确定系统性、相关性（向下展开的描述）。

5. 电气与控制工程项目 WBS 编制

电气与控制工程项目在编制 WBS 的过程中也是利用头脑风暴对目标加深认识的过程。通常可以用思维导图的方式来表达，工程项目名称在中间，周围是各分项的目标，不用在乎顺序，继而思考每个目标的子目标以及每个子目标都由什么组成。有了目标及其组成，就可以列出每件事相关的任务或工作了，直到通过头脑风暴列出完成每个目标所需的工作。

当然电气与控制工程项目现场的有些技术人员也喜欢用清单的方式列出所有的工作内容，只是最好能以电子表格编辑草稿的方式进行。这样随着思维的变化随时可以更改或插入信息。

还有一些项目经理喜欢使用便利贴来完成这一步骤。在白板的第一行列出所有主要工作作为表头，让团队成员思考完成每件工作需要的步骤，给每位成员发一本便利贴，把他们能想到的工作记在上面，但每张便利贴上只能写一件事，然后贴在白板上相应的表头下。在这一过程中，可能会出现很多重复的情况，也可能会重复说明这件事的重要性，当完成头脑风暴后，可以去除重复的便利贴，根据需要再进行安排。无论使用哪种方法，在做了上述的充分思考后，就可以将信息填入工程项目进度计划表中去了。工程项目进度计划表的示例见表 5-8。

表 5-8   工程项目进度计划表

目录	状态	完成率/%	目标/分解工作/任务
2			
2.1			
2.1.1			
2.1.2			
2.1.3			

续表

目录	状态	完成率/%	目标/分解工作/任务
2.1.4			
2.2			
2.2.1			
2.2.2			
2.2.3			
2.3			
2.3.1			
2.3.2			

由表中可以看出，WBS 会包括很多的目标和工作，它相当于一个简单的地图，包含成功地完成项目所需的全部信息。接下来，可以将 WBS 转化成甘特图，就像工程项目的"计分板"一样，帮助跟踪时间节点和工程项目进展，进而能提交最终目标。

需要注意的是，WBS 编制过程中的逻辑顺序是任务具体化→工作描述表→项目工作列表，在其分解过程中不需要考虑工作要素之间的顺序关系。

（二）确定工程项目团队任务及责任人

工程项目管理过程中人是主体，需要对工程项目管理计划中的每一项任务分配责任者并落实责任以明确各单位或个人责任，便于项目管理部门在项目实施过程中的管理协调。一般会综合 WBS 和项目组织结构来制作工作责任分配表。该表可用于项目组织工作中的分配任务和落实责任，形成线性责任图（LRC）如图 5-4 所示。LRC 是将分解的工作落实到有关部门和个人，并明确表示出有关部门或个人对组织工作的关系、责任和地位。LRC 使各部门或个人不仅能认识到自己在项目组织中的基本职责，而且能充分认识到在与他人配合中应承担的责任，从而能充分全面地认识自己的全部责任。

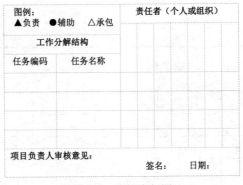

图 5-4 线性责任图

1. 分配任务及确定责任的基本原则

分配任务及确定责任的基本原则有以下 3 个：

（1）目标决定团队，绝对不能倒过来。

（2）工程项目经理此时一定要切记"展现尊重、先聆听、明确期望、承担责任"。

（3）不能随便把任务分配给团队中的某个人，而是一定要找到最适合这个任务的人。

2. 工作责任分配表的制定

制定工作责任分配表首先进行工作任务分工。在组织结构确定后，应对各个部门或个体的主要职责进行分配。项目工作任务分工就是对项目组织结构的说明和补充，将组织结构中各个单位部门或个体的职责进行细化扩展。工作任务分工是建立在工作分解结构（WBS）的基础上的，项目管理任务分工体现组织结构中各个单位或个体的职责任务范围，从而为各单位部门或个体指出工作的方向，将多方向的参与力量整合到同一个有利于项目开展的合力方向上。所以每一个项目都应编制工作责任分配表。在编制工作责任分配表前，应结合项目的特点，对项目实施的各阶段的费用（投资或成本）控制、进度控制、质量控制、合同管理、信息管理和组织与协调等管理任务进行详细分解。在项目任务分解的基础上，明确项目经理和费用（投资或成本）控制、进度控制、质量控制、合同管理、信息管理和组织与协调等主管部门或主管人员的工作任务，从而编制工作责任分配表。

其次进行管理职能分工，管理职能分工与工作任务分工一样也是组织结构的补充和说明，体现在对于一项工作任务，组织中各任务承担者管理职能上的分工。管理职能分工表是用表的形式反映项目管理班子内部项目经理、各工作部门和各工作岗位对各项工作任务的项目管理职能分工。

通过与主要利益相关方共同制定准确的工程项目范围，现在又有了可视的、详细的工程项目规划，再加上项目经理对4个基本行为准则的把握，从里到外能够对他人产生影响力，从而发掘隐藏的资源。

【案例5-6】波音公司某项目工作责任分配表

波音公司某项目工作责任分配表见表5-9。

表5-9　波音公司某项目工作责任分配表

（I-总指挥；G-主要负责人；S-次要负责人；A-审批；F-监督人；E-意外事件处理人）

任务（I、G、S、A、F、E）	人/组织					
	Hank	Bill	Frede	BMT	Shop	Library
确定候选材料						
1. 资料收集	G					S
2. 联系供应商	G					
实监室评估						
3. 设计实验室测试	G			S		
获得材料						
4. 发出材料订单	G	A	A			
5. 供应商发出材料	G					
6. 进行实验	G		S			
7. 性能测试	G	F	E	S		

任务（I、G、S、A、F、E）	人/组织					
	Hank	Bill	Frede	BMT	Shop	Library
材料选择						
8. 分析实验数据	G	F		S		
9. 完成报告	G	A	A		A	

【案例5-7】鲁布格水电站输水项目LRC

鲁布格水电站输水项目LRC如图5-5所示。

WBS	项目经理	土建总工	机电总工	总会计师	工管处	财务处	计划合同处	机电设备	合同处	设计院	咨询专家	电力局	水电部	中技集团公司	中国水利水电第十四工程局有限公司	大成工程建设集团有限公司
设计	●	●	●	●						▲	●	□	○	□	□	□
招标	●	●	●	●		●	●			▲	●	○	□	□	□	□
施工准备	▲	●	□	□						○	□	□			▲	
采购	○	□	●	□	□	●	●	▲	□	●	●					
施工		▲	●	●	●	●	●		●		●				▲	▲
项目管理	▲	●	●	●	●	●					●				□	□

图5-5　鲁布格水电站输水项目LRC（▲：负责，○：审批，●：辅助，△：承包，□：通知）

（三）为工作排序

一个项目有若干项工作和活动，这些工作和活动在时间上的先后顺序称为逻辑关系。逻辑关系可分为两类：一类是客观存在的，生产性工作之间由工艺过程决定的，非生产性工作之间由工作程序决定的先后顺序关系称为工艺关系。例如，建造一座建筑物，首先应进行基础施工，然后才能进行主体结构施工。另一类是工作之间由于组织安排需要或资源（劳动力、原材料、施工机具等）调配需要而规定的先后顺序关系，称为组织关系。一般来说，在工作排序的过程中，首先应分析工作之间客观存在的工艺关系，在此基础上进行分析研究，以确定工作之间的组织关系。

工作就是将工程项目内容完成的过程，现在需要为工作排序以决定什么时候完成什么工作。为工作排序是指按时间先后排列，以确定哪个工作要先完成、同时完成或只能在另一项工作完成后再做，即工作与工作间的依存关系如何。其实也就是我们通常所说的完成任务的最优解问题，即在最短的时间内，在保证质量的前提下能完成最多的工作。因此分辨出哪些任务之间存在依存关系，是按节点完成任务的关键一步。确实有工作是依赖于其他工作的，所以依存关系也是正确排序的前提。

1．工作排序考虑的因素

工作排序考虑的因素有以下 5 点：

（1）以提高经济效益为目标，选择所需费用最少的排序方案。

（2）以缩短工期为目标，选择能有效节省工期的排序方案。

（3）优先安排重点工作。优先安排持续时间长、技术复杂、难度大的工作，以及先期完成的关键工作。

（4）考虑资源利用和供应之间的平衡、均衡，合理利用资源。

（5）考虑环境、气候对工作排序的影响。

2．工作排序确定的主要内容

工作排序确定的主要内容有以下 4 个方面：

（1）工艺关系的确定。这是工作排序的基础。工艺关系的确定主要根据项目的工艺、技术、空间关系等因素加以确定，因此比较明确，也比较容易确定，通常由管理人员与技术人员共同完成该项工作。

（2）组织关系的确定。由于这类工作排序的随意性，故其结果将直接影响进度计划的总体水平。该类工作关系的确定难度较大，需要通过方案分析、研究、比较、优化等工作确定。组织关系的确定对于项目的成功实施是至关重要的。

（3）外部制约关系的确定。在项目工作计划的安排过程中应考虑外部工作对项目工作的一些制约和影响，这样才能把握项目的发展。例如，对系统的集成测试，需要依赖外部采购的硬件是否已经到位；现场自动化系统的测试需要依赖被控对象的安装调试是否已经完成等。

（4）项目实施过程中的限制和假设。为了制订出切实可行的进度计划，应考虑项目实施过程中可能受到的各种限制，同时还应考虑项目计划制订所依赖的假设条件。要明确哪些关系属于强制性的，例如，接口测试必须在接口开发完成以后才能进行；要明确哪些关系属于优先选用的逻辑关系，这个关系通常会根据对具体项目领域内部的最优做法而确定，以经验选定计划工作顺序。

3．工作排序的工具

目前工程项目管理工作排序有两种基本方法，一种叫紧前关系绘图法（Precedence Diagramming Method，PDM），另一种叫箭线绘图法（Arrow Diagramming Method，ADM），大多数项目管理软件使用的是 PDM。

PDM 是一种节点表示的工作，并和表示依赖关系的箭线连接节点构成项目进度网络图的绘制。PDM 主要包括 4 种依存关系（一种逻辑关系，表明一个工作依赖于另一个工作的开始或结束）。活动节点法是紧前关系绘图法的一种展示方法，是大多数项目管理软件包所使用的方法，是以箭线为逻辑关系，以方框为活动的一种进度方法。PDM 活动逻辑说明图如图 5-6 所示。

- FTS：完成到开始的时距（时距是相邻工作的时间差值），即后续工作的开始要等到先行工作的结束；这是最常见、最典型的依存关系，属于"自然依存"。
- STS：开始到开始的时距，这些工作相互重叠，这种依存关系意味着一项工作的开始就是另一项工作的开始。

- **FTF**：完成到完成的时距，即后续工作的结束要等到先行活动的结束。
- **STF**：开始到完成的时距，即 A 工作的开始节点必须是 B 工作的结束节点。

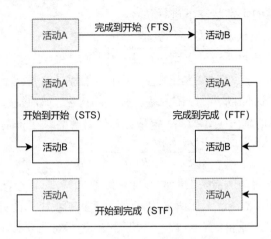

图 5-6　PDM 活动逻辑说明图

（四）估计工作时长

时间是工程项目的最主要约束条件之一，如果截止时间设计得不合理，则可能会导致整个工程项目失败，所以不能把任务排得太紧，以至于没有任何"灵活"或"回旋"的空间。那么如果需要预测工作时长，则应设定较为实际的工程项目截止时间。一般会通过截止时间来倒推设计时间表，在倒推的过程中，可根据每项工作的时长来决定如何支配时间和资源，从而保证工程项目的成功。

需要注意的是，如果利益相关方缩紧任何一个约束项，都需要项目经理通过谈判来争取有利条件。而工作时长的概念，能够作为谈判的杠杆，与利益相关方之间达成共赢，然后再与团队成员共同协商，压缩每个人的工作时长，达到预定的截止时间。做好 WBS，将各项工作进行排序，并将工作分解给团队成员，下一步就是预测每项工作的时间，这样就能够推算出所需的预算，制定出具体的时间表，并验证给每个成员分配的工作是否恰当。

1．计算工程量（工作量）

根据项目分解情况，计算各项工作或活动的工程量（工作量），并提出工作内容和工作要求。工程量的计算应根据施工图和工程量计算规则，针对所划分的各项工作或活动进行。计算工程量时应注意以下 2 个问题：

（1）工程量的计算单位应与现行定额手册中所规定的计量单位相一致，以便在计算劳动力、材料和机械数量时直接套用定额，而不必进行换算。

（2）要结合具体的实施方案和安全技术要求计算工程量。在电气与控制工程中，随着项目设计工作的逐步深入，可供使用的数据越来越详细，其工程量的计算也就会越来越准确。

2．工作持续时间

工作持续时间是指在一定的条件下，直接完成该工作所需时间与必要停歇时间之和。工作持续时间是计算工作时间参数和确定项目工期的基础。工作持续时间的估计是编制项目进度计划的一项重要的基础工作，要求客观正确。如果工作持续时间估计太短，则会造成被动紧张的局面；相反则会延长工期。在估计工作持续时间时，不应受到工作重要性及项目完成期限的限制，要在考虑各种资源供应技术、工艺、现场条件、工作量、工作效率、劳动定额等因素的情况下，将工作置于独立的正常状态下进行估计。

工作持续时间通常涉及众多因素，一般难以用一个通用的计算方法进行计算。常供选用的方法有定量计算法、专家判断法和类比估计法。下面主要介绍第 1 种和第 3 种计算方法。

（1）定量计算法。定量计算法是在确定了工作的工程量的基础上，根据作业人员的工作效率或人数确定工作持续时间的方法。该方法比较正确可靠，但前提条件是能比较正确地确定工作的工程量，并能正确地确定工作效率。定量计算法计算各项工作的持续时间的计算公式为

$$D = \frac{Q \times H}{R \times B} = \frac{Q}{R \times B \times S} = \frac{P}{R \times B}$$

式中，D 表示完成工作或活动所需要的时间，即持续时间（工日）；Q 表示工作或活动的工程量；H 表示综合时间定额；S 表示工作所采用的人工产量定额或机械台班产量定额；P 表示工作所需要的劳动量（工日）或机械台班数（台班）；R 表示每班安排的工人数或机械台数；B 表示每天工作班数。

（2）类比估计法。

1）单一时间估计法。采用这种方法估计各项工作的持续时间时，只需估计一个最可能的工作持续时间。估计时，应以完成该工作可能性最大的作业时间为准，不受工作重要程度和合同期限的影响。单一时间估计法主要适用于工作内容简单、不可知因素较少的状况，或有类似项目的工时资料可以借鉴的情况。例如，在自动化系统接口测试中的点对点测试，所有的需要测试的点除以每天能测试的点，就是需要持续活动的时间。

2）三种时间估计法。在预测工作时长时，一定要恰到好处、精准无误，可以利用计划评价技术（Program Evaluation and Review Technique，PERT）公式来预测决定每项工作的时间，PERT 能够应对各项工作完成时间中存在的不确定因素，由此，需要进行以下三种时间预测。

- 乐观时间：工作完成所需的最短时间。指在最顺利的情况下，完成该工作可能需要的最短时间。在估计时，要排除出现的所谓好运气，考虑在正常情况下，假设没有遇到任何困难时需要的时间。
- 最可能的时间：完成工作量可能的时间。指在正常情况下，完成某项工作最可能出现的时间。即假设该工作在相同条件下重复多次，完成的时间中出现最多的时间值。
- 悲观时间：完成工作可能需要的最长时间。指在最不利的情况下，完成该工作可能出现的最长时间。在估计时，要排除出现的特殊不利情况。它应是在正常情况下，假设遇到最大困难时需要的最长时间。

PERT 所计算的期望时间为

期望时间=（乐观时间+4×最可能时间+悲观时间）/6

式中，数字 4 是一个加权平均数，它能够把不切实际的短时间排除出去；而数字 6 代表的是乐观时间和悲观时间的标准差。

对于含有高度不确定性工作的项目，可以采用三种时间估计法估计各项工作的持续时间。

即预先估计完成各项工作的三个时间值，然后根据概率统计的原理和方法，确定工作的持续时间。这种估算法估计工作的持续时间，常用于工程量大、涉及面广、不确定性因素多的项目。需要注意的是，要注意"工作"不等于"时长"，即工时≠工期。工时是指完成一件事所需的时间（但不一定是整块时间，剔除非专门为该项目完成所进行的工作，其实就是专项工作时间效率问题）；时长是指在现实生活中完成一件事，并同时做完其他杂事总共需要的时间。所以工作决定了工程项目的预算，而时长则决定了工程项目的时间规划。

【案例5-8】某单项安装工程工作时长估计

假设中控室安装单项工程，乐观派认为完成时间可以规划在25天内，而悲观派则认为时间会需要60天。工程项目经理根据所有团队成员的意见，认为可能花费的时间是35天，利用PERT公式得出一个对整个团队来说都合理的时间预测，即（25+4×35+60）/6=37.5。也就是说，期望时间需要37.5天来完成中控室的安装单项工程。然后再在WBS中推测每项工作所需要的时长，这样就可以得出项目从开头到结束的时间表了。项目时间表见表5-10。

表5-10 本项目项目时间表

目录	状态	完成率 / %	目标 / 分解工作 / 任务	工作时长 / 天	持续时间 / 天	开始日期	结束日期
2				104	30		
2.1				54	15		
2.1.1				24	2		
2.1.2				6	1		
2.1.3				16	2		
2.1.4				8	3		
2.2				26	13		
2.2.1				16	4		
2.2.2				8	1		
2.2.3				2	2		
2.3				24	9		
2.3.1				16	3		
2.3.2				8	5		

工程实践中，一般对于确实只需要某天6个小时就能完成的工作，可以拿出一天作为最短时长。这是标准流程，另外项目团队经常会在总的进度表中以"应急时间""时间储备"或"缓冲时间"为名增加一些富余时间。因为无论规划多完美，总会有一些突发状况，这也是承认进度计划风险的表现。总之，工作时长预测得越准确，工程项目成功的概率就越大。

【案例5-9】工期估计示例

某项目工期预估表见表5-11。

表 5-11　某项目工期预估表

任务名称	资源名称	工作量／工时	资源数量／人	工期／天
100 电动自行车				
110 总体方案				
111 总体框架	工程师	1600	20	10
112 单元定义	工程师	1600	20	10
120 车体				
121 车体设计	工程师	1600	10	20
122 车体试制	工人	3200	20	20
123 车体试验	试验人员	800	10	10
130 电动机				
131 电动机研究	工程师	2400	20	15
132 电动机设计	工程师	2000	10	25
133 电动机试制	工人	4800	40	15
134 电动机试验	试验人员	3200	20	20
140 电池				
141 电池研究	工程师	1600	10	20
142 电池设计	工程师	1600	10	20
143 电池试制	工人	3200	20	20
144 电池试验	试验人员	2400	20	15
150 总装与测试				
151 总装	工人	1600	20	10
152 测试	试验人员	1600	20	10
小计		33200		

3．里程碑工具

还有一个保障工程项目进度的方法就是在时间表中加入里程碑。如同交通标志一样，里程碑能提醒工程项目已经到了一个重要的决策点，那么到达一个里程碑时，就必须做出决策，即让项目继续进行、停止、从头再来还是改变方向。

里程碑是由项目经理制定的。当项目经理认为有必要在某天将所有的利益相关方聚起来开会时，就可以将它放进项目日程表。每隔一段时间召开里程碑会议能够有效地检查项目是否健康运行，而里程碑也可以成为向主要利益相关方汇报工程项目进展状态的最直接的工具。

里程碑计划是在项目进度管理中应编制的进度计划。里程碑计划编制的基本步骤包括以下 3 步。

（1）确定里程碑事件。工程项目的里程碑事件应是事关项目全局的重大事件、重要阶段、重要部分。里程碑事件应是关键的关键。因此，一个项目的里程碑事件应是少数。例如，一个房屋建设工程的里程碑事件可以包括基础施工、结构施工、室内外装修和验收等。

（2）确定里程碑事件发生的时间。里程碑事件发生的时间一般是以完成点作为控制点。当然，对于某些事件也可以以开始点作为控制点，但在里程碑计划中应明确是事件开始点还是完成点。各里程碑事件发生的时间一般采用倒排工期的方法确定。倒排工期是指交工时间已确定，在保证工期的前提下确定每个里程碑事件应发生的时间。倒排工期的方法更多是依据项目经理的经验。

（3）形成里程碑计划。里程碑计划可以用图形或表格表示。

【案例 5-10】某地铁综合监控系统项目的里程碑计划表

某地铁综合监控系统项目的里程碑计划表见表 5-12。

表 5-12　某地铁综合监控系统项目的里程碑计划表

序号	名称	开始时间	完成时间	备注
1	合同谈判及签署	2005-8-22	2005-10-22	
2	合同修订	2005-10-23	2005-10-23	里程碑
3	施工设计与出厂测试	2005-10-24	2006-6-19	阶段
4	设计联络会一（接口）	2005-10-24	2005-11-14	
5	签订各接口协议（含监控点表）	2005-11-15	2005-11-15	里程碑
6	系统设计	2005-11-15	2005-12-30	
7	设计联络会二（功能）	2005-12-1	2005-12-22	
8	签订功能技术规格书	2005-12-30	2005-12-30	里程碑
9	设备制造和采购	2006-1-4	2006-2-28	
10	应用软件开发	2006-1-4	2006-4-28	
11	接口试验工厂验收	2006-3-1	2006-6-16	
12	厂内测试通过（FAT）	2006-6-16	2006-6-16	里程碑
13	设计联络会三（工程实施）	2006-4-3	2006-4-27	
14	制订工程实施方案	2006-4-28	2006-4-28	里程碑
15	工程设计	2006-5-8	2006-6-16	
16	完成施工设计并出图	2006-6-19	2006-6-19	里程碑
17	设备到货	2006-6-26	2006-12-29	阶段
18	设备全部到货	2006-12-29	2006-12-29	里程碑
19	现场安装和调试	2006-7-5	2006-12-29	阶段
20	变电所综合自动化系统调试	2006-7-5	2006-9-4	
21	车站 PSCADA 调试	2006-9-5	2006-10-30	
22	车站 BAS 调试	2006-7-5	2006-11-30	
23	车站 PSD 调试	2006-12-4	2006-12-28	
24	传输系统开通	2006-10-31	2006-10-31	里程碑

序号	名称	开始时间	完成时间	备注
25	全线变电所发电	2006-11-20	2006-11-20	里程碑
26	各子系统全部调通	2006-12-29	2006-12-29	里程碑
27	系统联调	2006-12-4	2007-3-11	阶段
28	车站 CISCS 联调	2006-12-4	2006-12-29	
29	中心 CISCS 联调	2007-1-4	2007-2-28	
30	系统联调完成	2007-3-1	2007-3-1	里程碑
31	144 小时测试	2007-3-5	2007-3-10	
32	144 小时测试通过	2007-3-11	2007-3-11	里程碑
33	试运行与系统验收	2007-3-12	2007-6-30	阶段
34	3 个月试运行	2007-3-12	2007-6-11	
35	竣工验收	2007-6-12	2007-6-30	里程碑
36	质保期	2007-7-1	2009-7-1	
37	竣工验收备案工作	2007-7-1	2007-9-1	

里程碑计划的主要作用有以下两点：

1）作为控制重要时间节点的依据。

2）作为编制其他进度计划的依据。

（五）确定关键路径

一旦开始执行工程项目计划，就要不断突破各种瓶颈。那么在依存关系里，有些工作必须要等其他工作结束后才能开始（结束－开始类的工作），而当某项"结束－开始"工作没有按时完成时，就可能遇到瓶颈了，所以我们需要知道一个从头到尾的"关键路径"。关键路径是工程项目从开始到结束所需要的最长路径，以及在不导致项目延期的前提下，每项工作开始和结束的最早及最晚时间。这也意味着按照规划，某项工作必须开始和结束之间的最长时间决定了整个工程项目的时长，如果关键路径上某个工作延后了将导致整个工程项目延后。

在关键路径中的工作，其"开始和结束"时间的决定没有任何灵活性可言。一项工作不能提前开始，因为必须等待另一项工作结束；而某项工作也不能拖延，因为会导致后续工作的延后。如果关键路径上遗漏了某项工作，那么将面临极高的失败风险，并导致费用超支及项目节点延后。如果了解了关键路径的含义，就能够提前预测出瓶颈可能出现的位置，并通过规划在瓶颈出现前避免或绕道前进。

在确定关键路径后，可以把关键路径工作分配给最得力的人选，绝对不能分给新手或能力较差的人，否则将会大大增加风险，同时也要将最好的资源分配给关键路径工作，这样才能最大程度地促使这些工作顺利按时完成。值得注意的一点是，大多数项目团队成员都不止负责一个项目，他们还有其他的优先工作、其他的上级，不时要被拉去"救火"，而且还有其他日常工作。当不可抗力发生时，他们可能很难按时完成任务，因此需要项目经理时刻关注关键路径和其他较为灵活的工作，以便在关键路径工作遇到麻烦时，尽快将资源配给关键路径项。

通过工程项目管理的设计，可以计算出更复杂项目的关键路径，找到路径需要的准确依存关系以及开始/结束日期。

1. 网络计划的关键线路

计算网络计划时间参数的目的之一是找出网络计划中的关键线路。找出了关键线路也就抓住了工程进度计划的主要矛盾，这样就可使工程管理人员在生产的组织和管理工作中做到心中有数，以便合理地调配人力和资源，避免盲目赶工和延误工期，保证工程有条不紊地进行。在一个网络计划中，一般都有多条线路。

每条线路都包含若干个工作，这些工作的持续时间之和即为这条线路的总持续时间。任何一个网络计划中至少有一条时间最长的线路，这条线路的总持续时间决定了这个网络计划的计算工期。在这条线路中没有任何机动的余地，即如果线路上的任何工作持续时间拖延都会使总工期相应延长；如果缩短也可能同时会使总工期缩短。这种线路是按期完成计划任务的关键所在，所以称为关键线路。在关键线路上工作称为关键工作；在关键线路上的节点称为关键节点。关键工作的最早开始时间和最迟开始时间是相同的，不存在任何时差；关键节点的最早开始时间和最迟开始时间也是相同的。

网络计划中关键线路以外的其他线路都称为非关键线路，在这种线路上总是或多或少地存在总时差，其中存在总时差的工作就是非关键工作。非关键工作总有一定的机动时间供调剂使用。需要注意的是，非关键线路并非全由非关键工作组成。在任何线路中，只要有一个非关键工作存在，其总持续时间之和就会小于关键线路，也就是非关键线路。凡不在关键线路上的节点都是非关键节点。只有全部由关键工作组成的线路才能成为关键线路。还有一点值得注意的是，非关键线路上的节点也有可能全部是关键节点。这说明，用关键工作可以确定关键线路，但用关键节点却不一定能确定一条关键线路。

确定关键线路的方法有很多，如前述的线路时间长度比较法，还有利用关键工作的方法、利用关键节点的方法、破圈法、流网法与线性规划法等，下面仅介绍两种简单易行的方法。

（1）利用关键工作的方法。当网络计划的时间参数以工作为计算对象时，网络计划的关键工作是该计划中总时差最小的工作。如果计划工期等于计算工期，则总时差为零的工作就是关键工作。只要把所有关键工作标示出来，那么关键线路也就随之确定了。

当采用关键工作计算法时，每个工作的最早、最迟开始时间都已经标列在箭线之上，只需直接把总时差和自由时差都为0的工作箭线用特殊线条标示即可。对关键工作时差可不做计算和标出，以减少图面上的数字，使图看起来更加简明清晰，也不会因此发生任何误解。

（2）利用关键节点的方法。如果网络计划的时间参数是按节点计算的，那么在所求的时间参数中就有了各节点的最早和最迟时间。凡是这两个时间相同的节点就是关键节点，这样就可以利用关键节点直接找出关键线路。因为这时若要通过时差计算再找关键线路是比较麻烦的，而且必须计算所有工作的时差。

单凭关键节点不一定能确定一条关键线路，然而关键线路必须要通过这些关键节点。当一个关键节点与多个关键节点相邻而可能出现多条关键线路时，必须加以判别。判别方法是确定这些相邻关键节点之间的工作是否为关键工作。如果是关键工作，则相邻两关键节点可以加入关键线路，否则就不可以加入。判别两关键节点间的工作是否为关键工作，可用下列判别式：

$$箭尾节点时间+工作持续时间≥箭头节点时间$$

如果以上不等式成立，那么这个工作就是关键工作，否则就是非关键工作。

2．网络计划时间参数计算

网络计划时间参数可归纳为三类，即节点参数、工作参数和线路参数。

（1）节点参数。根据节点的时间内涵，节点参数主要有两个，即节点最早时间和节点最迟时间。

节点最早时间是指该节点的内向工作已完成、外向工作可以开始的最早时刻，即以该节点为开始节点的各项工作的最早开始时间，用 ET_i 表示，i 为某时间节点。

节点最迟时间是指在不影响总工期的前提下，以该节点为完成节点的各项工作的最迟完成时间，用 LT_i 表示。

（2）工作参数。工作参数是网络计划中最为重要的时间参数，可归纳为 4 种类型，即基本参数、最早时间、最迟时间和时差。

1）基本参数。工作的基本参数是工作持续时间，用 $D_{i\text{-}j}$ 表示，j 为另一时间节点。

2）最早时间。工作的最早时间有两个，即最早可能开始时间和最早可能完成时间。

最早可能开始时间是指该工作的各项紧前工作已全部完成，本工作可以开始的最早时刻，用 $ES_{i\text{-}j}$ 表示。可见，$ES_{i\text{-}j}=ET_i$。

最早可能完成时间是指各项紧前工作完成后，本工作有可能完成的最早时刻，用 $EF_{i\text{-}j}$ 表示。显然，$EF_{i\text{-}j}=S_{i\text{-}j}+D_{i\text{-}j}$。其中，$S_{i\text{-}j}$ 表示开始时间。

最早时间明确了工作的开始或完成时间的下限。在这之前，该工作是不可能开始或完成的。

3）最迟时间。工作的最迟时间也有两个，即最迟必须开始时间和最迟必须完成时间。

最迟必须开始时间是指在不影响工期的前提下，本工作必须开始的最迟时刻，用 $LS_{i\text{-}j}$ 表示。

最迟必须完成时间是指在不影响工期的前提下，本工作必须完成的最迟时刻，用 $LF_{i\text{-}j}$ 表示。显然，$LF_{i\text{-}j}=LS_{i\text{-}j}+D_{i\text{-}j}$。

4）时差。时差是指在一定的前提条件下，工作可以机动使用的时间。根据前提条件的不同，时差可分为总时差和自由时差两种。

总时差是指在不影响工期的前提下，本工作可以利用的机动时间，用 $TF_{i\text{-}j}$ 表示。

对于在时间段 $i\text{-}j$ 中的某工作，最早可以在 $ES_{i\text{-}j}$ 时开始，在不影响工期的前提下，最迟应在 $LS_{i\text{-}j}$ 时开始。从最早开始时间到最迟开始时间之间是可以机动使用的时间，如图 5-7 所示。

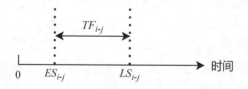

图 5-7　总时差计算示意图

可见，$TF_{i\text{-}j}=LS_{i\text{-}j}-ES_{i\text{-}j}$。显然，$TF_{i\text{-}j}=LF_{i\text{-}j}-EF_{i\text{-}j}$。

总时差是一个非常重要的时间参数，在网络计划的资源优化、网络计划调整、关键工作的确定和索赔判断等方面都要使用总时差。

自由时差是指在不影响其紧后工作最早开始的前提下，本工作可以利用的机动时间，用 FF_{i-j} 表示。若本工作的最早时间为 ES_{i-j}，其紧后工作的最早时间为 ES_{j-k}，则可在数轴上表示，自由时差计算示意图如图 5-8 所示。

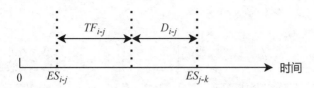

图 5-8 自由时差计算示意图

可见，$FF_{i-j}=ES_{j-k}-D_{i-j}-ES_{i-j}=ES_{j-k}-EF_{i-j}$。

如果在时间段 *i-j* 中的某工作有若干紧后工作，则该工作的自由时差为 $EF_{i-j}=\min\{ES_{j-k}+(-ES_{i-j})\}$。自由时差主要用于时间坐标网络。

（3）线路参数。线路参数主要包括计算工期、要求工期和计划工期。

其中，计算工期 T_c，是指根据时间参数计算得到的工期，计算工期也等于最大线路路长，可按下式计算，即

$$T_c=\max\{EF_{i-n}\}\ T_c=ET_n=LT_n$$

式中，EF_{i-n} 表示以终点节点（*j=n*）为箭头节点的工作的最早完成时间；ET_n 表示终点节点的最早时间；LT_n 表示终点节点的最迟时间。

要求工期 T_r 是规定的工期。

计划工期 T_p 是指按要求工期和计算工期确定的作为实施目标的工期。

当规定了要求工期时，$T_p=T_r$；当未规定要求工期时，$T_p=T_c$。

【案例 5-11】

某工程项目可划分为 A、B、C、D、E、F 共 6 项工作，各项工作之间的逻辑关系、搭接关系、持续时间等资料见表 5-13，其中 FTS 是完成到开始的时距；FTF 是完成到完成的时距；STS 是开始到开始的时距；STF 是开始到完成的时距。所谓时距，就是在搭接网络计划中相邻两项工作之间的时间差值。试绘制网络计划图和单代号搭接网络计划。

表 5-13 某工程项目工作关系表

工作	持续时间 / 天	紧后工作	搭接关系及搭接时间 / 天					
			A	B	C	D	E	F
A	10	B、C、D		FTS=0	STS=6	FTF=5		
B	15	C、E			STS=5		STF=25	
C	6	F						STS=3
D	22	E、F					STS=1	STS=3
E	20	F						STS=5
F	10							

根据该工程项目工作关系表绘制出的网络计划图如图 5-9 所示 S_1 表示开始，F_n 表示结束并由此绘制出的单代号搭接网络计划如图 5-10 所示，其中 LAG 是工作与紧后工作之间的时间间隔。

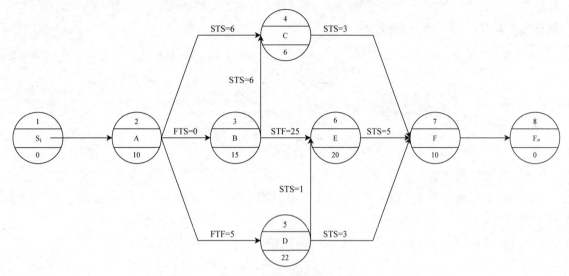

图 5-9 某项目网络计划图

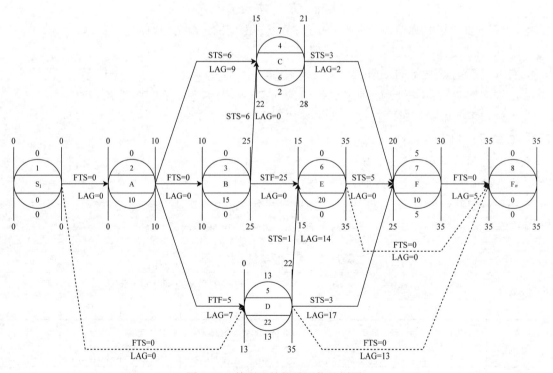

图 5-10 某项目单代号网络计划图

（六）使用甘特图寻找关键路径

1. 甘特图的编制方法

甘特图，也称横道图、条线图，是表达进度计划的一种方式，如图 5-11 所示。

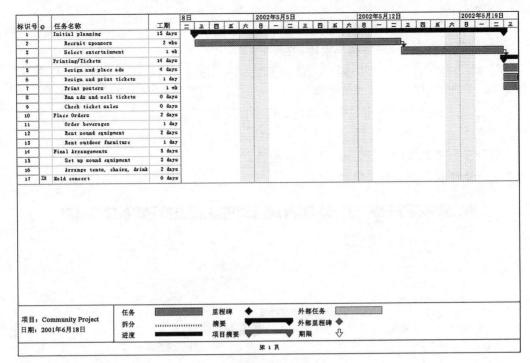

图 5-11　甘特图

甘特图计划编制的基本步骤有以下 5 步：

（1）进行项目分解。

（2）明确各项工作之间的先后关系。

（3）确定工作时间。

（4）编制工作关系表。

（5）绘制甘特图。

甘特图计划比较直观，也易于理解。但甘特图计划也存在以下 3 个问题：

（1）信息量小。甘特图能够给出的信息包括项目各项工作名称、工时、项目工期、每项工作开展的时间、关键工作和非关键工作等。但是在进度管理中还需要其他更多的信息，从甘特图中无法获取。

（2）难以表达工作之间的复杂关系。对于含有工作数量较多的复杂项目，甘特图难以表达工作之间的复杂关系。

（3）难以进行定量计算、分析和优化。利用甘特图难以计算表述项目进度安排的各种参数，如工作的最早开始时间、最早完成时间、最迟开始时间、最迟完成时间和时差等，也难以进行分析和计划的优化。

鉴于甘特图所存在的问题，其更多用于表达进度计划的结果，而难以用于编制计划。

2．利用甘特图寻找关键路径

通过在甘特图中标注出所有必须按规划开始和结束的工作，可以直接找到关键路径。这些通常都是 WBS 中的依存关系项，而之前已经花费了大量的精力思考和规划依存关系，所以此时很容易判断出关键路径。

还需要利用下列技巧来避免关键路径中的瓶颈。

（1）将关键路径工作分配给最值得信任、最有才华、最可靠、最负责的成员。

（2）进行交叉培训，保证不止一名成员能够完成关键路径工作。这就需要在项目日程和预算允许的条件下，培训团队成员完成不止一件工作，以便可以在需要时互相补位。

（3）通过微型团队责任确认会来保证工程项目按规划进行。这种小型的会议能帮助项目经理发现瓶颈，并将影响工程项目进程的破坏降低到最小。

【案例 5-12】带关键路径的某项目甘特图计划

某项目甘特图计划如图 5-12 所示。

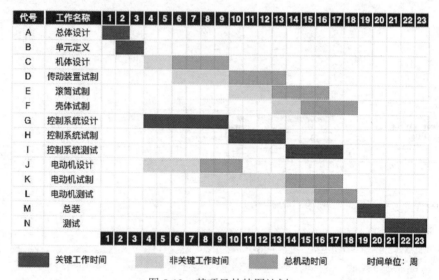

图 5-12　某项目甘特图计划

（七）项目进度计划的结果

1．时间坐标网络进度计划图

时间坐标网络进度计划图如图 5-13 所示，其中 A、B、C、D、E、F、G、H 表示各项工作，1～12 表示工作时间节点。

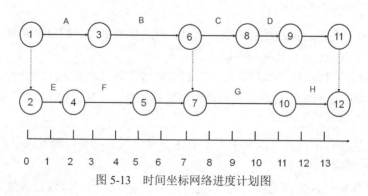

图 5-13　时间坐标网络进度计划图

2．项目进度计划表

某项目进度计划表见表 5-14。

表 5-14　某项目进度计划表

标识号	任务名称	工期	开始时间	完成时间	完成百分比
1	启动	0 工作日	××年 7 月 2 日	××年 7 月 2 日	0%
2	编制项目任务书	20 工作日	××年 7 月 2 日	××年 7 月 27 日	0%
3	制作工作计划书	20 工作日	××年 7 月 30 日	××年 8 月 24 日	0%
4	总体设计	80 工作日	××年 8 月 27 日	××年 12 月 14 日	0%
5	详细设计	140 工作日	××年 9 月 24 日	××年 4 月 5 日	0%
6	工艺设计	40 工作日	××年 9 月 24 日	××年 11 月 16 日	0%
7	工装设计	200 工作日	××年 7 月 2 日	××年 4 月 5 日	0%
8	工装制造	200 工作日	××年 4 月 8 日	××年 1 月 10 日	0%
9	零件制造	355 工作日	××年 4 月 8 日	××年 8 月 15 日	0%
10	部件总配	180 工作日	××年 6 月 3 日	××年 2 月 7 日	0%
11	总装	60 工作日	××年 8 月 18 日	××年 11 月 7 日	0%
12	喷漆	40 工作日	××年 11 月 10 日	××年 1 月 2 日	0%
13	地面测试	20 工作日	××年 1 月 5 日	××年 1 月 30 日	0%
14	试飞前准备	100 工作日	××年 2 月 2 日	××年 6 月 18 日	0%
15	地面测试	100 工作日	××年 2 月 2 日	××年 6 月 18 日	0%
16	试飞鉴定	80 工作日	××年 6 月 21 日	××年 10 月 8 日	0%
17	交付	60 工作日	××年 10 月 11 日	××年 12 月 31 日	0%
18	结束	0 工作日	××年 12 月 31 日	××年 12 月 31 日	0%

其中项目进度计划所依赖的有关资料和数据如下：

（1）项目内容的分解、各组成要素工作的先后顺序。

（2）工作延续时间估计。

（3）资源需求、人员安排。

（4）资源安排描述。用于描述什么资源在什么时候是可用的，以及在项目执行过程中每一时刻需要什么样的资源，是项目计划安排的基础。当几个工作同时都需要某一种资源时，计划的合理安排将特别重要。

（5）日历。明确项目和资源的日历是十分必要的。项目日历将直接影响到所有的资源，资源日历影响是一个特别的资源。

（6）限制和约束。强制日期或时限、里程碑事件，这些都是项目执行过程中所必须考虑的限制因素。

另外，在项目进度计划中，项目经理经常碰到一个非常头疼的问题是计划变化太快。经常性的变化会让项目经理及其团队成员对项目进度计划缺乏信心，使其缺乏严肃性，所以工程实践中会利用里程碑来作为项目进度计划的基准点。当里程碑点变化时，需要相应地修改进度计划，这样对其实施更具指导意义。所以作为项目组成员，特别需要牢记里程碑点，这样才可能很好地理解项目进度实施计划而自觉执行。

3．设计项目费用计划

在很多项目中，特别是小项目中，非职业的工程项目经理并不需要自己设计预算，但即使他们不负责项目预算，思考项目成本也是非常重要并有益处的。这是在理解项目的需求，是在向公司财务明确期望，也是在表达其对团队任务和关键目标的尊重，让每个人对预算负责，所以需要非常严肃地对待项目预算和财务职责。

工程项目的费用计划是实施工程项目费用管理和控制的主要依据，主要包括以下 2 个计划。

（1）资源计划：确定用于进行项目工作的各种资源的种类和数量。这部分通常被认为是需要从公司外购买的所有资源，如材料、设备、咨询服务等，所以也被称为外部费用计划。

（2）费用计划：由费用计算和费用预算两部分组成，包括每个核心项目成员及项目外人员需要花费的时间，通常被称为内部费用计划。其中，费用计算是估计完成项目工作所需资源的费用；而费用预算则是将估算出来的全部费用分配给项目的每个工作。

所以费用计划也可以用每个员工的工作时间乘以该员工相应的小时费用来测算，也就是将每个人的费用加起来，就能够得出内部费用的总和。而资源计划与费用计划的总和即为工程项目的预算，当然并不止于此，还应该加上一些杂费（按百分比取费），该取费标准需要与利益相关方沟通并明确。关于取费标准各地有相关价格指导方式，或者招投标书有特别说明按承包单位资质级别有不同取费标准。

（1）编制资源计划。

1）资源计划的主要依据。资源计划的主要依据有以下 6 点：

- 项目范围陈述。项目范围陈述包括了划定哪些工作属于项目应该做的，哪些工作是不包括在项目之内以及对项目目标的描述，这些在项目资源计划的编制过程中应特别加以考虑。

- 工作分解结构。利用 WBS 进行项目资源计划时，工作划分得越细、越具体，所需资源种类和数量越容易估计。工作分解自上而下逐级展开，各类资源需要量可以自下而上逐级累加，便得到了整个项目各类资源需要量。

- 项目进度计划。项目进度计划是项目计划中最主要的，是其他各项目实施计划（如质量计划、资金使用计划、资源供应计划）的基础。资源计划必须服务于进度计划，什么时候需要何种资源是围绕进度计划的需要而确定的。

- 资源安排的描述。什么样的资源（人、设备、材料）能够获得，是项目资源计划所必须掌握的，特别是资源水平的描述和对于资源安排的描述都是很重要的。例如，在工程项目的设计阶段可能缺乏占比较重的建筑、结构、给排水、电气、智能化等专业的中高级设计工程师，而在工程项目的后期常缺乏关于如何以项目早期的情况判断项目结果的人员。

- 组织策略。在资源计划的过程中还必须考虑人事因素、设备的租赁和购买策略。例如，工程项目施工过程中劳务人员是用外包工还是本企业职工；施工机械设备是租赁还是购买。

- 历史资料。历史资料记录了先前类似工作使用资源的需求情况，这些资料如能获得的话，无疑对现在工作资源需求确定有很大的参考作用。

2）编制流程。编制流程包括分析、识别资源需求；确定需要的资源种类、数量、质量、投入时间；确定项目的总成本。

3）编制依据。编制依据包括材料、设备的价格信息，工程项目所在地定额等。需要注意的是，这些都需要动态地不断修改、不断调整、不断细化，并贯穿于整个项目周期。

4）普通建工行业编制方法。普通建工行业编制方法包括以下4种。

● 标准定额法：根据国家或地方的统一定额或标准定额去确定项目的资源计划。

● 工料测量法：这种方法首先给出项目的工程量清单（项目活动的规模和内容），然后再使用工程量清单作为项目工料测量的依据。

● 统计资料法：主要适用于设备、材料采购项目等。主要包含两类：一类是使用企业自己的历史项目统计资料进行项目资源计划的方法；另一类是使用市场上存在的商业数据库的统计资料进行项目资源计划的方法。

● 数学模型法：主要适用于人力资源、人力占比大的项目，如网络计划中的资源分配模型和资源均衡模型等。

5）编制工具：包括资源矩阵、资源需求表、资源甘特图、人力资源负荷图等。

● 资源矩阵。某项目资源矩阵见表5-15，其中P表示专业的（Professional），S表示辅助的（Supplementary）。

表 5-15　某项目资源矩阵

任务	方法学家	课程专家	评估员	科学专家	数学专家	印刷设备	计算机主机
识别需求	S	P					
建立需求		P					
设计预备课程	S	P		S	S		
评价设计	S	S	P				
开发科学课程		S		P			
开发数学课程		S			P		
测试综合课程	S	S	P				S
印刷与分销		S				P	

● 资源需求表。某项目资源需求表见表5-16。

表 5-16　某项目资源需求表

资源类别	资源需求	数量
人力资源	1. 产品设计工程师 2. 工艺设计工程师 3. 装配线工人 4. 产品测试工程师 5. 质量控制工程师 6. 采购工程师	2人 2人 3人 1人 1人 1人

续表

资源类别	资源需求	数量
设备和材料	测试设备 电动机 开关 支架	5 台 100 台 100 个 100 台
服务	工装模具的分承包商	
其他	1. 差旅费 2. 办公用品费 3. 请客送礼费	

- 资源甘特图。某项目资源甘特图如图 5-14 所示。

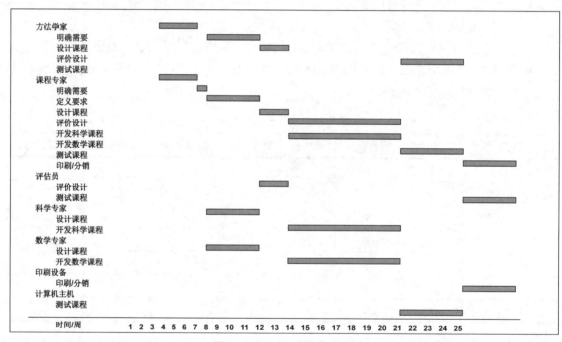

图 5-14 某项目资源甘特图

- 人力资源负荷图。某项目人力资源负荷图如图 5-15 所示。

6）资源计划的结果有需求计划；需求计划描述；具体的资源需求安排等。

【案例 5-13】某光伏电站项目施工资源计划

一、项目劳动力计划

1. 人员的组成

根据光伏电站工程的实际工作量和所处的地理位置，并考虑本工程特点，拟配备如下施工人员。

土建部分高峰期总人数为 120 人，每月平均人数为 80 人，其中管理及技术人员 8 人，生产工人 100 人，其中普通工人 42 人。

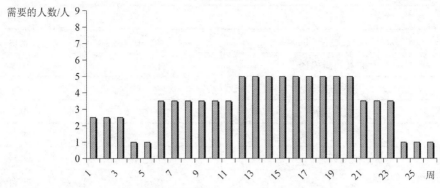

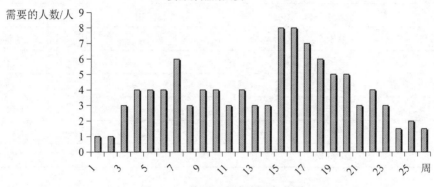

图 5-15 某项目人力资源负荷图

电气部分施工高峰期为 50 人，每月平均人数 40 人（不含配合系统调试期），其中管理及技术人员 6 人，生产工人 14 人，普工 30 人。

2．人员组织形式

建立适合于本工程特点的精干、高效的劳动力组织形式。本工程的劳动力组织形式拟采用结合项目两制实施的专业工种分包形式，该种方式具有管理到位、人员调动灵活、降低管理费用等优点。

3．管理人员的调配

投入本工程的施工管理人员拟在本单位有类似施工管理经验的管理人员中选派。

二、项目机械配制计划

本项目主要施工机械设备表（建筑部分）见表 5-17；主要施工机械设备表（电气部分）见表 5-18；主要试验调试设备表见表 5-19。

表 5-17 本项目主要施工机械设备表（建筑部分）

序号	名称	规格	数量
1	挖掘机	55t	3 台
2	装载机	30t	2 台
3	汽车吊	25t	1 台

续表

序号	名称	规格	数量
4	混凝土搅拌机	JZC350	1台
5	插入式振捣器	HZ-5	10台
6	平板振捣器		5台
7	木工圆锯机	MJ105	1台
8	木工多用机床		1台
9	钢筋调直机	GT4-14	1台
10	钢筋弯曲机	GW40	1台
11	钢筋切断机	GQ40	1台
12	电动打夯机	HW20	6台
13	手推车		20辆
14	电焊机		6台
15	经纬仪		1台
16	水准仪		1台
17	轿车		1辆
18	对讲机		5对

表 5-18　本项目主要施工机械设备表（电气部分）

序号	名称	规格	数量
19	汽车吊	500t	1台
20	载重汽车	5t	1辆
21	砂轮机		2台
22	平刨机		1台
23	压刨机		2台
24	压钳	YJC-200T	2台
25	电动绞磨	10t	1台
26	真空滤油机	9000L/h	1台
27	压力滤油机	120L/h	4台
28	变压器储油罐	50t	2个
29	变压器储油罐	30t	2个
30	变压器残油罐	30t	1个
31	真空泵	ZKJ-70	1台
32	真空机组	HVG2000WC	1台

续表

序号	名称	规格	数量
33	防尘棚	自制	1 个
34	烘箱	GZX-9070MBE	2 台
35	干湿度温度计		5 台
36	含氧量测试仪	SEN168	1 台
37	空气粉尘检测仪	HBDS SPM4210	1 台
38	SF6 气体回收装置	LH-22Y/18L/180G	1 台
39	电焊机		4 台
40	平立弯一体机	OK-205	2 台
41	弯管机	OKT-202	2 台
42	电缆牌打印机	C-450P	2 台
43	吸尘器		2 台
44	等离子切割机		1 台

表 5-19　主要试验调试设备表

序号	名称	规格	数量
1	交流耐压机	YD20/200	1 台
2	全自动油介电强度测试仪	6801	1 台
3	变压器直流电阻测试仪	BZC3391	1 台
4	变压器变比测试仪	BBC6638	1 台
5	绝缘电阻测试仪	MIT520	1 台
6	精密介质损耗测量仪	AI-6000E	1 台
7	高压直流发生器	ZGS-C300/5	1 台
8	数字兆欧表	JYM-5000	1 台
9	兆欧表	MIT520	1 台
10	精密露点仪	DMT-242P	1 台
11	卤素气体检漏仪	HLD-100	1 台
12	有载分接开关测试仪	BYCC-3168C	1 台
13	绕组变形测试仪	RZBX-V	1 台
14	串联谐振耐压装置	HVR-100	1 台
15	局放仪	JFD-201	1 台
16	油微水试验仪	CERMAS	1 台
17	油耐压试验机	0～70kV	1 台

序号	名称	规格	数量
18	油色谱试验仪	JC-4000A	1 台
19	氧化锌避雷器测试仪	AI6103	1 套
20	开关测试仪	DB-8003	1 台
21	伏安特性变比极性综合测试仪	KD-9501	1 台
22	回路电阻测试仪	5501	1 台
23	QS 交流高压电桥	QS1	1 台
24	SF6 气体微水仪	DMT-242M	1 台
25	SF6 密度继电器校验仪	JDM-3A	1 台
26	微机继电保护试验仪	PW60A	2 台
27	继电保护试验仪	SVERKER-750	1 台
28	感应调压器	TSA75KVA/380	1 台
29	单相调压器	1~280V	4 台
30	双臂电桥	QJ-44	2 台
31	数字相位表	QX-1	1 台
32	三相调压器	0~400V	2 台
33	自动抗干扰地网电阻仪	AI-6301	1 台
34	阻波器测试仪	ZLY-6602	1 台
35	接地摇表		1 台

三、机械配置进场计划

施工机械及设备计工器具进场前，总承包项目施工经理组织对施工机械设备及工器具进行进场检查验收，验收合格方可进入现场，保留验收记录备查。

工程开工后，所用机械、机具开工后全部进场，随进度安排使用。

根据施工进度提前安排施工设备进场，确保施工工艺的连续性。进场的机械设备由项目部统一保管和调配使用，并根据工程施工进度的需要，进行增加和退出，确保工程施工中机械设备使用不产生浪费。各类机械设备布置在施工区域，安排在开工前待命。

（2）编制费用计划之费用估计。

1）预估所需资源的费用估计值。

2）各种形式的费用交换。

3）编制依据包括 WBS、资源需求计划、资源价格、工作的延续时间、历史信息、会计表格。

4）编制工具和方法：类比估计法（精确度不高）；从上向下估计法（工料消费估算法）；从下往上的估计法（工料清单估算法）；参数模型估计法（只针对参数）；计算工具的辅助。

- 类比估计法：通常是与原有的类似已执行项目进行类比以估计当期项目的费用。适用于项目成本估算精确度要求不高的情况。其特点是简单、易行，但精确度不高。
- 从上向下估计法：估计各个独立工作包的费用，根据总项目目标（包括工作范围、进度目标和费用目标）、WBS 以及各子项目目标合理分解。从上向下估计法如图 5-16 所示。

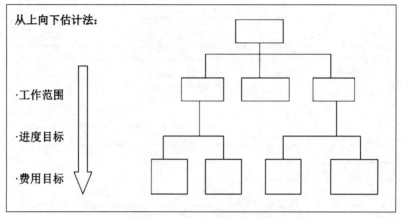

图 5-16 从上向下估计法

- 从下向上估计法：依据从上向下估计法估计的各个独立工作包的费用，然后再汇总从下向上估计出整个项目的总费用。其特点是在执行过程中可减少对预算的争执和不满，保证所有的任务均被考虑到，但上下级之间可能会陷入博弈怪圈。从下向上估计法如图 5-17 所示。

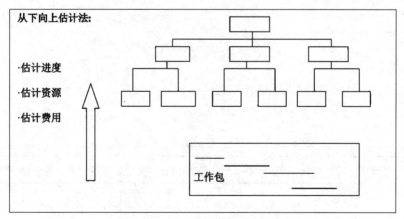

图 5-17 从下向上估计法

- 参数模型估计法，这是将项目特征作为参数，通过建立一个数学模型来估算项目成本的方法。其特点是不考虑成本细节，只针对参数。计算公式为

$$Y=EC$$

式中，Y 是新项目（或活动）所需成本估算值；E 代表项目特征参数（通过历史成本数据分析得到）；C 为已知项目（或活动）的成本值。

【案例 5-14】波音公司某项目估算模版

波音公司某项目估算模版如图 5-18 所示。

项目费用估算表

项目名称：＿＿＿＿＿＿＿＿＿＿＿＿＿＿＿＿＿＿＿＿＿＿＿＿

项目经理：＿＿＿＿＿＿＿＿ 组织：＿＿＿＿＿＿＿＿ 日期：＿＿＿＿＿＿＿＿

描述：＿＿＿＿＿＿＿＿＿＿＿＿＿＿＿＿＿＿＿＿＿＿＿＿

人力资源费用

时间单位	1	2	3	4	5	6	7	8	9	10	11	12	13	14	总计
管理人员															
工作人员															
总计															

非人力资源费用

材料															
计算															
交通															
联系工作															
总计															

假设/基准原则：

提供人：＿＿＿＿＿＿ 组织：＿＿＿＿＿＿ 电话：＿＿＿＿＿＿ 日期：＿＿＿＿＿＿

图 5-18 波音公司某项目估算模版

【案例 5-15】某项目项目工期估计和费用估计表（总成本 100 万元）

某项目项目工期估计和费用估计表见表 5-20。

表 5-20 某项目项目工期估计和费用估计表

编号	活动	紧前活动	工期估计 / 周	费用分摊 / 万元	费用累计 / 万元
1	调研、收集数据		3	1.5	1.5
2	可行性研究		4	2	3.5
3	系统规划报告	1、2	1	0.5	4
4	与业务人员沟通	3	5	3	7
5	研究现有系统	3	8	4	11
6	明确系统需求	4	5	2	13
7	系统分析报告	5、6	1	1	14

活动	活动	紧前活动	工期估计／周	费用分摊／万元	费用累计／万元
8	I/O 数据分析	7	8	4	18
9	数据库分析	7	10	4	22
10	审核数据字典	8、9	2	1	23
11	系统设计报告	10	2	2	25
12	软件开发	11	15	15	40
13	硬件采购安装	11	10	38	78
14	网络实施	11	6	5.5	83.5
15	系统实施报告	12、13、14	2	1.5	85
16	软件测试	15	6	6	91
17	硬件测试	15	4	1.5	92.5
18	网络测试	15	4	1.5	94
19	系统测试报告	16、17、18	1	1	95
20	人员培训	19	4	2	97
21	系统切换	19	2	2	99
22	系统切换报告	20、21	1	1	100

5）编制结果：项目的费用估计及其说明包括费用估计值、说明书及其管理计划。

（3）编制费用计划之费用预算。费用预算是描述完成项目所需的各种资源的费用，包括劳动力、原材料、库存及各种特殊的费用项，如折扣、费用储备等的影响，其结果通常用劳动工时、工日、材料消耗量等表示。费用预算是一种分配机制，同时也是一种控制机制

1）编制依据：费用估计、WBS、项目进度。

2）编制方法：类同于费用估计。

3）编制结果：费用曲线（随时间变化的 S 型曲线）。指明进行质量和监控项目实施过程中的费用支出；累积费用包括费用预算表及费用负荷柱状（曲线）。

（4）编制费用计划之流程小结。

1）设计依据：WBS→进度计划→费用估计。

2）设计工具：费用估计的工具与技术。

3）设计结果：费用基准曲线。

（5）费用计划具体设计过程示例。

1）费用估计过程。某项目费用估计过程如图 5-19 所示。

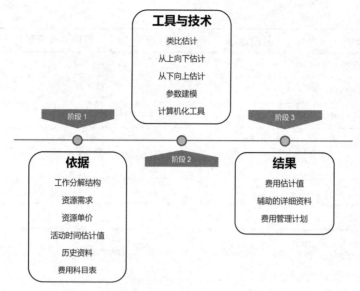

图 5-19 某项目费用估计过程

- 费用预算表。某项目费用预算表见表 5-21。

表 5-21 某项目费用预算表

工作编号	预算值/万元	进度日程预算（项目日历月）										
		1	2	3	4	5	6	7	8	9	10	11
A	400	100	200	100								
B	400		50	100	150	100						
C	650		50	100	250	250						
D	450			100	100	150	100					
E	1100					100	300	300	200	200		
F	60								100	100	200	200
月计累计	3600	100 100	300 400	400 800	500 1300	600 1900	400 2200	300 2500	300 2800	300 3100	200 3300	200 3500

- 费用负荷曲线图。某项目费用负荷柱状图如图 5-20 所示。

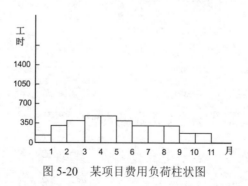

图 5-20 某项目费用负荷柱状图

2）费用预算过程。某项目费用预算过程如图 5-21 所示。

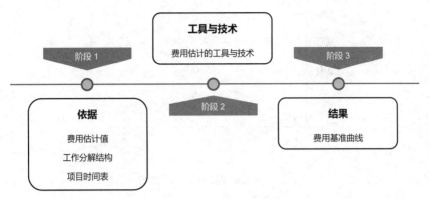

图 5-21　某项目费用预算过程

● 费用负荷及累积图。某项目费用负荷及累积图如图 5-22 所示。

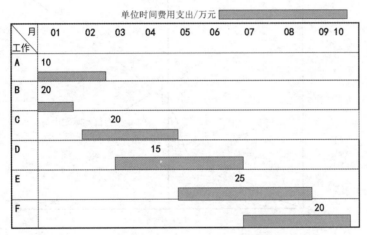

图 5-22　某项目费用负荷及累积图

● 费用负荷图。某项目费用负荷柱状图如图 5-23 所示。

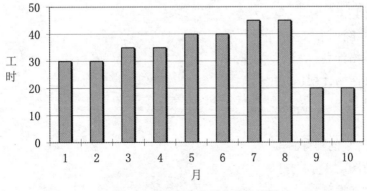

图 5-23　某项目费用负荷柱状图

● 费用累积曲线。某项目费用累积曲线如图 5-24 所示。

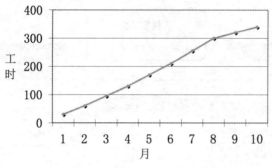

图 5-24 某项目费用累积曲线

3）费用计划执行情况曲线。某项目费用计划执行情况曲线如图 5-25 所示。

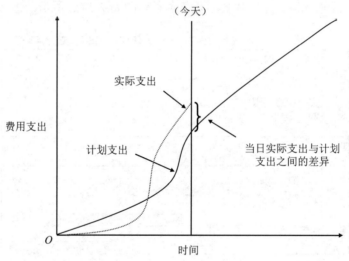

图 5-25 某项目费用计划执行情况曲线

（6）小结：关于成功的项目计划制订方法。

1）进度计划的制订。

● 甘特图计划。

● 单代号网络计划。

● 双代号网络计划。

● 时间坐标网络计划。

● 项目计划表。

● 里程碑计划。

2）资源费用计划的制订。

● 资源负荷图。

● 费用估计（预算）表。

● 费用负荷图。

- 费用计划图。
- 费用累积图。

对于职业项目经理来说，工程项目计划是一门科学；而对于非职业项目经理来说，准确的甘特图，对财务的敏感性，再加上掌握 4 项基本技巧（即展现尊重、先聆听、明确期望、承担责任），就基本把握了工程项目计划成功的要素，这几个技巧足以辅助制订一个可行的项目计划。

三、设计项目沟通计划

沟通即信息的交流，项目沟通需要注意其有效性，即在适当的时间以低代价的方式使正确的信息被合适的人所获得。

（一）什么是工程项目沟通计划

工程项目经理的工作 90%与沟通有关。通过会议、电话会议、邮件、短信、报告和网站，与团队成员、利益相关方、领导、供应商和媒体进行沟通，其沟通的工作量是巨大的。而如果没有很好地制订计划来管理这些沟通，则很可能会被如此大的工作量击垮。沟通计划就是工程项目规划中的一个重要组成部分。

工程项目的成功依赖于在项目整个过程中与恰当的人进行恰当的沟通。那么针对不同的工程项目，需要制订个性的沟通计划。

沟通计划，包括决定利益相关方的信息和沟通需求，即谁需要什么，什么时候需要，怎样将信息提供给他们以及由谁提供。项目在实施过程中，信息沟通主要是人际沟通和组织沟通。

在工程项目的发起阶段，在对主要利益相关方的访谈中，就开始建立这个体系了。到了工程项目的规划阶段，确定了主要利益相关方、项目团队、项目规划和预算，接着就是确定整体的沟通路线图。在制订计划时，首先要考虑多少人希望收到信息，怎么才能抓住别人的注意力；最好的方式是什么。了解每个人喜欢的沟通途径也是降低工程项目风险的一种方法。总之，要制订一个适合所有团队成员的沟通计划。

（二）沟通的作用

对于工程项目来说，如果要科学地组织、指挥、协调和控制项目的实施过程，就必须进行信息沟通。没有良好的信息沟通，对项目的发展和人际关系的改善，都会存在着限制作用。具体来说，主要有以下 4 个方面的作用：

（1）信息沟通是决策和计划的基础。项目班子要想做出正确的决策，必须以准确、完整、及时的信息作为基础。通过项目内、外部环境之间的信息沟通，就可以获得众多的变化的信息，从而为决策提供依据。

（2）信息沟通是组织和控制管理过程的依据和手段。在项目班子内部，没有好的信息沟通，情况不明，就无法实施科学的管理。只有通过信息沟通，掌握项目班子内的各方面情况，才能为科学管理提供依据，才能有效地提高项目班子的组织效能。

（3）信息沟通是建立和改善人际关系必不可少的条件。信息沟通、意见交流，将许多独立的个人、团体、组织贯通起来，成为一个整体。信息沟通是人的一种重要的心理需要，是人们用以表达思想、感情与态度，寻求同情与友谊的重要手段。畅通的信息沟通，可以减少人与人之间的冲突，改善人与人、人与班子之间的关系。

（4）信息沟通是项目经理成功领导的重要手段。项目经理是通过各种途径将意图传递给下级人员并使下级人员理解和执行的。如果沟通不畅，下级人员就不能正确理解和执行领导意图，项目就不能按预设的意图进行，最终导致项目混乱甚至项目失败。因此，提高项目经理的沟通能力，与领导过程的成功性关系极大。

（三）设计工程项目沟通计划

设计工程项目沟通计划包括以下4个方面的内容。

（1）确定沟通渠道：包括邮件、面对面会议、视频会议。

（2）确定沟通类型：包括研究进展的更新、工程项目的整体情况公布、专项重点问题解决或变更。

（3）确定沟通的频次以及沟通的方式。

（4）明确沟通负责人。

某工程项目沟通计划如图5 26所示。

沟通计划				
工程项目名称：获得客户规划				
日期：			制作人：	
内容	人员		方式	时间
沟通类型	发起者	接收者	方法/渠道	时间/频率
研究更新	研究团队	核心团队－主要利益相关方	通过邮件汇报	每周二更新
团队职责会议	项目经理	项目领导	面对面会议	每周二中午
进展汇报	项目经理	核心团队－主要利益相关方	视频会议	每个里程碑事件

图5-26　某工程项目沟通计划

在设计工程项目沟通计划后，要与项目团队和核心利益相关方分享，在这些人的日历中加入沟通提醒，并提醒自己要经常更新沟通提醒。此外，要确保自己按规划执行，以便取得团队成员的信任以及让所有利益相关方的满意。

【案例5-16】某光伏电站项目沟通与信息管理

一、沟通管理

（1）总承包项目部负责对项目施工中存在的各种配合问题进行统一协调解决。

（2）分包施工单位服从总承包项目部统一调度安排。

（3）总承包项目部根据现有施工条件应为各分包施工单位提供生产区域内垂直运输配合，各标段施工单位服从总承包项目部统一调度安排。

（4）总承包项目部根据现有施工条件应为各分包施工单位提供其他配合工作，如设备堆放场地等。

（5）各分包施工单位应及时向总承包项目部反馈施工中发现的问题，以便协调解决。预留、预埋部分为避免出现遗漏和错埋现象。除施工单位自检隐蔽记录外，经总承包项目部检查合格后方可隐蔽。

（6）项目施工中的协调管理遇到的各种问题可采用工程联系函、定期协调会议、专题协调会议、现场直接协调解决等形式，采取灵活多样的方式解决施工配合中存在的各种问题。

（7）坚持工程协调会制度。每周定期召开一次生产协调会，及时解决施工生产中存在的各种问题、特殊情况。对会议内容由总承包项目部整理成会议纪要，打印分发各分包施工单位执行。

（8）各工种工作面交接坚持书面交底制度。上道工序施工完毕，须由其他专业插入施工时，双方应做好自检、互检工作，以及做好预检工程检查记录和中间检查交接记录，符合要求后双方签字认可办理工作面移交手续。各专业应同时采取措施做好工作面内成品、半成品保护工作，确保现场不因工种交叉施工而显得凌乱，有效保护各工种的劳动成果。

二、信息管理

（1）总承包项目部负责对分包施工单位的技术资料整理工作进行检查、监督、指导，对技术资料进行定期和不定期的检查。

（2）分包施工单位负责自身承包的分部、分项工程技术资料的形成、整理、编目。在承包的项目完工后交付前将验收合格的技术资料一式四份移交给总承包项目部。

（3）分包施工单位应对移交给总包项目部的技术资料负有配合总包做好后期汇集、整理的责任。

（4）技术资料的形成、整理、编目应符合要求。做到完整、准确、真实、字迹清楚、工整、与施工进度同步。

除上述的几个重要计划以外，还须有质量计划、劳动力计划、安全管理计划、变更管理计划、文档管理计划等。总之，要关注工程项目管理各项计划的内涵、作用以及编制要求；需要注意的是，过去的项目计划是狭义的、微观的计划，而项目管理计划是全面的、综合的计划，它对项目管理实施具有重要作用。

四、电气与控制工程项目管理计划编制中需要关注的问题

（一）电气与控制工程项目管理计划的编制流程

电气与控制工程项目管理计划的编制流程是项目分解（辨析风险、编制风险计划）→关系分析→编制关系表→绘制网络图→计算网络系数→分配资源计划→初始计划→计划优化→可行计划。

（二）电气与控制工程项目风险管理计划

电气与控制工程项目过程中潜藏着技术风险及管理风险，在其项目整体生命周期过程中，越是前面的阶段，不确定性越大，给项目带来的风险也就越大，所以从项目需求阶段就要开始关注不同利益相关方的需求有可能带来的潜在风险。例如，某项目经理在一个地铁控制系统项目实施中，接触到的建设方并不是最终的使用方，即建设方是地铁建设公司，而最终用户则是地铁运营公司，那么在整个项目生命周期过程中，从项目需求伊始谈判过程就要开始关注不同利益相关方的不同需求。既要使建设方明白其中的利害关系，使合同条款达成项目目标，又要消除后续收尾工作中可能出现的风险。

电气与控制工程项目的特殊性决定了其设计过程除要注意技术上的先进性、可扩展性、

可维护性及运营维护成本等系统性风险以外，还必须关注应用环境的适配及可能的变化等风险。要注意硬件生产和采购过程中的风险；更要注意软件开发过程中工程组态的开放性带来的风险、接口开发协议集成的风险以及定制应用开发过程中个性化要求与扩大应用范围的矛盾的风险；特别是在现场安装调试过程中与被控对象（主工艺设备）技术匹配以及前者工期拖延或者系统集成后责任划分风险等。所有这些都要求电气与控制工程项目经理不仅仅是管理方面的专家，同时也是技术专家，更是对被控工艺对象有一定程度熟悉的专家。

在电气与控制工程项目中存在的风险是有成本的、有进度的，也有技术的。大多数项目经理将项目风险的决策仅放在成本与进度上，较少考虑技术方面上的风险，事实上很大一部分成本风险和进度风险是由技术风险引起的。技术风险或来自组织对技术的掌握及其利用技术的组织能力的不确定，或来自于由技术进步引起的技术环境的变化。例如，软件的设计中很少考虑后续系统升级的问题，而升级后软件的体积增大、复杂度升高，故系统的可靠性也会变差。

电气与控制工程项目中除了技术风险以外还有团队的风险，因为其涉及与服务的对象极具广泛性。事实上团队风险与技术风险是相互作用、密不可分的，所以要注意各专业的工序等进度安排以及人员设备等资源匹配可能出现的风险，防患于未然。

最后，一般来讲，风险管理也具有两个方面，一是使积极事件的概率和后果最大化；二是使项目目标有负面影响的事件的概率和后果最小化。那么在电气与控制这个日新月异发展的专业领域中，如何实现风险主动性规避是需要重点考虑的问题。

（三）电气与控制工程项目进度计划与资源（费用）计划优化

制订项目进度计划是一个反复、多次的过程，这一过程确定项目活动的开始与完成日期。制订进度计划会要求对持续时间估算和资源估算进行审查与修改，以便进度计划在批准之后能作为跟踪项目绩效的基准使用。进度计划会随着过程中工作的绩效、预期的风险发生、消失或识别出新风险而改变项目管理计划。按照前述方法所编制的进度与费用计划仅是一个初始方案，这种方案可能存在某些问题。例如，在时间方面，可能超出了要求工期；在资源方面，可能出现供不应求的情况，也可能出现不平衡状况；或在时间和资源方面的潜力尚未得到最佳的发挥。因此，如果要使项目进度计划如期实现，并使项目工期短、质量优、资源消耗少、成本低，则必须用最优化原理调整和改进初始计划，这就是计划的优化问题。

计划的优化，就是在满足既定的约束条件下，按某一目标，通过不断调整，寻找最优网络计划方案的过程。计划的优化包括工期优化、资源优化和费用优化 3 个方面。

1. 工期优化

工期优化也可称为时间优化，其目的是当进度计划计算工期不能满足要求工期时，通过不断压缩关键线路上的关键工作的持续时间等措施，从而达到压缩工期、满足要求工期的目的。

（1）工期优化的主要途径。工期优化的主要途径包括以下 2 条：

1）压缩工作时间。即采取措施使网络计划中的某些关键工作的持续时间尽可能缩短。选择关键工作考虑的主要因素包括有调整余地；对质量和安全影响较小；有充足备用资源；所需增加的资源量最少；所需增加的费用最少。

2）调整工作关系。即把某些串行的工作关系调整为平行作业或搭接关系。

（2）工期优化的步骤。

1）计算并确定初始网络计划的计算工期、关键线路和关键工作。

2）确定应缩短的时间。

3）确定各关键工作能缩短的持续时间。

4）选择关键工作压缩其持续时间，并重新计算网络计划的计算工期。

5）重复以上步骤，直到满足工期要求为止。

工期优化通常是分步实施的，每步优化都需要确定关键线路的变化状态，每步优化都必须在关键线路上进行，否则优化就是无效的。

2．资源优化

项目的资源需求通常存在两类问题：一类是由于某些客观因素的影响，能够提供的各种资源的数量往往是有限的，从而不能满足项目的需求，即存在供需矛盾；另一类是在计划工期内的某些时段出现资源需求的"高峰"，而在另一时段内则可能出现资源需求的"低谷"，且"高峰"和"低谷"相差很大，即资源需求的不均衡。网络计划的资源优化就是力求解决这种资源的供需矛盾或实现资源的均衡利用。资源优化可分为以下 2 种：

（1）"资源有限，工期最短"的优化。"资源有限，工期最短"的优化是指通过优化，使单位时间内资源的最大需求量小于资源供应量，且对工期的影响最小。解决资源供需矛盾的途径是提高供应量和降低需求量。

（2）"工期固定，资源均衡"的优化。这一优化问题实际上是在不改变工期的前提下进行资源均衡。其方法是通过调整非关键工作时间参数，使资源的需求量趋于平稳。常用的资源均衡方法是一种启发式方法，即削峰填谷法。削峰填谷的基本步骤如下：

1）计算网络计划每时间单位资源需要量。

2）找出需求高峰。

3）确定高峰时段。

4）选择优化对象，所选择的优化对象应是在总时差范围内能使资源需求量降低的非关键工作。

5）若峰值不能再减少，即求得均衡优化方案；否则，重复以上过程。

3．时间费用的优化

在一定范围内，项目费用是随着时间的不同而不同的，前述关键路线的计算结果是初步最早开始与完成日期、最迟开始与完成日期进度表，这种进度表在某些时间段要求使用的资源可能比实际可供使用的资源数量多，或者要求改变资源水平，或者对改变资源水平的要求超出了项目团队的能力。将稀缺资源首先分配行为规范关键路线上的活动，这样可以用来制订反映上述制约因素的项目进度计划，而将资源从非关键活动重新分配到关键活动会使项目整体进度执行更高效。因此，在时间与费用之间存在一个最佳解的平衡点。工程项目管理实施计划的时间－费用优化，就是在一定的约束条件下，综合考虑费用与时间之间的相互关系，以求费用与时间的最佳组合，从而达到费用低、时间短的优化目的。

（1）项目时间与项目费用间的关系。一般来说，项目费用包括直接费用和间接费用两部分。在一定的范围内，直接费用随着时间的延长而减少，即成反比关系。例如，为了加快项目进度，必须突击作业，增加投入而导致直接费用增加；间接费用则随着时间的延长而增加，即成正比关系。通常用直线表示，其斜率表示间接费用在单位时间内的增加值。项目费用与项目时间的关系示意图如图 5-27 所示。

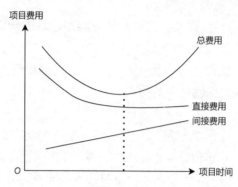

图 5-27   费用与时间的关系示意图

图中项目总费用曲线是由直接费用曲线和间接费用曲线叠加而成的。曲线的最低点就是项目费用与项目时间的最佳组合点，即项目费用最少的点，此时工期最佳。

（2）优化方法。就费用的观点而言，时间－费用优化的目的就是使项目的总费用最低。具体优化问题有以下 4 个方面：

1）在规定工期的条件下，确定项目的最低费用。

2）若需要缩短工期，则考虑如何使增加的费用最小。

3）若要求以最低费用完成整个项目计划，则考虑如何确定其最佳工期。

4）若增加一定数量的费用，则可使工期缩短多少。

进行费用优化，应首先求出不同工期情况下的最低直接费用，然后考虑相应的间接费用的影响和工期变化带来的其他收益，包括效益增量和资金的时间价值等，最后再通过叠加求出项目总费用。

（3）时间－费用优化步骤。

1）按工作正常持续时间确定关键工作和关键线路。

2）计算网络计划中各项工作的费用率。

3）按费用率最低的原则选择优化对象。

4）考虑不改变关键工作性质并在其能够缩短的范围之内等原则，确定优化对象能够缩短的时间并按该时间进行优化。

5）计算相应的费用增加值。

6）考虑工期变化带来的间接费用和其他损益，在此基础上计算项目总费用。

7）重复上述 3）～6）步，直到项目总费用最低为止。

【案例 5-17】进度与资源优化

图 5-28 是某工程项目的人力资源数量负荷图，该项目的甘特图如图 5-29 所示，其中深色色块表示关键工作，浅色色块表示非关键工作。在不影响总工期的前提下，对项目的进度安排进行调整，提出一个使人力资源高峰得以削减的合理的进度计划的调整方案。

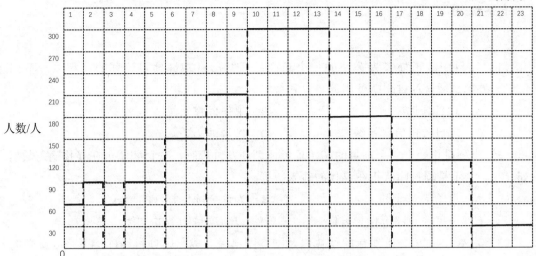

图 5-28　某项目人力资源数量负荷图

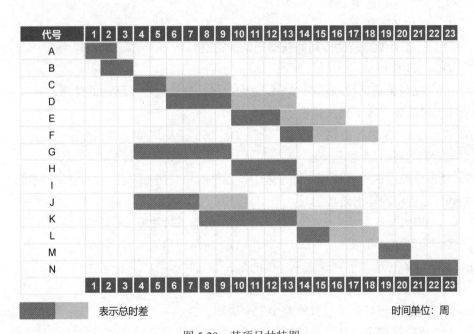

图 5-29　某项目甘特图

　　分析：这是一个工期资源均衡的资源优化问题，可采用"削峰填谷"的方法。由 5-30 可知，本项目人力资源需求的最高峰是 300 人，在第 10 周~第 13 周之间。对照项目甘特图，在这一区间有 4 项工作，即 E、F、H 和 K。工作 H 是关键工作，不能调整；工作 K 有 3 周的总时差，如果将该工作推迟 3 周开始，则仍未离开该区间，所以工作 K 也不能调整；工作 E 和 F 均为非关键工作，且有 4 周的总时差，若将这两项工作推迟 4 周开始，则可完全离开该区间。所以最终确定调整工作 E 和 F 的开始时间，将其分别推迟至第 14 周和第 17 周开始。上述调整，既可以使人力资源需求高峰得以剧减，又不会影响项目的总工期。

任务检测

1. 选择题

（1）项目团队正处在为公司的一个新产品开发项目制订项目计划的过程中，下列除（　　）外都是适合项目团队使用的工具和技术。

　　A. 项目计划编制方法　　　　　B. 工作授权系统

　　C. 项目管理信息系统　　　　　D. 领导能力

（2）当项目正处于一个项目的初始项目计划开发过程时，项目团队正在寻找输入数据，下列（　　）不是项目团队正在寻找的输入数据。

　　A. 风险应对计划　　　　　　　B. 为这个项目制订的预算

　　C. 员工绩效评价指导方针　　　D. 以前项目绩效的文件

（3）若 WBS、每个工作包的估算以及网络图已经完成，则项目经理接下来应该做的一件事情是（　　）。

　　A. 制订风险应对计划

　　B. 工作范围核实

　　C. 制订初步的进度计划并获得团队的批准

　　D. 活动排序

（4）一个控制系统工程项目的 WBS 分为双层，并且进行了活动的排序，项目也已经确定了活动的历时估算，接下来应该做的是（　　）。

　　A. 对 WBS 进行更新　　　　　B. 制定活动清单

　　C. 对进度计划进行压缩　　　　D. 最终确定进度计划

（5）某项目经理在进度计划制订过程中，已经对项目进行了分析，压缩了进度，下述是进度计划制订过程中的输出过程的是（　　）。

　　A. WBS　　　　　　　　　　　B. 活动历时估算

　　C. 资源更新要求　　　　　　　D. 纠正性措施

（6）对于风险管理，下列说法不正确的是（　　）。

　　A. 风险管理是项目整体管理的一部分

　　B. 风险管理贯穿于项目的整个生命周期

　　C. 风险管理是一个动态的过程

　　D. 风险管理完全由项目经理来承担

（7）如果不能确定在可交付成果的现场集成测试时可能遇到什么问题，则这对项目来说是一个风险，但是决定不在这个时候处理它。这是一个（　　）的例子。

　　A. 风险规避　　　　　　　　　B. 风险转移

　　C. 风险接受　　　　　　　　　D. 风险减轻

（8）风险管理的（　　）步骤将影响项目计划。

　　A. 风险识别　　　　　　　　　B. 风险定性分析

　　C. 风险应对计划　　　　　　　D. 风险监控

2. 简答题

（1）何谓工程项目管理规划，何谓工程项目管理实施规划？

（2）项目管理实施规划有哪些主要内容？

（3）风险管理计划包括哪几个互相关联的部分？

（4）电气与控制工程系统产品设计过程中，重点应该考虑和防范哪些风险？

（5）以元旦晚会为例，设计一个含有关键路径的进度计划并加以说明。

（6）编制工程项目费用计划常用的方法是什么？

（7）设计电气与控制工程项目管理实施计划时应该关注哪些问题？为什么？

（8）试说明如何达成时间－费用优化。

（9）如何确定工程项目施工目标工期？

项目执行

第六章　工程项目管理流程之项目执行

任务目标

　　理解控制论适用于工程项目管理中的思想与方法；理解团队组织于项目执行过程中的重要性及其管理方法，掌握项目进度、费用控制的方法；掌握项目质量与安全控制的思想与方法。理解在执行阶段特别要确保团队发挥最好水平，全力以赴完成任务，同时要及时了解项目进展，应对风险与变化。

任务描述

引导案例

　　某商业地产弱电智能化工程项目有地面住宅 14 个单元及地下室工程，含部分沿街商业、社区服务用房及物业管理用房。项目主要包含室外周界防范系统、视频监控系统、一卡通系统、可讲对视系统、背景音乐与公共广播系统、停车场管理系统、电梯五方对讲系统、机房装修及综合管路安装等。该工程弱电系统全面，设备及材料种类多，对施工组织能力和工艺操作能力要求高，根据建筑和弱电系统的结构组成，总承包总体施工流程和弱电专业系统施工工艺要求高，所以需要贯彻专业先行理念均衡施工，即深化设计先行，材料报审先行，机房、弱电井等关键部位施工先行等措施，进而合理地组织弱电系统的施工，从而满足总体施工进度计划的需要，保证工期。该工程拟采取分区域、分段、并行作业施工的办法，达到专业化、高效的施工目的。

　　提问：项目执行过程中如何在变化与矛盾中确保所有目标的达成？其指导思想是什么？项目执行过程中重点监控内容是什么？在整个项目的实施过程中，如何有效地进行项目的进度管理、费用管理和质量管理？如何管理并促进项目团队的工作以最高效的服务服务于项目目标？

　　本章将从控制理论的思想出发，立足于工程项目管理在过程中不断发生变化这一基本特征，对工程项目在执行过程中如何进行协调统一且均衡有序地管控做一个较全面的诠释。

第一节　工程项目的执行

工程项目管理首先开始于确定目标和制订计划，继而进行组织和人员配备，并进行有效的领导。一旦计划付诸实施或运行，就必须进行控制和协调，检查计划实施情况，找出偏离目标和计划的误差，确定应采取的纠正措施，以实现预定的目标和计划。控制是工程项目管理的重要管理活动。在管理学中，控制通常是指管理人员按计划标准来衡量所取得的成果，纠正所发生的偏差，使目标和计划得以实现的管理活动，此即为基于目标的控制原理。

但在开始一个新项目之前，项目经理和项目团队成员不可能预见到所有项目执行过程中的情况。尽管确定了明确的项目目标，并制订了尽可能周密的项目计划，包括进度计划、成本计划和质量计划等，但仍然需要对项目计划的执行情况进行严密的监控，以尽可能地保证项目按基准计划执行，最大程度减少计划变更，使项目达到预期的进度、成本、质量目标。

所谓控制是指为了保证系统能按预期目标运行，对系统的运行状况和输出进行连续地跟踪观测，并将观测结果与预期目标加以比较，如果有偏差，则及时分析偏差原因并加以纠正的过程。图 6-1 是一个较为简单的系统控制原理图。

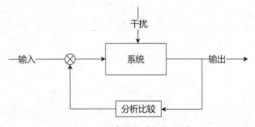

图 6-1　系统控制原理图

因为系统的不确定性和系统外界干扰的存在，系统的运行状况和输出出现偏差是不可避免的。一个完善的控制系统可以保证系统的稳定，即可以及时地发现偏差，有效地缩小偏差并迅速调整偏差，使系统始终按预定轨道运行；相反，一个不完善的控制系统有可能导致系统不稳定甚至系统运行失败，系统控制效果图如图 6-2 所示。

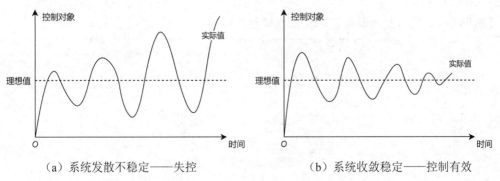

（a）系统发散不稳定——失控　　　（b）系统收敛稳定——控制有效

图 6-2　系统控制效果图

专业的过程控制课程告诉大家如何构建系统以期让工艺对象在无人值守的情况下正常运

行，而工程项目管理则更关注在此基础上如何实现过程管控。在工程项目控制中，根据控制对象和控制范围的不同，有若干控制子系统，每一个子系统都应明确其目标，并围绕目标进行系统控制。所以工程项目管理的基本原理是系统论，工程项目管理的基本理论是控制论，工程项目管理的基本方法是目标管理，工程项目管理的基本活动是 PDCA 循环，工程项目目标实现的基础是项目执行力，所有这些共同构成了工程项目管理的理论框架。而在工程项目的执行阶段，则主要聚焦于对工程项目执行过程的监控。

工程项目管理流程之执行项目的指导思想是通过不断地分享信任让团队所有成员及项目利益相关方高效参与到工程项目中，并通过"透明的沟通"与"管控制度"来实现工程项目的有序进行。

一、工程项目执行过程的监控

（一）工程项目执行过程的控制思想

工程项目管理的基本方法是目标控制，所以工程项目的执行过程实质是目标控制。图 6-3 为项目目标控制机制示意图。

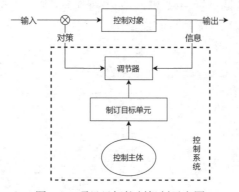

图 6-3　项目目标控制机制示意图

为了实现工程项目目标控制，首先必须确定控制目标，其次应建立控制机制，同时必须重视和加强信息的传递和反馈（此与控制系统的构建思想完全一致）。

控制目标是指控制主体针对其控制对象实施控制所要达到的目的。目标是控制的出发点，也是控制的落脚点。

【案例 6-1】某商业地弱电智能化工程项目目标

某商业地弱电智能化工程项目目标如图 6-4 所示。

图 6-4　某商业地弱电智能化工程项目目标

【案例6-2】某光伏电站项目目标（更细致的目标及其分解说明）

1．质量目标

（1）工程质量符合法律法规、标准、规定及项目合同的要求。

（2）单位、分部、分项工程一次合格率达到100%。

（3）不发生考核扣分事项。

（4）顾客满意率达90%。

（5）不发生因质量、工期延误而导致业主强烈投诉事件。

（6）不发生总承包项目质量责任事故，不发生因质量原因引发的工程安全事故。

2．工期目标

合同中计划开工日期为××年9月28日（具体以业主方发出施工指令日期为准），工程竣工日期为同年12月31日，质保期为工程竣工验收后24个月。工期具体节点见表6-1。

表6-1　工期具体节点

作业名称	时间	工程里程碑节点目标
施工图、设计图纸完成	××年11月30日（××年10月10日完成升压站土建部分）	
所有设备招标完成	××年9月30日	
进场施工	××年10月8日	
第一批组件到货	××年10月20日	
升压站土建具备设备安装条件	××年11月25日	
升压站设备安装完成	××年12月10日	
升压站具备并网条件	××年12月20日	
全光伏厂区土建完成	××年12月10日	
全光伏厂区安装完成	××年12月20日	
50MW并网发电	××年12月31日	
升压站及办公楼土建完成	××年3月31日	
进场道路硬化及绿化	××年4月30日消缺及验收移交	××年6月30日

3．费控目标

费控目标是指充分发挥总承包工程造价管理职能，对工程造价进行严格管理和控制。工程费控管理由总承包项目控制经理具体负责，力争达到项目既定利润目标。

4．HSE管理目标

（1）安全生产管理目标。

1）在建项目安全评估率达100%。

2）员工（包括分包商）岗前安全培训率、操作技能培训率达100%；分包单位项目管理人员、班组长安全轮训合格率达100%。

3）在规定的时间内安全生产隐患整改率达100%。

4）项目安全生产管理人员（含分包单位安全员）到位率、持证上岗率达100%。

5）项目特种作业人员及特种设备操作人员持证上岗率达100%。

6）特种设备检验率达100%；重要设施、重点部位的安全防护措施完好率达100%。

7）危险性较大部分项目工程专项安全技术措施编制、审批、交底率达100%。

8）督促、检查、管理分包队伍安全生产费用的计划与使用，确保足额提取和专款专用。

9）不发生事故瞒报、谎报、漏报、迟报等行为。

（2）"三项业务"管理目标。

1）劳动者职业健康培训率达100%。

2）职业病危害项目申报率达100%。

3）工作场所职业病告知率和警示标示设置率达100%。

4）工作场所职业病危害因素监测率达100%。

5）粉尘、噪声等主要危害因素监测合格率达100%。

6）从事接触职业病危害作业劳动者的职业健康体检率达100%。

7）有劳动关系的劳动者工伤保险覆盖率达100%；分包单位意外伤害保险购买率达100%。

8）项目部能耗统计监测率达100%。

9）落实并不断完善节水、节电、节油及纸张消耗等节能降耗措施，万元营收综合能耗（现价）不超过0.0018吨标准煤。

（3）事故控制目标。

1）安全生产事故控制目标。

- 不发生重伤及以上的生产安全事故。
- 不发生一般及以上分包商负主责的生产安全事故。
- 不发生负主责的一般及以上交通事故。
- 不发生一般（直接经济损失达人民币5~30万元）及以上的设备事故。
- 不发生造成人员伤亡和直接经济损失20万元及以上的火灾事故。
- 不发生在自然灾害中承担管理责任的一般及以上安全事故。
- 不发生因工程勘测设计原因造成的人身死亡和重大财产损失责任事故。
- 不发生因质量问题引发的工程安全事故。

2）"三项业务"事故控制目标。

- 不发生群体性职业病危害事件。
- 不发生负管理责任的一般及以上环境污染事件。
- 不发生节能减排重大违法违规事件。

5. 工程协调管理目标

工程协调管理目标是指在工期和费用目标控制下完成工程，不发生延期索赔，不发生现场窝工，保证工程建设的各项活动有序衔接正常开展，保证费用和业主满意度。

6. 总承包服务目标

总承包服务目标是指服务周到、业主满意、重视抱怨、信守合同，认真协调与有关各方面的关系，接受并积极配合业主和监理对工程质量、工程进度、计划协调、现场管理的控制与监督。

控制是就被控系统的整体而言的，既要控制被控系统从输入到输出的全过程，也要控制被控系统的所有要素。所以在工程项目执行全过程中需要关注以下 3 点：

（1）项目控制的对象。

（2）项目控制的流程。

（3）项目控制的手段和工具。

（二）工程项目执行过程的控制效果

控制的最直接的效果是使项目始终处于受控状态，避免出现失控状态。受控状态是指工程项目管理者对项目状态了如指掌，消除了工程项目"黑箱"。工程项目是"透明"的，能够及时发现问题、分析问题和解决问题，做到"一切尽在掌握之中"。失控状态则是指工程项目管理者对项目一无所知或知之甚少，存在工程项目"黑箱"，对工程项目所存在的问题不能及时发现、分析和处理。

二、工程项目控制的矛盾性

（一）工程项目控制应贯穿始终

工程项目控制并非在项目实施阶段才开始，它始于前期策划阶段。对工程项目构思、目标设计、建议书的审查和批准都是控制工作。而按照项目生命周期的影响曲线，项目初期控制的效果最大，它能影响工程项目全生命周期，所以控制措施越早做出，对工程及其成本（投资）的影响越大、越有效。但遗憾的是，在工程项目初期，其功能、技术标准要求、实施方法等目标尚未明确，或没有足够证据证明，从而使人们控制的依据不足，所以常常疏于在工程项目前期的控制工作。这似乎是很自然的，但常常又是非常危险的，应该强调工程项目前期的控制。工程项目前期的控制主要是投资者、企业（即上层组织）管理的任务，表现为确定工程项目目标，可行性确定，设计和计划中的各种决策和审批工作。

【案例6-3】某商业地弱电智能化工程项目全过程区域及阶段的划分

（1）根据本工程建筑的功能特点和弱电施工的特点，本工程施工分为三大区域进行，即地下室区域、单元楼内区域、小区地面区域。

为合理排布施工进度，及时跟进作业面，有效分配劳动力、物料等，从而拟定三条施工主线：地下室区域；单元楼内区域；小区地面区域。三条主线采用并行施工，区内流水作业的方式向前推进。

（2）根据弱电施工内容侧重点的不同，将施工划分为三个阶段，各阶段主要施工内容见表6-2（后期施工可能存在多个阶段同时存在的可能）。

表 6-2　各阶段主要施工内容

序号	部位、施工阶段	弱电主要施工内容
1	弱电施工阶段	楼层内桥架、管线、各类弱电设备安装、设备单体测试
2	精装修施工阶段	弱电末端设备安装、分区调试
3	调试、验收阶段	系统调试及系统完善

（二）工程项目实施阶段的监控的重要性

在工程项目实施阶段，因为技术设计、计划、合同等已经全面定义，控制的目标十分明确，所以人们十分强调这个阶段的控制工作，将它作为工程项目管理的一个独特的过程，它是工程项目管理工作最为活跃的阶段。

三、工程项目控制的特征

（一）现场控制

项目管理者在工程项目的实施阶段不仅要提出咨询意见，指出怎样做，而且要直接领导项目组织，在现场负责项目实施的控制工作，是管理任务的主要承担者。

【案例6-4】某光伏场区部分施工工序及控制要点

1. 太阳电池组件安装

本工程光伏发电组件全部采用固定式支架安装，待光伏发电组件基础验收合格后，进行光伏发电组件的安装。光伏发电组件的安装分为两部分：支架安装、光伏组件安装。

光伏阵列支架表面应平整；固定太阳能板的支架面必须调整在同一平面；各组件应对整齐并成一直线，倾角必须符合设计要求；构件连接螺栓必须拧紧。光伏组件支架安装工艺如图6-5所示。

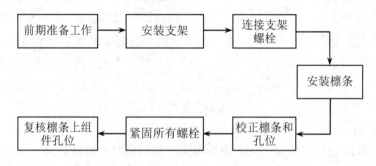

图6-5　光伏组件支架安装工艺

将光伏组件支架安装固定后进行光伏组件安装。安装光伏组件前，应根据组件参数对每个太阳光伏组件进行检查测试，其参数值应符合产品出厂指标。一般测试项目包括开路电压、短路电流等。应挑选工作参数接近的光伏组件在同一子方阵内；应挑选额定工作电流相等或相接近的光伏组件进行串联。

安装光伏组件时，应轻拿轻放，防止硬物刮伤和撞击表面玻璃。组件在前期准备工作中，支架上的安装位置及接线盒排列方式应符合施工设计规定。当组件固定面与基架表面不吻合时，应用铁垫片垫平后方可紧固连接螺钉，严禁用紧拧连接螺丝的方法使其吻合，固定螺栓应拧紧。

光伏组件电缆连接按设计的串接方式连接光伏组件电缆，插接要紧固，引出线应预留一定的余量。光伏组件到达现场后，应妥善保管，且应对其进行仔细检查，看其是否有损伤。必须在每个太阳电池方阵阵列支架安装结束后，才能在支架上组合安装太阳电池组件，以防止太阳电池组件受损。

2．逆变器安装

本项目选用的 500kW 及 1000kW 光伏并网逆变器。

逆变器及相关配套电气设备安装于逆变升压集装箱内，基础为素混凝土墩式基础，进出电缆线配有电缆沟。

逆变器和配套电气设备是整体集成的集装箱。通过汽车运抵，采用吊车将逆变器吊到安装位置进行就位。

逆变升压配电间固定在基础预埋件上，焊接固定。调整好基础预埋件的水平度，逆变升压配电间采用焊接固定在预埋件上，并按逆变器安装说明施工，安装接线须确保直流和交流导线分开。由于逆变器内置有高敏感性电气设备，故在搬运逆变器时应非常小心，用起吊工具将逆变器固定到基础上的正确位置。

3．主变压器安装

变压器通过现有道路运至安装现场后，可采用 50t 规范汽车吊对变压器进行就位，设备的起吊应采用柔软的麻绳，防止破坏其外壳油漆。安装程序为设备安装→引下线安装→接地系统安装→电缆敷设接线→整体调试。引下线安装完毕后不得有扭结、松股、断股或严重腐蚀等现象。设备底座支架的安装应牢固、平正，符合设计或制造厂的规定。所有设备的接地应采用足够截面的镀锌扁铁，且接地应良好。

安装前，施工人员已接受技术交底。选用富有检查经验的人员，并请厂家技术人员参加内检。

选择适宜的检查环境、温度、空气相对湿度；器身暴露在空气中的时间必须符合相关规范和制造厂家的规定。

进入油箱检查人员必须穿专用服装，带入、带出油箱的器具必须由监护人清点并记录，带入和带出的器具必须相符。确定真空处理方案，必须符合制造厂的要求和相关规程、规范的要求，真空度及保持时间必须符合规定的技术要求。对在真空条件下，不能承受负压的附件必须采取有效的隔离措施，并设专人观察油箱变形，变形的最大限度必须量化控制。

4．主变试验

确定滤油和注油方案，变压器油必须检验合格后才能使用。真空注油的速度和净油机出口温度必须按规定限制，一次加到储油柜标准油位，并继续抽真空 4 小时后，进行热油循环。

5．GIS 安装

严格按照设备尺寸预埋基础螺栓；组装应在无风沙、无雨雪，空气相对湿度小于 80% 的天气进行，并采取防尘、防潮措施；密封面处理清洁、无划痕，密封圈在安装时，一定要放在槽内，外侧按要求涂以设备带来的密封脂，加强密封性和防止密封圈移位，密封脂不流入密封圈内与 SF6 气体接触；SF6 气体压力值和微水含量应符合产品技术要求，密度继电器和压力表检验合格。

GIS 设备每安装完一个间隔后应进行回路电阻测试，如果有超标应及时处理；吸附剂卸下后，一定要进烘箱高温保干燥；吸附剂在安装时要越快越好，其直接暴露在空气中的时间不得大于 1 小时。SF6 充气完成后要经 48 小时以上进行水分测定，断路器室、隔离开关室、接地开关室应小于 150ppm（V/V），其他气室控制在小于 500ppm（V/V）内。

断路器、隔离开关、接地开关的机械、电气联锁调整和试验，必须保证其正确性；SF6管道不能和设备外壳或支架相接触，必须用专业绝缘夹头隔开；所有螺栓均应使用力矩扳手进行紧固，其力矩值应符合产品的技术要求。

6．架空母线施工

检查导线外观及切断口是否整齐、无毛刺，金具规格型号是否与导线相匹配，外观是否光洁、无裂纹，导线与线夹的接触面是否按规范处理；选用合格的模具和液压机，压力表使用前必须校准；按确定的工艺或作业指导书严格操作，压接完毕后检查管端导线外观有无隆起、松股，压接管表面是否光滑、无裂纹，弯曲度是否满足要求。

7．电缆敷设

施工前，组织技术人员认真审阅相关施工图纸根据设计确定出电缆桥架的安装位置和标高，并与相应的电气安装图纸对照，做到桥架与设备安装位置不冲突。

在确定安装位置和标高的过程中，安排专职人员将所有的电缆清册输入专门建立的数据库进行分区域．分规格、分数量、分等级的电缆桥架二次设计。按高压电缆间隔敷设、低压电缆密集敷设、电缆重叠层次不大于3层、充满度40%左右的原则，确定桥架的走向及层次。所有桥架严禁用电火焊切割并确保无切割毛刺、电火焊破坏镀锌层的现象，支架焊接前后分别经油漆保护处理。所有机械割断口做好防腐处理，拼接接缝小。电缆保护管连接应用规定的连接件连接，连接牢固，密封良好，严禁用电火焊连接。电缆保护管支持点间的距离应小于3m，设计有规定时按设计施工。金属软管与电缆保护管接头均要用管子钳或力矩扳手紧固，以防设备进水，管口护圈不得脱落，并列敷设的电缆管管口应排列整齐，弯曲管半径及间距应统一。利用电缆保护管做接地线时，应先焊好接地线再敷设电缆。电缆埋管应有不小于0.1%的排水坡度，且连接牢固，密封良好。

各种规格的电缆敷设位置按电缆桥架规定的位置进行敷设，合理安排每盘电缆，做到长电缆优先敷设的原则，减少电缆接头。采用相同路径的动力、控制电缆，组织施工人员进行统一敷设，并且控制电缆做到单根敷设，避免相同路径的电缆重复敷设。敷设过程中确定各级责任人员，由施工负责人将电缆盘上的规格、型号、电压等级及需敷设的电缆进行对照，以免放错电缆。控制电缆接线实行挂牌施工，即在标识牌背面标明接线人编号，每个盘柜接线宜由同一人作业，防止差错。布置同一型号电缆应采用同弯度，保持间距一致、平整美观，一般线间凸出误差应小于0.5mm，每个接线端子的每侧接线宜为一根，最多不超过2根。备用芯的留用长度为盘内最高点，控制电缆的线芯外套用热缩管保护。

8．二次接线

电缆头的材料为热缩管，热缩管的长度为60mm。不同的电缆规格使用相应规格的热缩管。电缆头距端子排长度在同一类型的盘内应一致，电缆芯线的捆扎用聚氯乙烯扎带，每隔100mm捆扎一根扎带。

屏蔽线是单根铜线的用塑料套管套好集中接地，屏蔽线是网线的在电缆头处焊接一根单芯铜线再套塑料管后集中接地。

二次接线的回路标识（接线标牌）采用圆形塑料套管，标识字体由专用号头机打印而成，套管长度为30mm，套管标识一般分两行打印。二次小线接入端子排的形式为在接线小线长度最高点端子处约 60mm 的盘内排列，转弯处折成直角，并且在端子处开始分线，保证二次小线接线的统一和有序。

电缆在盘内以排列的方式固定，盘内无固定点的加装花角钢。电缆的固定用聚氯乙烯扎带。电缆备用芯线的标识中将端子号省略，其余与正常投用芯线标识相同。电缆备用芯线的预留长度为盘内最高点。

9. 二次调试

调试人员在调试前已详细审阅相关施工图纸，熟悉二次回路原理，明白设计意图，了解装置额定值和各项功能原理。使用的所有仪器仪表已经过检验合格，且在使用有效期内。对照二次原理图、接线图，仔细检查二次接线，应无错线、漏线和寄生线，并确认所有电缆接线位置、号头标识与设计图纸一致。二次回路和装置上电前绝缘应良好，严格按照调试大纲和反措要求进行调试，调试项目应齐全，无漏项和错项。

保护动作行为、各保护装置间的配合、上传至监视后台的所有信号应正确。电流、电压回路进行加压注流试验，保证回路完善无误。电流回路不开路，电压回路不断路，确认二次绕组接地位置正确，且严格接地。确保二次电流、电压极性正确。

工程项目管理注重实务，为使其管理有效、控制得力，工程项目管理者必须介入具体的工程项目实施过程中，进行过程控制。要亲自布置工作，监督现场实施，参与工程现场的各种会议，而不是做最终评价。因此现场一经开工，工程项目管理工作的重点就转移到施工现场。

（二）动态控制

因为工程项目目标具有可变性，外界环境也在不断变化，再加上原计划也有可能存在失误，人们组织行为的不确定性可能会导致实施状态与目标偏差，因此要求工程项目实施的控制应该是动态的、多变的，要能按照工程具体情况不断进行调整。

四、工程项目控制的要素

工程项目控制的要素包括以下 7 个。

（1）范围控制：保证按任务书（或设计文件或合同）规定的数量完成工程。

（2）质量控制：保证按任务书（或设计文件或合同）规定的质量完成工程，使工程顺利通过验收，交付使用，实现使用功能。

（3）进度控制：按预定进度计划实施工程，按期交付工程，防治工程拖延。

（4）费用控制：将工程项目费用的发生控制在批准的投资限额以内，随时纠正发生的偏差，以保证项目投资目标的实现，以求在工程项目中合理使用人力、物力和财力，取得较好的投资效益和社会效益。

（5）合同控制：按合同规定全面完成自己的任务，防止违约。

（6）风险控制：防止和减少风险的不利影响。

（7）健康、安全、环境控制：保证工程的建设过程，运行过程和产品（或服务）的使用符合健康、安全、环境保护要求。

以上要素在施工项目中都要作为保障计划提出。保障计划提出批准后，将作为项目考核执行的依据和准则。

五、电气与控制工程项目控制的执行

（一）电气与控制工程项目控制的执行过程中控制点的设置

电气与控制工程项目在执行的过程中相较其他类型的建设工程更有其突出的特点。例如，需要贯穿工程执行始终的技术性要求，间杂其他专业工程项目中的预埋、敷设、调试以及最后服务于全系统的联调。这所有的工作如果要便于有效控制和检查，就需要对各控制对象设置一些特别的控制点，通常都是关键点，使其能最佳反映目标。所以在电气与控制工程项目控制执行中，关注控制点的设置便显得尤为重要。具体有以下5点：

（1）重要的里程碑事件的设置与把控。

（2）对工程质量、职业健康、安全、环境等有重大影响的工程活动或措施要特别设置监控程序。

（3）尤其需要关注对成本有重大影响的工程活动或措施。

（4）合同额和工程范围大、持续时间长的主要合同要有专人负责监控。

（5）持续监控主要的工程设备和主体工程。

【案例6-5】某光伏电站项目 HSE 管理要点

HSE 管理体系指的是健康（Health）、安全（Safety）和环境(Environment）三位一体的管理体系。责任制是 HSE 管理体系的核心。

1. HSE 管理方针

遵守法律法规，规范施工项目环境与职业健康安全管理，预防污染，追求本质安全，持续改进体系。

2. HSE 管理目标

参考案例 6-2 中的 HSE 管理目标。

3. HSE 组织机构与管理体系

（1）项目安全生产委员会。项目部成立安全生产委员会，总包项目部项目经理担任安全生产委员会主任，安全总监、项目总工、施工经理及分包单位项目经理担任安全生产委员会副主任，总包项目部及分包项目部其他管理人员为安全生产委员会成员。其主要职责包括以下6个：

1）接受上级安全生产委员会领导和职能部门的业务指导，开展项目 HSE 管理工作。

2）贯彻执行国家和地方政府、企业有关 HSE 管理方针、政策、法律法规及其他要求。

3）批准项目 HSE 管理目标，监督检查项目 HSE 管理目标、工作程序及计划执行情况，对 HSE 工作提出纠偏意见。

4）协调解决项目部内部、项目部与业主、施工分包商和其他相关方的安全生产矛盾，确保项目安全生产工作正常开展。

5）定期召开项目安全生产委员会议，研究部署重要安全生产工作，决策项目重大安全事项，实施"一票否决"。

6）组织项目安全生产事故的调查和处理工作，配合地方政府或上级部门开展事故调查和处理工作。

总包方项目经理、施工经理、安全总监参加业主项目安全生产委员会，总包方项目经理担任常务副主任，有关职能部门负责人和分包方项目经理、施工经理、安全专员为成员加入业主项目安全生产委员会。人员结构举例如下：

主任：张某；

副主任：张某、李某；

成员：王某及分包单位相关负责人。

（2）三项业务领导小组。总包项目部三项业务领导小组为现场三项业务的领导协调机构，质安部为三项业务的归口管理部门，项目安全总监为三项业务的专职管理人员。总包项目部项目经理担任三项业务领导小组组长，安全总监、项目总工、施工经理及分包单位项目经理担任副组长，总包项目部及分包项目部其他管理人员为三项业务领导小组成员。依据设计院三项业务责任制度和管理办法的要求，敦促落实并开展相关工作。人员结构举例如下：

主任：张某；

副主任：张某、李某；

成员：王某及分包单位相关负责人。

（3）应急领导小组。项目部建立应急领导小组，总包项目部项目经理担任应急领导小组组长，安全总监、项目总工、施工经理及分包单位项目经理担任副组长，总包项目部及分包项目部其他管理人员为应急领导小组成员。主要职责包括以下7个：

1）审定项目部应急预案。

2）全面指导项目部突发事件应急救援工作。

3）落实政府及上级单位有关应急工作的重要指令。

4）负责指定人员到现场指挥应急抢险工作，对应急抢险重大问题进行决策。

5）审定对外发布和上报的事件信息。

6）负责审定下达和解除预警信息，负责下达应急响应程序的启动和终止指令。

7）应急响应结束后，安排相关部门和人员进行事故调查和总结。

人员结构举例如下：

主任：张某；

副主任：张某、李某；

成员：王某及分包单位相关负责人。

（4）安全生产责任体系。项目安全生产行政管理体系由项目经理、项目副经理、项目总工、安全总监、专业经理（工程师）、分包方项目经理组成。建立安全生产责任管理和监督体系，落实安全生产责任制度和岗位职责，保证项目建设组织有序，责任分工明确，实现全面、全方位、全过程安全生产管理。

安全生产行政管理体系框图、安全技术支撑体系框图、安全生产实施体系框图、安全生产实施监督体系框图分别如图6-6至图6-9所示。

图6-6 安全生产行政管理体系框图

图 6-7　安全技术支撑体系框图

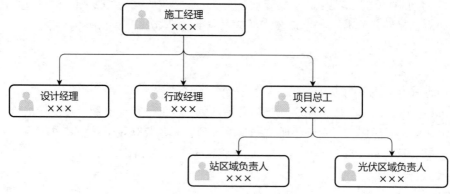

图 6-8　安全生产实施体系框图

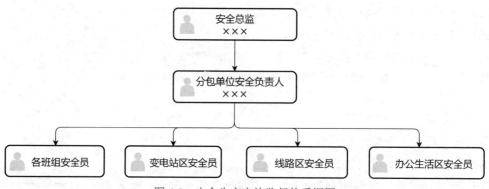

图 6-9　安全生产实施监督体系框图

4．危险源及环境因素辨识

略。

5．HSE 管理制度编制计划

安全管理制度化、安全设施标准化、现场布置条理化、机料摆放定置化、作业行为规范化、环境影响最小化，营造安全文明施工的良好氛围，创造良好的安全施工环境和作业条件。

6．HSE 管理措施

略。

7．HSE 监督检查管理程序

项目部应负责督促分包商编制重大施工方案、施工组织设计和 HSE 专项技术方案中 HSE 技术措施，并监督检查其执行情况。重大施工方案、施工组织设计必须履行审查、报批、备案手续，其中单位项目部安全经理必须对重大施工方案中的 HSE 危险源识别和风险评价部分进行签字审批。分包单位组织相关人员对经批准的施工组织设计和 HSE 专项技术方案中 HSE 技术措施进行交底并应在交底表中签字确认。

重大施工方案、施工组织设计和 HSE 专项技术方案主要内容一般包含以下 11 点：

（1）工程项目名称。

（2）编制单位、编制人、审核人、批准人及编制时间。

（3）工程概况。

（4）编制依据。

（5）施工计划。

（6）施工工艺要求。

（7）危害辨识。

（8）HSE 技术措施。

（9）应急救援措施。

（10）劳动力计划，包括 HSE 专职管理人员、特种作业人员等。

（11）设计计算书及相关图纸。

项目部对未编制 HSE 技术措施或未进行方案交底而擅自施工的项目应责令停工作业，并按相关文件严肃处理。

HSE 技术措施的编制、审批、交底、实施、检查要实行责任追究制度，各级审查人员要从时间的及时性、内容的完善性、措施的可行性等方面严格把关。

HSE 技术措施中的各种安全防护设施、防护装置、防护用品均应列入 HSE 专项费用计划，与工程材料同时采购，分包商项目负责人要对 HSE 技术措施实施所需的资金给予保证，并对 HSE 技术措施的实施效果全面负责。

8．安全设施的投入管理

略。

（二）电气与控制工程项目执行过程中采购与物流的管理问题

采购和物流的管理是电气与控制工程项目管理中不可忽略的重要组成部分，这是由其项目的产品特征决定的。因为很多的大型系统集成项目往往需要采购一些技术含量高的产品，除了价格因素外，其后续的技术支持更是需要作为衡量的重要因素。所以电气与控制工程项目对采购和物流的管理要求要有专业水平，这就要求项目经理熟悉设备的采购及其物流过程，并加强与专门部门的技术人员沟通，依托专业部门的资源来完成项目设备的采购与物流管理问题。在采购与物流的管理中，对于关键供应商应强调"伙伴"和"共赢"的关系，从长远来看，双方都将获得好处。通过计划和控制，确保不要因为采购和物流牟利问题制约整个电气与控制工程项目的进度和质量。

1．采购管理

通常项目的采购类型分为集中采购、分散采购和混合采购，采购组织结构的选择应当与项目组织结构和采购规模相适应。项目组负责提供设备清单并给出清单中设备的最后采购到位的日期，而采购部门根据设备清单和最后到货日期，负责制订采购计划、询价、供应商选择、合同管理、合同收尾，采购计划中包含采购的预算价格，需要提交项目经理批准。采购方式上需要最大限度维护项目组织的利益，同时保证项目资源充分而及时地供给，从而不耽误项目的工期。

对于电气与控制工程项目公司而言，某所承担的项目对物资和服务的需求有相似处，因此与供应商建立长期战略合作关系也是非常必要的。首先，这类供应商通常会参与到采购方的非核心产品或服务的设计过程中，某些供应商所具有的专业知识能够帮助采购方实现其未来的计划；其次，这些供应商可以在各自的领域充当采购方的"眼睛"和"耳朵"，帮助采购方寻找可以利用的新机会和新技术，这样双方可以分享收益，降低总费用；最后，供应商可以为采购方承担某些成本支出，例如，为采购方提供一定数量的库存或承担包装运输工作，从而降低项目的成本支出。这种合作关系更像是一种风险共享的方式，所以需要合作双方共同挖掘利益源泉并分享利益，共同珍视，以求真正能够获得"共赢"。

综上，电气与控制工程项目在实施过程中可通过监控采购部门对关键物资或服务的采购过程即可有效地控制采购管理，其具体控制活动包括以下 4 个方面。

（1）采购计划的审核。采购部门制订详细计划后，项目组织应对采购计划进行审核，特别是审核关键物资及服务的价格的供货时间。

（2）具体的技术要求。通常采购人员是采购谈判和合同管理的能手，但并不一定是技术方面的专家，因此需要项目组提供详细的技术要求。

（3）供应商评价。项目组织不但要对关键物资供应商评价提出具体的技术要求，同时应当参加关键物资供应商的评价工作，这个工作应包括技术与商务两部分，其评价标准见表 6-3。

表 6-3　供应商评价标准

指标	说明	权重
对需求的应答	对买方需求的准确理解，具体的技术方案或者产品规格	0.15
企业资质	企业的规模或获得的相关认证	0.10
管理水平	是否具备保证提供最终产品的管理能力	0.10
产品价格	所提供产品的价格	0.30
财务状况	供应商所具备的财力资源和财务能力	0.10
技术水平	生产工具和员工的技术水平	0.15
同类产品业绩	已经向其他买方提供相关产品的业绩	0.10

（4）严格的进货检验。项目组需要对关键性物资实施严格的进货检验工作，确保到货物资的质量。

2. 物流管理

电气与控制工程项目公司的采购工作主要满足两个方面的需求，一方面是采购原材料，用于生产由公司自己开发的产品；另一方面则是直接采购产品或服务提供给客户，而后一种需求是工程项目经理管理的重点。将采购的产品提供给最终客户是项目采购的结束，所以电气与控制工程项目采购过程中除前述过程外还需要注意其物流管理的工作，即采购物资的入库、出库管理，采购物资的储运管理等。特别针对关键物资，项目部还应对其全过程进行跟踪，确保适时、安全并高效地提供其应有的价值。所有这些工作都可以纳入项目管理的信息化平台中，这样采购与物流的每一项活动对于项目组和采购物流部门都是透明的，其统计信息也可以为整个公司的物资统一管理提供支持。

特别需要注意的是，据统计，电气与控制工程只要对关键的 20%设备的供货厂家形成战略伙伴关系，就可以控制 80%的采购成本，也不会因此降低提供产品的质量及其附加值服务。所以项目经理在关注平时与合作伙伴的关系积累的前提下，可以考虑利用供应方的仓库作为第三方存储，将检验的地点转移到供应方所在地，再将所有的与包装、运输相关的信息提供给供应方，落实并确保这些工作满足客户的需求。这样可以更好地把握采购的时间，不用太提前，不会占用资金和压力库存，也不会耽误工期。

【案例 6-6】某商业地产项目弱电智能化工程采购项目（由供货商提供的产品及服务）

弱电系统品牌描述

第一节　可视对讲及家居安防系统

　　第一条　系统配置

　　第二条　主要设备技术参数

第二节　闭路电视监控系统

　　第一条　系统配置

　　第二条　主要设备技术参数

第三节　智慧门禁与车辆管理系统

　　第一条　系统配置

　　第二条　主要设备技术参数

第四节　周界防范报警系统

　　第一条　系统配置

　　第二条　主要设备技术参数

第五节　电子巡更系统

　　第一条　系统配置

　　第二条　主要设备技术参数

第六节　背景音乐及公共广播系统

　　第一条　系统配置

　　第二条　主要设备技术参数

第七节　LED 电子公告系统

　　第一条　功能概述

　　第二条　系统技术规格与性能

　　第三条　系统特色功能

　　第四条　显示屏结构及安装方式

　　第五条　显示屏模块

第八节　中心机房控制系统

第一条　系统设计思想

第二条　系统设计依据

第三条　系统设计特点

第四条　监控机房的基本要求

第五条　监控机房的防盗报警

第六条　机房装饰、装修

第七条　机房供配电照明系统

第八条　防雷、接地设计

第九条　机房专用空调系统设计

【案例6-7】某商业地产项目弱电智能化工程物料采购制度及其保证措施

某商业地产项目弱电智能化工程物料采购制度及其保证措施见表6-4。

表6-4　某商业地产项目弱电智能化工程物料采购制度及其保证措施

项目	内容
物料采购工作制度	1. 现场使用的材料符合合同、设计图纸、规程、规范的要求。本工程的主材（按工程预算的分类进行区分）、设备的供应商或生产厂家是我司《合格分供方名册》中的单位。如其不在《合格分供方名册》之中，则按照程序文件要求进行评审，确定为合格分供方，列入《合格分供方名册》后才能向其购买材料。 2. 对于一次性采购金额较大或较重要材料的采购签订采购合同，如设备、线缆的采购等，合同中明确对材料的质量要求；对于一般的材料，而且与供应商或生产厂家已有多次成功交易，可以不必签订采购合同。对分供方的产品的形成过程不需进行控制，产品在到货地点，严格按照采购合同（当有合同时）要求进行检验。 3. 项目物料采购部对采购的物资及其在施工过程中的状态进行标识 4. 本项目对工程物资和工程的追溯性要求：对设备开箱后的随机文件及配件、备件进行集中保管，并做好唯一性的标识，追溯设备的主体；对一切按总量材料计划要求订制的物资或产品，进货检验后要进行唯一性的标识，追溯其用处或安装区域，按图订制的产品，要追溯这些产品在图纸上的编号
物资采购保证措施	物资的质量对整个工程的质量起着关键性的作用，物资采购严格按照我司物资采购程序执行。从我司的合格供应商信息库中经过资格预审、评估、质量保证能力的审核择优选择供货商，确保材料进货的渠道正规、畅通，从而确保材料、设备质量

（三）工程项目实施过程中针对不同的控制系统过程采取不同的监控方案

如同专业过程控制理论中所述，过程监控方案应根据不同的对象需求来设置，主要包括反馈控制系统过程，针对已出现的问题进行纠偏。但难免有些损失已经发生，致使无能为力去纠正解决，只能据此制定预防措施以防范后期再有类似的损失发生；除此之外还有前馈控制系统过程，如风险控制、防护性控制、供货商的资格审查等，分析可能会发生在过程中的问题，预见性地给予保障措施的设置，以尽力减少其发生的可能性，最大限度保障项目能高效达成目标。

【案例6-8】某净水厂工程项目风险防范、应急救援预案及人员、物资保障措施

1. 目的

为有效应对工程施工现场及相关产品生产过程中的紧急或突发事故，快速有效地组织施救，降低或减少事故引起的人员伤亡、职业危害和财产损失，以及由此带来的环境影响，因此制定本措施。

2. 成立应急救援小组和确定紧急事态安全应急救援小组

成立应急救援小组和确定紧急事态安全应急救援小组的目的是为了保证本工程施工事故应急处理措施的及时性和有效性，本着"预防为主、自救为主、统一指挥、分工负责"的原则，充分发挥项目经理部在事故应急处理中的重要作用，使事故造成的损失和影响降至最低程度。

根据环境因素，危险源辨识与风险评价，潜在事故和紧急情况一般指发生火灾或爆炸事故；环境事故，伤亡事故，重大设备事故；化学危险品或油料存放、运输、使用过程中可能发生泄漏等情况；食物中毒；其他紧急或突发事故。

3. 工作程序

针对施工过程中的事故处理必须以保证人民生命安全为第一原则，在事故发生后由项目经理统一指挥协调，紧急、快捷、安全、及时地对现场进行抢救，确保人员生命安全、防止事故扩大。事故应急救源基本程序详见表6-5。

表6-5　应急救援基本程序

序号	内容
1	第一步要停止作业，实施警戒，设立警戒区，封闭现场，在项目经理的统一指挥协调下，由项目应急组织实施警戒，以防闲杂人员等进入事故现场，导致事故的进一步扩大，或者次生事故，严防二次伤害
2	第二步迅速组织人员对事发部位进行全面检查（在确保检查人员安全的前提下），观察事故范围是否有可能扩大；若还存有隐患，必须组织排险人员进行全面排除险兆，由项目物资管理部提供应急物资，在险兆排除后方可让抢救人员施救；施救人员必须穿戴好个人防护用品，抢救时首先要排除障碍或覆盖物
3	第三步要紧急向上级报告，若事故的严重程度已经超出项目部救援能力，还要紧急向社会应急组织求援，在实施抢救和救护的同时要保留音像资料图片；抢救和救护完毕，在得到事故调查小组确认后方可清理事故现场

4. 紧急事态控制点

（1）气瓶仓库、木料仓库、配电室、食堂等。

（2）危险作业：电气焊、防水、土方施工，脚手架与支撑的搭设和拆除，沉井施工，顶管施工等。

（3）可能发生的伤亡事故：土方坍塌，高处坠落，物体打击，起重车辆伤害，机械伤害、触电，其他伤害等。

（4）可能发生的污染事故。

5．预案与处置计划

（1）项目部成立应急救援指挥部，由项目经理任指挥长，技术负责人任副指挥长，成员由工长、文明施工员、民建队负责人组成。

（2）由技术负责人负责制定《生产安全事故应急预案》，并负责应急救援队伍、设备的组织调度。

（3）项目部和分包方在危险状态时负责启动《生产安全事故应急预案》。

施工现场应急救援组织体系如图 6-10 所示。

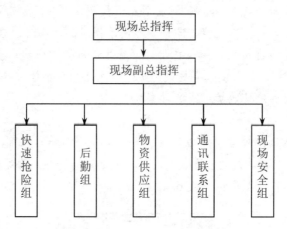

图 6-10　应急救援组织体系

6．应急响应预案的内容

（1）评估潜在事故的可能性、规模及危险性。

（2）建立应急救援机构的通讯联络网络，包括内部和外部的通讯联络网络。

（3）建立应急报警机制和应急上报机制。分内部与外部应急报警机制。其形式为由下而上、由内而外。

（4）配置合理的应急反应行动物资资源和人力资源。

（5）建立应急救援安全通道体系。应准备好多通道体系设计方案，确保有效投入使用。

（6）应急救援指挥系统及各相关部门的职能与职责见表 6-6。

（7）紧急状态下现场人员的行为。

（8）其他单位的配合。

（9）安全防护物资计划表

表 6-6　应急救援职责

负责人	工作职责
总指挥	主持应急救援全面工作
副总指挥	负责组织应急救援协调指挥工作
各小组	负责应急救援实施工作

7. 应急救援演练

略。

8. 警示

对已识别并认定的潜在事故发生地点或设施，项目部应在该地点、设施设置警示标志，落实责任人，并定期进行检查，督促责任人落实责任。

9. 应急与响应

（1）紧急或突发事故发生时，发现者应立即向现场负责人报告，现场负责人应立即启动应急预案并在组织施救的同时，立即向上级领导汇报，并视事态的发展或严重程度，决定是否请求外部救援。

（2）紧急或突发事故发生时，现场人员应立即切断与事故现场有关的能源介质，控制和遏制事故的发展，防止伤害事故和财产损失的扩大。

（3）救援指挥部在接到事故信息后，要立即启动应急预案，组织医疗急救、抢险人员和机械设备到现场抢救。

（4）设立以项目经理为组长，各施工班组骨干为成员的事故应急领导小组和事故应急小分队，并明确各人在事故发生时的职责。

（5）配备一辆应急救援车和一名医务工作者，以及必要的医药用品、担架。

（6）与当地政府、公安、消防、医院建立紧急事故处理信息通道，一旦发生事故在第一时间与各方紧急联系，获得各方的援助。

（7）加强日常施工中的施工监测，做好数据统计和预报工作，发现情况及时预警，及时采取应急措施，将事故损失降至最低。

（8）在日常施工中，不定期地进行事故应急演习，保证事故突发时的救援工作指挥到位、救援工作井井有条，确保将事故的损失降至最低。

（9）在施工中采用信息法施工。由本公司具有监测资质的协作单位随时提供边坡、周边环境及沉降等各方面资料，使在突遇不测事件时，能迅速组织各方人力、物力抢险。

10. 各种应急处理措施

（1）高处坠落应急处理措施。

高处坠落应急处理措施包括自救、施救、保护现场、事故调查、善后工作。

（2）机械伤害应急处理措施。

（3）触电应急处理措施。

（4）火灾应急处理措施。

（5）环境污染应急处理措施。

（6）停电应急处理措施。

为了防止市网停电给施工带来不便和各种难题，本工地计划设置一台200kW柴油发电机以做备用。当市网停电时，立即使用备用发电机供电，以保证整个工程能连续顺利进行。随时做好备用发电机的维护保养工作，使备用发电机处于良好状态。备用发电机设在总配电房附近。

11. 应急步骤

（1）项目部在事故发生后，立即启动相应的应急计划，并在事故发生的第一时间内，将事故情况上报公司生产部。

（2）生产部在接到事故报告后，应立即报告公司总经理并同时启动公司级应急预案。

（3）应急预案启动后，各职能部门应在人、财、物等方面给予优先保障，直至事故处理完毕。

（4）处理善后工作。

（5）完成事故的调查和善后处理方案报告，提出整改措施，并监督其整改完毕和验收。

12．预案管理与更新

定期对预案进行演练并随着应急救援相关法律法规的完善，应急资源发生变化，以及实施过程中发现存在的问题或出现新的情况，应及时修订完善本预案。

总之，工程项目执行过程的监控在项目实施过程中完成，执行过程为全程跟踪→分析评价→找偏差→分析偏差产生原因→分析确定责任主体→分析可能的过程趋势→提出整改措施（包括纠正与预防措施）→持续改进。

第二节　工程项目执行之组织与团队管理

评价工程项目管理实效时，最基本的衡量标准是进度、质量和成本。一般认为人力因素可以在工程项目管理的这三个标准之间架起协同一致的桥梁，人力因素被认为在保证低成本、快速度和高质量地完成项目的过程中发挥着重要的整合作用。所以实施工程项目管理最需要关注项目团队的管理与建设，以项目团队为实体来进行运作，在有效的资源以及时间、成本、绩效、技术的约束下，实现最终目标，包括约定的利润目标以及客户的满意等。

一、建立团队责任机制

在工程项目发起以及规划后，大家已经掌握了工程项目的范围和方向，有了目标，并且有了路线图和时间规划，就能知道如何达到目标。但如何让整个团队合力执行项目呢？这是一个在工程项目执行中特别需要关注的问题。这时候需要构建团队责任制。一个成熟的项目经理要信守承诺，赢得团队成员们的尊重，要关注每一个团队成员，激励他们对工作更加负责，同时也要鼓舞工程项目的利益相关方信守承诺，帮助团队成员管理好自己，让大家分享责任感，顺利完成自己的任务。

（一）团队责任例会制

能够引导成员投入工作的领导不仅对结果有着较高且清晰的预期，同时也非常重视团队成员是否达到预期，所以工程项目经理需要一套持续的、经常性的、有规律的、共享的责任机制作为指导思想。通过组织定期的团队责任例会，可以建立一种定期责任汇报机制，这是成功执行项目规划的关键。有了这个定期责任汇报机制，每个人都知道什么时候提交什么成果，以及怎么样实现这种成果；没有哪一个人单独负责，也没有哪一个人单独获得荣誉或承担失败，每个人都共同前进，每一个需要帮助的人都能够得到整个团队的支持。

在工程项目整个生命周期内，每周举行一次团队责任例会，主要目的是审视每个人的工作是否在按计划进行或者是否有人需要帮助，高效的项目经理会让"团队中的每个人都了解项目的状态，并对可能的解决方法畅所欲言，人多力量大，总能找到解决办法"。每周的团队责任例会能够让核心团队感到自己不是孤立的，并能提醒他们记得自己肩负的责任。只有让每个人都不断地看到目标，才能继续前进，而当项目出现困难时，不能让每个人觉得自己在独自承担。

（二）团队责任例会的目的

团队责任例会的目的有以下4个：

（1）通过审视整体的项目规划，能够让团队把项目当成一个整体。

（2）要求团队成员汇报上一周完成的工作情况。

（3）通过项目成员不断完成新的工作，来保证项目前进。

（4）让项目经理了解哪里存在困难。

具体情况记录于团队责任例会表中，见表6-7。

表6-7　团队责任例会表

团队责任例会
项目名称：
项目经理：　　　　　　　　　　　　　　　　日期：
上周任务完成报告：
新任务分配：
问题解决：
其他：

上述表格可以帮助跟踪团队每周的任务完成情况，包括回顾整体项目规划，一周工作的进展，安排影响项目进度的关键任务以及检查哪些问题需要重点关注。对这些问题，可以召集最有可能解决问题的成员集中攻克。这可以让团队成员产生紧迫感，从而督促他们每周按时完成规划。

　　另外根据所在工程项目的特点，工程项目到了特殊的阶段，还会有一些微型的团队责任例会，不需要所有的团队成员出席，也跟日常的核心团队责任例会不同，其召开频次由团队成员与项目经理共同决定，会议的主旨是为了控制关键路径的某个特定目标，以提请相关责任人特别关注。

　　需要特别注意的是，团队责任例会与典型的项目进展汇报是有区别的，两者区分见表6-8。

表6-8　团队责任例会与典型的"项目进展汇报"区分

典型的项目进展汇报	团队责任例会
1．听其他人对自己做的事说个不停； 2．如果是电话会，可能不能倾情参与； 3．对没有按时完成的事情找借口或者推卸责任； 4．在会上浪费时间	1．集中查看项目日程表和预算，检查是否按进度前进；如果没有，分析原因； 2．集中关注怎样互相帮助并帮助大家排除障碍； 3．专注于如何赶上进度或保持目前的进度； 4．速战速决，按计划行事

　　综上，团队责任例会的主要工作包括关注团队得分项，是否朝着目标前进；是否按计划进行；以"迅雷不及掩耳之势"汇报上周任务完成情况；分配新的任务；这周应该如何推进项目等。总之，团队责任例会是了解问题、解决问题和达成共识的过程。

　　（三）要求团队每个成员对工作负责

　　只有团队里每一个成员都努力对自己的工作负责，整个项目的进展才可以顺利。当然在制度规则下，还要特别关注发挥每个团队成员的主观能动性。

　　当发现有人没有坚守自己的职责时，项目经理首要使用四个基本行为准则来找到问题的根源，即先聆听，让团队成员说明为什么没有完成任务；展现尊重，通过换位思考理解对方的处境；明确期望，重新布置任务，更新截止时间；承担责任，让团队成员感受并在乎其他同伴的职责，懂得他们的伴随是项目成功最重要的一部分。通过定期的项目责任例会，团队成员会对自己的问题"负责"，只有每个人都负起责来，解决好自己的问题，进而才能去帮助彼此，共同解决纰漏，引导每个团队成员尽全力为团队的共同利益服务。当团队有成员没有完成上述责任时，可以采取一对一的"责任对话"，告知团队成员当前正在采取措施解决的问题。责任对话时，在展现尊重的同时，表明立场，即团队不能接受不负责任的行为，否则将影响整个项目的成败。

　　当然，当项目中某个项目成员既要向职能经理汇报，又要向项目经理汇报时，团队建设往往很难开展，所以作为项目经理，能否处理好这种双重汇报关系，是项目成功的一个关键要素。要认可团队成员的付出、责任心和工作的重要性，对团队成员要表现出极强的尊重。

二、以绩效考核激励并促进责任管控

　　在项目所用到的各类资源类型（人力、设备、机械、数据、资金等）中，人力资源是最难以管理的。与其他资源不同的是，人要寻找动机，有满足感和安全感，而且人需要有适当的氛围和文化才能产生良好的表现。在项目环境中，这个问题会变得更加复杂，因为项目能否圆满完成主要依赖于集体行为。工作群体，也称为团队，是最常见的组织单位。在团队工作中，为达到一个共同的目标需要协调所有人的努力。只有当信息流平稳顺畅，成员间彼此信任，每个人都明确自己在项目中的角色，士气高涨，所有人都期望达到更高的成果时，才能说这个团队具有良好的整体性。

（一）创建和管理团队

在项目环境中，来自不同部门的人员要共同完成的是职能的任务，因此人与人之间的相互协调与配合是极为重要的。但问题集中在如何创建一个团队，如何对其进行管理，以及对团队来说怎样的领导方式是最恰当的。创建团队的目标是将一组具有不同目标和经验的个体转化为一个有较高整体性的团队。在这个团队中，每个人的目标都有助于团队目标的实现。项目的生命是有限的，而且项目活动要频繁跨越职能组织层面，这使创建团队成为一项复杂的工作。

新项目团队的成员可能来自各个不同的组织单位，甚至有可能是新员工。为了建立一个高效的团队，应将个人和组织的不确定性和不明确性因素降至最低。这就需要尽早地对项目，即其目标、组织结构以及实施过程中要遵守的项目流程、项目政策等进行明确的定义。

对每个参加项目的人都给出其工作描述，该工作描述定义了汇报关系、责任和义务。任务职责也必须予以定义。每个人都应明确自己所应参加的任务以及应参与到什么程度。在定义个人任务和责任时，线性责任图是十分有用的工具。一旦确定了所有团队成员的角色和任务，就应介绍团队成员互相认识，并介绍他们各自的职能。要求项目经理持续努力的一部分工作是保证团队的组织性和积极上进的精神，还要求项目经理能随时发现问题并确保采取恰当的措施。

随着项目从生命周期的一个阶段进行到下一个阶段，团队成员的角色和任务也会随时间而改变。混乱和不确定性会带来争议和低效，因此项目经理要经常向团队成员明确他们在项目不同时期的任务。此外，项目经理还应尽早察觉任何可能发生的士气问题与形象问题，并识别和消除可能引发这些问题的原因。例如，当团队中出现拉帮结派或孤立成员的现象时，都应将其看作该团队未实行恰当管理的信号。

项目经理还应帮助团队成员减少他们对类似"项目结束后该怎么办"问题的焦虑和不确定性。当项目接近尾声时，项目经理应与每个团队成员讨论他们在组织中的未来角色和任务，并准备好帮助他们平稳地进入下一角色的计划。只要能提供稳定的工作环境和明确的项目目标，团队成员就能专注于手头的工作。

在管理实践中，通常推荐在项目的整个生命周期中不定期在团队中召开例行会议。尤其在项目的早期阶段，更应频繁地召开例会，因为这是项目不确定性程度最高的时期。在团队例会上，可以组织团队对计划、存在的问题、操作流程以及政策等进行讨论和解释。若能尽早发现可能出现的问题并做出团队一致同意的应对措施，项目成功的概率就会提高，而产生矛盾冲突的概率就会降低甚至完全消除。

即使有了上述这些详细的实用技巧，如果团队的创建不够恰当，那么团队无法有效实施其职能的概率依然很大。我们可以暂时把一个项目的流程想象为一座冰山，我们可以从图6-11的项目各流程的冰山模型中得到一些类似的关系。

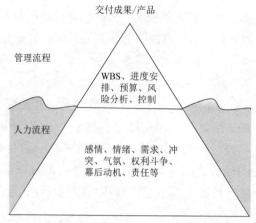

图 6-11　项目各流程的冰山模型

冰山顶部是由被淹没在水中的结构支撑着的可见的部分，是项目的交付成果，即项目经理及其团队承诺要交付的产品；冰山中部，即露出水面（支撑着顶部）的部分，包含所有支持项目管理的工具和流程；冰山底部，即水面以下的是所有的人力流程，这些是看不到的，即我们只能在某种意义上看到其结果，却无法看到其本质。例如，我们只能看到由一个尽责团队提供的产品或是一个不求上进的团队提供的产品，但是我们无法看到责任本身或缺乏动力本身。就像冰山底部一样，任何表面以下的运动都会影响到整个结构，冰山底部有多坚固，整个冰山就有多稳定。虽然人力流程起着这样极为关键的作用，但它往往得不到重视，至少在它们威胁着要破坏整个项目之前是不被重视的。

关于项目管理的悖论之一就是，人们认为项目经理是根据技术/专业技能而非领导才能来选择的，但却要让这样的项目经理带领一队人马相互合作并完成一系列或许并不熟悉而且是相互矛盾的目标。下面将简述团队创建的典型过程，了解这些过程将有助于项目经理挖掘团队的全部潜力。

当个人被聚集到一起组成团队时，他们通常会考虑以下 4 个问题：

（1）身份。即团队中都有谁，他们将起什么样的作用，他们的作用是否很重要。

（2）权力。即在团队中他们有多大的权力和影响力，他们的意见是否会被采纳。他们是否有能力改变事件的进程并对团队决策产生影响。

（3）个人与团队需求的接口（冲突或一致）。即他们是否会从该团队的工作中受益（物质上或专业技能上），为了与团队保持一致他们需要放弃什么。

（4）可接受程度。即他们是否会被集体喜欢并接受，他们是否能适应。他们是否能融入集体。

在这些问题中，人们或多或少会考虑其中的一项或几项，尽管他们无法将其明确地表达出来。当有团队成员存在不满时，如果项目经理能意识到这些对进度安排、工作量分配或角色定位不满的背后其实是团队成员所关心的身份、权力、可接受程度等问题，他就能更好地解决问题。

（二）项目团队经历的四个阶段

由于所有人都在考虑上述问题，作为一个整体的项目团队通常都会经历四个阶段，即形成、震荡、规范和执行。这四个阶段构成了所谓的基础"绩效模型"。随着团队从一个阶段进入下一个阶段，其执行任务的能力也逐渐提升。下面就每个阶段进行详述。

1. 形成阶段

在此阶段项目团队执行能力处于较低水平，团队尚缺乏相关任务和期望的透明度，缺乏调节团队交流的规范；成员们对团队和任务都相对缺乏责任感，信任度低，高度依赖项目经理，好奇心强，期望高，开始形成界线（谁属于/不属于团队）等。

2. 震荡阶段

这一阶段团队成员已理解角色及责任（接受或质询），部分表现为公开对质和权力斗争；部分公开表达分歧，竞争激烈，形成"小团体"；团队精神很少或缺乏；项目经理的权威时常经受考验，感觉"进退维谷"，而且成员们积极性可能会不太高。

3. 规范阶段

团队成员此时已然接受角色和责任，因为其目标明确，对工作流程达成一致意见，已建立相互信任的关系；信心不断增强，相互间愿意坦率给予和接受反馈，逐步形成解决冲突的策略。以任务为导向，有归属感，但要注意过强的规范也可能会扼杀个人的表现和创造性。

4. 执行阶段

这一阶段要强调合作与协调，让团队成员有强烈的归属感；对任务有高度的责任心，做到相互支持；对团队能力有高度信心，任务执行能力强；与组织中的其他团队/部分建立关系网；成员间可以在需要的时候非正式地承担领导角色，积极性会高涨。

项目经理该如何利用冰山模型呢？首先，许多项目经理发现这个模型有用是因为它可以预知和解释一些在他们团队中已经出现的现象。震荡阶段尤为明显，在这个阶段项目经理往往会很苦恼，甚至得出"团队出问题了"或"我们永远也不可能一起工作"的结论，而不是把这个阶段看作团队发展过程的一个部分，甚至是必不可少的一个部分。其次，与模型相连的还有一些运行暗示。例如，项目经理可以在一定程度内控制团队的发展。认识到这些，项目经理的任务就会变成引导团队尽可能平稳地渡过前三个阶段，这样就能尽早进入执行阶段。

形成阶段存在许多的不明确性。项目经理可以通过指导和确保任务明确的方式来推动团队发展的进程，即为团队制定一个明确的任务和一系列明确的目标，建立明确的角色分配和汇报流程，定义人力资源流程等。总的来说，就是成为解决团队问题和不确定性的权威。项目经理在震荡阶段的任务是要求有更多支持和变通的态度，支持组员，调和分歧，通过说服建立界线，用大量时间为团队成员建立彼此之间的信任，还要经常提醒团队什么是他们更高级的目标和任务，因为这很容易在日复一日的争斗中被忘记。而在规范阶段，项目经理必须时刻谨记所创建的关于计划与日程安排、反馈环路、会议、沟通（数量与质量）、表达分歧，以及改变优先权等团队守则。在这个阶段，团队会形成独特的工作风格，换句话说就是形成团队文化。团队文化有时是效率的保障，有时却会变成效率的绊脚石。所以项目经理应当记住，设置有迫切需要的规则远比改变不合需要的规则容易得多。最后，在执行阶段，要求项目经理更像一个教练，把责任分派给团队成员，因为他们更精通该如何承担责任；对团队的表现给出反馈意见，对产生的问题提出建议；创造团队精神和团队积极性，以及全面地指导和支持团队的工作。

对该模型的修订增加了第五个阶段，即中止阶段。当已知一个团队只是临时创建了一个项目时，该阶段对项目的管理尤为有用。尽管它不像其他阶段那样是一个确切的阶段，但在这个阶段，团队会表现出积极性降低、人员逐步转入下一个项目（即使还没有正式转入，其思想也已经进入下一个项目），以及注意力分散等。项目经理应及时发现这些情况，并从两个方面采取措施：一方面是通过激励技巧和奖励政策鼓励组员"站好最后一班岗"；另一方面是要确保项目在积极的气氛中结束，包括庆功会和经验总结会。这对基于项目结构的组织来说至关重要，因为每个项目的完成对所有人都会产生影响，也许是积极的经验和投入下个项目的热忱，也许是消极的经验造成下一个项目缺乏动力。

（三）鼓励创造性与创新性

项目具有唯一性的特点，即要解决过去从未遇到过的问题。仅仅把过去的解决方法应用到当前的问题上是远远不够的。因此，项目经理应当鼓励团队成员去思考、创造、创新，从而适宜地开发出创造新构思和创新的能力，并保持较高的绩效水平。只有在适当的环境中，创造性和创新性才能旺盛发展。

【案例6-9】舍曼的研究发现

舍曼会见了美国 8 家顶级公司的关键主管，研究了用于鼓励创新的技巧。下面就是他的研究发现。

1. 组织层面

（1）寻找新思想是组织战略的一部分。在所有范围都应持续进行鼓励和支持的工作

（2）创新被看作长期生存的手段。

（3）频繁采用由不同职能部门的人员组成的小团队。

（4）经常测试新的组织模型，如质量圈、产品开发小组、分权管理等。

2. 个人层面

（1）奖励富有创造性和创新性的团队成员。

（2）居安思危是个人的主要激励源。

（3）只有经常强调产品质量、市场主导和创新活动的重要性，才能让员工印象深刻。

简单地说，应鼓励和正确管理创新与创造。为了增强创新活动，需要一个始于分析市场中新机遇的系统的过程，即用户的需求和期望。一旦确定了用户需求，就需要专门的工作来满足这个需求。这一工作是以知识、独创、自由沟通以及协调、努力工作为基础的。整个过程的目标就是为该行业创造一个标准的和通用的解决方案。帮助个人进行创造和创新的方法通常都是按照组织思维过程来设计的，包括列出与该问题或现状有关的问题；绘图表示一个问题中各个要素相互之间的影响关系；用一个简洁的模型表示真实的问题，如物理模型、数学模型和仿真模型等。

项目经理可以通过选择在其技术领域内解决问题的专家，或有创新经验的专家作为团队成员来增强创新活动。通过团队合作和使用适宜的方法及技巧，如头脑风暴法、德尔菲法、小组名义法，可以进一步提高个人潜在的创新能力。

1）头脑风暴法。头脑风暴法由一个会议主席主持的一组成员聚在一起产生新想法的有效途径的方法。会议从主席提出当前问题的清晰定义开始，然后组员依规则提出新想法。规则绝对禁止批评别人的想法，鼓励对提出的想法进行修改或将其与另一想法结合以寻求大量新想

法，特别鼓励不寻常的、另类的、疯狂的想法。

2）德尔菲法。该方法是一种用于构建直觉的想法。它由兰德公司提出，用来向一组专家咨询并得到系统的结果的方法。与头脑风暴法不同的是，小组成员无须聚在一起。每个成员都会得到一份对问题的详细描述，并要求提交一份回馈信息。这些回馈信息被收集到一起，再匿名地反馈给小组成员。每个人再次考虑是否需要修改先前的想法或提供更多信息。如此反复直到在某种形式上达成一致意见为止。

3）小组名义法。小组名义法是通过小组形式支持和鼓励创新和创造的方法。这种方法就给定的问题或主题，要求每个成员准备一份清单，列出可能解决问题的想法，然后在开会时，每位参会者轮流向小组提出自己的想法。组长负责记录所有人的构思和观点，并可以对所有想法和观点进行阐释和说明，组员可以对每一个观点进行评论或解释、说明，接下来参会者对观点进行排序，最后小组就已排序的观点进行讨论，并将其扩展成可实施的方法。

（四）工程项目团队管理的激励机制

在管理学中，激励就是指存在于人的内部或外部，能唤起人们的热情和积极性去执行某一方案的力量，激励水平高低会显著影响员工的生产率。因此工程项目经理很重要的一部分工作就是通过激励的手段去激发员工的热情，使他们为实现目标而努力工作。激励的方式主要有奖励、表扬、授权和晋升等。

首先要关注的是了解团队成员的需求，学习相关的马斯诺的需求层次理论、赫兹伯格的双因素激励理论、亚当斯的公平理论、弗鲁姆的期望理论等。要理解人都是有自身需求的，这些需求有多样性、层次性、潜在性与可变性，且有主观能动性、不可储存性以及终身可开发性的特点。这些需求还需要耗费其他资源，并接受社会环境的约束。所以在这个过程中，要懂得对需求的分析，进而依据项目与个人特点进行选拔与招聘，再对所遴选的成员进行培训，按照项目的需求对其进行角色和责任分配，告知其人员配备计划、组织结构图等，并将绩效考核的目标分解至每一个人，通过沟通提出问题及其解决办法，并付出承诺，以便后续能履行承诺，有理有据，对具体的行动计划达成一致意见，推进工作继续高效进行，共同为项目总体目标努力。

三、团队"冲突管理"

在所有的项目中都存在着冲突，项目冲突是项目组织的必然产物。正如家庭结构一样，不论其大小，都存在着矛盾。在项目过程中，冲突可能来源于各种情形，尤其是在项目发生变化之时，更容易产生冲突。有时，把项目经理描述为"冲突经理"并不夸张。在许多项目里，项目经理通常从启动阶段开始，便为解决项目的冲突而忙碌着。但是项目的冲突并非一无是处，冲突也有其有利的一面。将问题及早地暴露出来，便能以较低的代价解决项目进展中的障碍。冲突迫使项目团队去寻求新的方法，激发团队成员的积极性和创造性；它能激起讨论和思考，形成好的工作方法和民主气氛。当然，也应看到冲突所带来的负面影响。项目成员通常是冲突的起源，如果冲突处理不当，那么它能破坏团队的沟通，造成团队成员之间的互相猜疑和误解；严重时，冲突还能破坏团队的团结和精神，从而削减集体的战斗力。

冲突管理是团队建设和管理的重要部分，在 IPMP（国际项目经理资质认证）体系中，这是单独列出的一类管理，即"项目冲突管理"。

（一）概念

冲突是指两个或两个以上的人由于意见或观点不同而产生的对立或争执。从心理学的角度讲，冲突是指发生于两个或两个以上的当事人之间，因其对目标理解的相互矛盾以及对自己实现目标的妨碍而导致的一种激烈争斗。虽然冲突导致争执和对立，但工程项目实施过程中冲突不可避免。

冲突的定义揭示了以下 4 种重要关系：

（1）冲突发生于两个或两个以上的当事人之间。如果只有一个人，则不存在对立方，就无所谓冲突，而不相干的人之间也不可能发生冲突。

（2）冲突只有在所有的当事人都意识到了争议存在时才会发生。

（3）所有的冲突都存在着赢和输的潜在结局。参与冲突的各方为了达到各自的目标总会千方百计地阻碍对方实现其目标。

（4）冲突总是以当事人各方相互依存的关系来满足各方的需求。即冲突与合作是可以并存的。

（二）冲突不一定都有害

"没有问题才是最大的问题。"只有意见不一致，才能发现缺陷和问题，才能通过大家的讨论做出正确的决策，才能保证项目实施的进度和质量。但冲突不能太过激烈，否则会导致团队成员信任度及整个团队凝聚力的下降，导致项目实施过程中的低效率，从而造成更大的混乱，影响最后的目标实现。

（三）冲突产生的原因及其分类

1. 冲突产生的原因

冲突产生的原因有以下 7 点：

（1）团队成员由于个性、观念、前途、私事等产生对抗心理加剧。

（2）团队内凝聚力不高，有帮派出现。

（3）团队成员对目标不能达成共识。

（4）项目经理与团队成员的知识、水平、经验不同，从而对计划、决策的认识不同。

（5）团队内未做好权利划分和工作分解，从而造成职权不分、责任不明、工作混乱。

（6）团队欠缺良好管理信息系统，从而造成内部信息不畅通。

（7）项目经理独断专行，不能容忍意见和批评，造成上下对立。

2. 冲突的分类

冲突可分为 7 类。

（1）人力资源冲突：在项目的进行过程中，项目成员在项目的开始时间、项目进度、实施技术等方面会发生分歧。

（2）成本费用冲突：在项目的进程中，经常会由于某项工作需要多少成本而产生冲突；这种冲突多发生在客户和项目团队之间、管理决策层和执行成员之间。

（3）技术冲突：当项目采用新技术或需要技术创新时，冲突便随技术的不确定性而来。

（4）管理程序冲突：在项目管理中，项目报告的数量、种类以及信息管理渠道等管理程序也会引发冲突。

（5）项目优先次序冲突：优先权问题带来的冲突主要表现在两个方面，一方面是工作活动的优先顺序；另一方面是资源分配的先后顺序。

（6）项目进度冲突：项目团队中，并非每位成员对项目目标及进度安排的理解都趋于一致。

（7）项目成员个性冲突：项目成员有时会感到无法达到项目的期望；在项目进程中，当遇到某些挫折时，甚至会感到心灰意冷。

（四）冲突的解决方法

对待冲突有两种观点。传统的观点认为应该尽力避免冲突，害怕冲突产生，以和为贵，并暂时表面上解决冲突；而现代的观点则认为冲突是不可避免的，只要有人群的地方，就可能存在冲突，要直面冲突、解决冲突，冲突本身并不可怕，可怕的是处理不当。所以关于冲突的解决办法有如下 5 种。

（1）回避：回避的方法就是让卷入冲突的项目成员从这一状态中撤离出来，从而避免产生实质的或潜在的争端，这是解决冲突的一种消极方式。

（2）对抗：这种方法的实质是"非赢即输"；它认为在冲突中获胜要比"勉强"保持人际关系更为重要；这是解决冲突的一种强制执行方式，也是面对冲突的积极解决方式，但要确定双方还处于理智的状态，用事实、依据表明对的观点。

（3）调节：这种方法通常是解决差异，在冲突中找出一致的方面，求同存异；可以借助项目经理等人，管控公平、公正原则来评判处理冲突；尽管这一方式能缓和冲突，避免某些矛盾，但它并不利于问题的解决。

（4）妥协：协商并寻求争论双方在一定程度上都满意的方法，即退一步海阔天空，寻找折中方案。

（5）正视：直接面对冲突，是克服分歧、解决冲突的有效途径；通过协商，共同寻找解决冲突的有效措施，这是解决冲突最好的办法；但要求冲突各方保持冷静、理智，不能带有偏见或成见；以诚待人，形成民主的讨论氛围是这种方式的关键。

总之，执行项目其实就是鼓励每个成员高效地完成自己的工作。也许你准备了最精确的项目规划和流程，但还需要人去执行，而每个人又有他自己的工作及个性特征，还有各自的背景与环境，所以需要项目领导者掌握足够的技巧，倡导项目团队的价值观和共同的理念，进而形成项目文化。在一个较大型的电气与控制工程项目中，团队的文化对于出色地完成项目任务会起到非常好的促进作用，其会挖掘出团队的生产力，帮助团队成员寻求职业发展，减少或解决组织内部团队成员间的冲突，以让他们能全力以赴地完成任务，合力且高效地完成好项目。

第三节　工程项目执行之监管与控制

工程项目执行过程中的监管与控制是为了确保工程项目按规划进行，保证工期、预算和质量。监控的目的是警惕任何能使工程项目拖后或者影响工程质量的因素。监控的关键在于预见性，除了监管已经设立的流程和体系，还需要做好应对变化的准备。虽然不能完全避免变化的发生，但可以将其控制在合理范围内。监控就是为了跟踪已经发生的风险，确定风险应对是否如预期那样有效，或者是否需要新的应对方法。风险控制还可能包括更好的策略，即采取矫正措施或重新计划项目。

监管与控制需要贯穿工程项目的每一个阶段。项目的不同阶段，其工作的侧重点、关注的焦点不一样。在发起阶段，要了解主要利益相关方，保持信息畅通，并以此判断项目进展；在规划阶段，需要监控风险项，要根据工程项目进度计划、费用计划等来监控项目范围；在执行阶段，需要构建团队责任机制，并据此监控团队的表现和投入情况以控制工程项目进度和工作质量。如果能顺利地发起、规划并执行项目，工程项目过程的监管与控制就会更容易开展。

一、工程项目范围管理及控制

工程项目周期长、内容涵盖面广、涉及资源多，需要在项目全生命周期内持续关注，以确保目标体系达成的高效与完整性。在工程项目执行过程中，变更管理、质量管理、工程量计量、工程价款结算等都要包含在工程项目范围管理的工作内容中，以审查工程项目范围的完备性。

（一）让利益相关方了解工程项目状况

现代的工程项目管理一个非常主要的目标就是让利益相关方满意，需要定期汇报情况，让其知道项目是否有进展，以及他们能够提供什么帮助。作为工程项目经理，需要通过透明的沟通推动项目进度。工程项目进展报告就是一个"会说话的报告"，它阐述了当前的项目在时间规划和预知矩阵中的位置，即团队完成了哪些事，当前的项目状态和进展情况如何。此报告能够让所有的主要利益相关方同时了解全部的情况，是一个解决问题的途径。

工程项目进展报告可以作为项目的定期体检报告。如果项目或某个目标按期完成，则可以继续执行；如果有风险，则要减慢速度仔细关注；如果处于危险中，则要停止并考虑下一步，这个可能作为向工程项目的利益相关方求助的信号，说明在资源、时间表或预算上遇到了困难，团队成员会在各自的能力领域内给予一些解决问题的建议或实质性的帮助。工程项目进展报告不仅是为了应对危机，还有利于建立定期责任汇报机制，定期为主要利益相关方更新进展，让团队成员了解项目执行的情况，并建立他们与项目更深厚的联系。

（二）工程项目进展报告

作为工程项目经理，首先要沟通确认哪些利益相关方需要进展汇报，以及能为他们提供什么。要确保在报告中清楚地说明问题，以得到解决办法与途径。工程项目进展报告如图6-12所示。

（三）有效应对工程项目范围变更

在工程项目全生命周期过程中，工程项目范围的变更不仅能让人抓狂，还可能会导致工程项目的失败。项目范围是指为了成功达到项目的目标，项目所规定要完成的工作。简单地说，确定项目范围就是为项目界定一个界限，划定哪些方面是属于项目应该做的，哪些方面是不应该包括在项目之内的；定义项目管理的工作边界，确定项目的目标和主要的项目可交付成果。作为工程项目经理，项目的成功取决于是否能够按预算，保质量地完成项目。但项目范围的变更会让我们不断地失去原目标对象，从而导致相应的执行、管控工作失效。工程项目管理的一个重要的特点是在动态中完成，我们不可能阻止所有的变化，如市场条件、客户需求、领导者以及他们的优先项、技术等，这些都在变化中，特别是对于电气与控制工程的项目来说更是如此。所以工程项目经理需要有一个应对变化的方法，即应需求而改变工程项目管理流程，而这一切围绕的核心问题便是工程项目范围的管理与控制。

工程项目进展报告				
项目名称：			日期：	
准备人：			呈送人：	
项目整体健康情况 □按目标 □有风险 □有危险				
目标	有目标	有风险	有危险	备注
解决困难		行动	负责人	日期

图 6-12 工程项目进展报告

面对项目范围的变更，不同类型的专业也有不同的发生变化的方向，特别是对于电气与控制工程这类技术附加型项目，其相关的新技术、新设备，在项目周期都可能会有所变化，那么其范围变更更是会对项目产生特别的影响，所以必须对其严格控制。不同类型的范围变更控制实施的前提、控制的工具和技术、变更控制的作用等各有不同。

1．范围变更控制的基本要求

范围变更控制的基本要求有以下 4 个方面：

（1）关于变更的协议。在项目早期，项目承约人和客户之间，项目经理和项目团队之间应就有关变更方式、过程等问题进行协商，并形成文件或协议。

（2）谨慎对待变更请求。对任何一方提出的变更请求，其他各方都应谨慎对待。例如，项目承约方对客户提出的变更，在未对这种变更可能会对项目的工期、费用产生何种影响做出判断前，就不能随便同意变更。而应估计变更对项目进度和费用的影响程度，并在变更实施前得到客户的同意。在客户同意了对项目进度和费用的修改建议后，所有额外的任务、修改后的工期估计、原材料和人力资源费用等均应列入计划。

（3）制订变更计划。无论由客户、承约商、项目经理、项目团队成员，还是由不可预见事件的发生引起的变更，都必须对项目计划涉及的范围、预算和进度等进行修改。一旦这些变更被各方同意，就应形成一个新的基准计划。

（4）变更的实施。变更计划确定后，应采取有效措施加以实施，确保范围变更达到既定的效果。

2．范围变更的步骤

范围变更的步骤具体如下：

（1）明确界定范围变更的目标。范围变更的目的是适应项目变化的要求，实现项目预期的目标。这就要求明确范围变更的目标，并围绕着该目标进行变更，做到有的放矢。

（2）优选变更方案。变更方案的不同影响着项目目标的实现，一个好的变更方案将有利于项目目标的实现，而一个不好的变更方案则会对项目产生不良影响。因此，这就存在着变更方案的优选问题。

（3）做好变更记录。范围变更的控制是一个动态过程，它始于项目的变化，而终于范围变更的完成。在这一过程中，拥有充分的信息、掌握第一手资料是做出合理变更的前提条件。这就需要记录整个变更过程，而记录本身就是范围变更控制的主要内容。

（4）及时发布变更信息。范围变更最终要通过项目团队成员实现，所以，范围变更方案一旦确定，应及时将变更的信息和方案公布于众，使项目团队成员能够掌握和领会变更方案，以调整自己的工作方案，朝着新的方向去努力。同样，变更方案实施以后，也应通报实施效果。

3．项目范围变更控制实施的前提、基础和作用

项目范围变更控制是指为使项目向着有利于项目目标实现的方向发展变动和调整某些方面因素，从而引起项目范围发生变化的过程。项目范围变化和控制不是孤立的，它与项目的工期、费用和质量密切相关。因此，在进行项目范围变更控制的同时，应全面考虑对其他因素的控制。

（1）项目范围变更控制实施前提。项目范围变更控制实施前提有以下4个。

1）进行工作任务分解。建立工作任务分解结构是确定项目范围的基础和前提。

2）提供项目实施进展报告。提供项目实施进展报告就是提供与项目范围变化有关的信息。以便了解哪些工作已经完成，哪些工作尚未完成，哪些问题将会发生，这些将会如何影响项目的范围变化等。

3）提出变更要求。变更要求的提出一般以书面的形式，其方式可以是直接的也可以是间接的。变更要求的提出可以来自项目内部，也可能来自项目外部；可以是自愿的，也可能是被迫的。

4）项目管理计划。项目管理计划应对项目范围变更控制提出明确要求和有关规定，以使项目范围变更控制做到有章可循。

（2）项目范围变更控制的基础。项目范围变更控制的基础，即工具和技术有以下3个方面：

1）项目范围变更控制系统。该系统用于明确项目范围变更处理程序，包括计划范围文件、跟踪系统和偏差控制与决策机制。项目范围变更控制系统应与全方位变化控制系统相集成，特别是与输出产品密切相关的系统的集成。这样才能使范围变更的控制与其他目标或目标变更控制的行为相兼顾。当要求项目完全按合同要求运行时，项目范围变更控制系统还必须与所有相关的合同要求相一致。

2）项目进展报告。项目进展报告应反映已经发生的项目范围变化，而且应说明导致项目范围变化的原因。

3）计划调整。为有效进行项目范围的变更与控制，应不断进行项目工作任务的再分解，并以此为基础，建立多个可供选择和有效的计划更新方案。

（3）项目范围变更控制的作用。项目范围变更控制的作用有以下 3 个：

1）合理调整项目范围。项目范围变更是指对已经确定的、建立在已审批通过的 WBS 基础上的项目范围所进行的调整与变更。项目范围变更常常伴随着对成本、进度、质量或项目其他目标的调整和变更。

2）纠偏行动。由于范围的变化所引起的范围变更偏离了计划轨迹，产生了偏差。为保证项目目标的顺利实现，就必须进行纠正。所以，从这个意义上来说，项目范围变更实际上就是一种纠偏行动。

3）总结经验教训。导致项目范围变更的原因、所采取的纠偏行动的依据和其他任何来自变更控制实践中的经验教训，都应该形成文字、数据和资料，以作为项目组织保存的历史资料。

（四）工程项目变更需求表

既然项目范围控制的目的是严格按照项目的范围和结构分析文件进行项目的计划和实施控制，保证在预定的项目范围内按照规定的数量完成项目，那么项目范围控制作为工程项目实施控制的工作之一，就应体现在项目的实施过程中。范围变化控制即是为了确保所有控制的变化都是经过一致认可的。明确工程项目是否已经变化，要表明当工程项目范围发生变化时应如何应对变化。由此，工程项目经理需要保持中立直到收集到尽可能多的信息以保证能了解到：变化的目的是什么；影响是什么；如何实现改变。继而制订出项目实施计划，以便审核设计任务书，进行图纸或技术方案的会审。在审查工程承（分）包合同、采购合同、变更指令、会议纪要时，要掌握项目实施动态，识别所确定（计划或分派）的任务是否属于合同工作范围，是否有遗漏或多余。所有上述这些都需要变更评估来完成，而变更评估的基础便是工程项目变更需求表，如图 6-13 所示。

工程项目变更需求		
项目名称： 　　　　需求提出者： 　　　　日期：		
项目变更建议：		
项目变更建议原因：		
变更将对项目约束项产生什么影响 时间： 范围： 质量： 资源： 预算： 风险：		
主要利益相关方审批 签名： 　　　　日期： 签名： 　　　　日期： 签名： 　　　　日期：		

图 6-13　工程项目变更需求表

工程项目变更需求流程的作用不是为了避免改变，而是对可能的变更进行评估，以便实现更高效的工程项目目标。作为前瞻性的思考工具，工程项目变更需求表有助于评估潜在变更对项目的影响。通过"约束模型"这个过滤器，帮助理解变化有可能带来的影响，以作为下一步应对执行与管控的基础。

如何利用工程项目变更需求表来确认工程项目范围的变更呢？随着工程项目的开展，通常最初的那个工程项目范围描述不能够满足实际的需求，项目经理不能固守原来的范围说明，而要努力实现工程项目预期的结果。但关于工程项目范围的变更有两种不同的性质，一种是扩大项目的范围，另一种是发现新范围的扩大。需要注意的是，所有工程项目管理的目的是为结果服务的，而不是为项目的规划服务的。一位项目管理专家曾说："如果发现自己不断给项目范围加码时，你就已经陷入发现新范围扩大的误区了；而如果你总是给项目加花里胡哨的玩意儿，你也许就是在扩大项目的范围，特别是当你不知道为什么要把这些元素加到项目中时。"工程项目范围变更判断表见表6-9。

表 6-9   工程项目范围变更判断表

如果改变会带来	判断
1. 增加费用和时间，却不能给客户带来巨大的价值； 2. 使项目变得不清晰、困惑、重点不清楚； 3. 所带来的价值可以通过另一个独立项目来完成； 4. 只是满足领导的要求，而不是为了实际的需要	扩大项目的范围
能够更好地实现结果和利益相关方的迫切需求； 更加明确工程项目的目的； 把工程项目范围缩小到一个更加可控的解决方案	发现新范围的扩大

工程项目在执行过程中，其项目范围变更是难以控制的，总是会出现令人担心的情况或者工程项目的大方向突然改变而时间截点却没有变更等突发状况。如果有上述工程项目变更需求流程以及相应的基本行为准则，则可以将损失降低到最小，并能合理地应对解决问题。

（五）电气与控制工程项目变更管理与控制实务

1. 电气与控制工程项目的检查与跟踪

在电气与控制工程项目实施过程中，项目管理人员应根据工程项目范围描述文件对设计、计划和施工过程进行经常性地检查和跟踪，建立各种文档，记录实际检查结果，了解工程项目实施状况，控制项目范围；通过项目实施状态报告，了解项目实施的中间过程和动态，识别是否按项目范围定义实施，判断任务的范围（如数量）和标准（如质量）有无变化等；定期或不定期进行现场访问，通过现场观察，了解项目实施状况，控制工程项目范围。

2. 电气与控制工程项目的变更管理

工程项目变更管理是工程项目范围管理的一个方面，是指在工程项目实施期间项目工作范围发生的改变，如增加或删除某些工作、工程内容、质量要求的变化等。

分析其变化的原因主要有环境的变化，目标变更，工程技术系统的变更，实施计划或实施方案的变更等其他原因。其中，工程项目范围变更会导致工程项目系统状态变化，对工程项目实施影响很大，主要表现在以下 5 个方面：

（1）对定义工程目标和工程实施的各种文件，都应做相应的修改和变更，有些重大的变更会打乱整个施工部署。

（2）引起工程项目组织责任的变化和组织争执。

（3）有些工程项目变更还会引起已完工工程的返工，现场工程施工的停滞，施工秩序的打乱，已购材料的损失等。

（4）工程项目变更及其控制不是孤立的，必须同时考虑对其他方面的影响，如工程项目范围变更会对时间、费用和质量产生影响。

（5）频繁地变更会使人们轻视计划的权威性，不执行计划或不提供有力的支持，会导致工程项目的混乱和失控，所以，不能随意变更。

3．电气与控制工程项目范围变更管理要求

电气与控制工程项目范围变更管理应符合下列要求。

（1）工程项目范围变更的影响程度取决于做出变更的时间。

（2）应有严格的工程项目范围变更审批程序。

（3）工程项目范围变更后，应及时调整项目的实际应发金额，相应的成本、进度、质量和资源计划。

（4）分析工程项目范围变更对目标的影响。

（5）在电气与控制工程项目的结束阶段，或整个工程竣工时，应对工程项目的实施过程和最终交付工程进行全面审核，对工程项目范围进行全面确认，检查工程项目范围规定的各项工作是否已经完成，检查可交付成果是否完备。

（6）在电气与控制工程项目结束后，相关责任人应对该项目的经验教训进行总结，并及时传递相关信息。

事实上，工程项目的监管与控制就像开车一样，需要时时监控路况，调整路线并小心避开前方的障碍物。虽然知道目的地在哪儿，但也偶尔会遇到不熟悉的路段，遇到许多可选的岔路，但最好还是坚持主要的路线。同样，如果前期能够设计好工程项目范围，就更容易监管与控制了。工程项目范围描述就相当于目的地、指南针，工程项目计划是路线、地图，但在实践中如果要避免事故发生，就得对工程项目的范围进行实时地监管与控制。

二、工程项目质量监管与控制

"百年大计，质量第一"，质量控制是工程项目管理的核心，是灵魂，是决定工程成败的关键。在现代社会，人们赋予"质量"以综合的含义，质量通常是指一套固有的能满足明确的和隐含的需要与能力相关的所有特性的总和，是"内在系列特征满足要求的程度"。ISO9000的质量定义是"反应产品或服务满足明确或隐含需要能力的特征和特性。"

（一）质量及质量管理

质量的概念包括两个方面：项目最终可交付的成果与工程质量。

工程质量是指工程的使用价值及其属性，是一个综合性的指标。其体现符合项目任务书或合同中明确提出的，以及隐含的需要与要求的功能。它包含如下 5 个方面：

（1）工程投产运行后，所生产的产品（或服务）的质量，该工程的可用性，使用效果或产出效益，以及运行的安全性和稳定性。

（2）工程结构设计和施工的安全性和可靠性。

（3）工程所提供的服务质量，表现在服务的人性化以及用户的满意度上。

（4）所使用的材料、设备、工艺、结构的质量以及其耐久性和整个工程的寿命。

（5）工程的其他方面，如造型美丽、与环境的协调、项目运行费用的高低、资源消耗以及工程的可维护性等。

（二）工程项目工作质量

项目工作质量指为了保证工程质量，参与工程项目的实施者和管理者所从事工作的水平和完善程度。它反映了项目实施过程中工程质量的保证程度。工程项目工作质量体现在两个方面：

（1）工程项目范围内所有阶段，子项目，专业工作的质量。

（2）工程项目过程中的管理工作的质量。

（三）工程项目质量管理

工程项目质量管理的目的是为工程项目的用户（顾客）和其他项目相关者提供高质量的工程和服务，实现工程项目目标，使用户满意。工程项目质量会导致风险问题、成本问题以及利益问题。使工程项目达到预定的质量目标是工程项目管理的职责，工程项目组织成员应对相应的工作和交付成果负责，同时必须对质量做出承诺。

工程项目的质量管理是综合性的工作，涉及所有的项目管理职能和过程，包括项目前期策划、计划、实施控制的质量，以及范围管理、工期管理、成本管理、组织管理、沟通管理、人力资源管理、风险管理、采购管理等职能。但现代工程项目质量管理仍存在以下4个问题。

（1）由于工程项目是一次性的，项目初期质量目标（功能、技术要求等）的定义不是很清晰，很难做到质量目标和工期、成本目标的协调统一。

（2）工程的建设过程是一次性的、不可逆的，如果出现质量问题，则不能重新回到原状态，最终可能导致工期延长、成本增加，甚至造成工程报废。

（3）工程项目质量管理与通常的企业生产质量管理又有很大的区别。对一般工业产品而言，用户在市场上直接购置一个最终产品，不介入该产品的生产过程；而工程的建设过程是十分复杂的，它的用户（业主、投资者）直接介入整个生产过程，参与全过程的、各个环节的质量管理，做出决策和指令变更。因此工程项目质量管理过程是各方面共同参与的过程，同时又是一个不断变更的过程。

（4）在工程项目管理目标系统中，当出现工期拖延、成本超支时，质量目标最容易被放弃或削弱。

（四）工程项目质量管理的有关要求

要实现工程项目目标，建成高质量的工程，必须对整个工程项目过程实施严格的质量管控。质量管理必须达到微观和宏观的统一，过程（工作质量）和结果（工程质量）的统一。

1. 工程项目质量的影响因素

根据实际工程项目统计，工程项目质量问题产生的主要原因及其所占比例：设计问题占40.1%；施工责任占29.3%；材料问题占14.5%；使用责任占9.0%；其他占7.1%。这样从总体上看，设计、施工、材料和使用是造成工程项目质量问题的根本原因。所以进行工程项目质量控制同样必须从以上几个方面入手。综合质量控制点，可以从实施方案、工艺以及组织设计、技术措施等方面进行。

2．工程项目的各个生产要素的质量管控

工程建设是通过人工、材料、设备、方法及施工工艺等的投入完成各工程活动，以至整个工程项目、质量管理必须着眼于各个要素、各个工程活动的实施，并直接深入到工艺方案的选择、劳动力的培训，以及材料的采购、供应、任务和使用过程中。工程项目的质量管理控制包含以下5个方面：

（1）人的控制。人是指直接参与工程项目的组织者、指挥者和操作者。人作为控制的对象，要避免产生失误；作为控制的动力，要充分调动其积极性，发挥其主导作用。因此，应提高人的素质，健全岗位责任制，改善劳动条件，公平合理地激励劳动热情；应根据工程项目特点，从确保质量出发，在人的技术水平、生理缺陷、心理行为和错误行为等方面控制人的使用；更为重要的是提高人的质量意识，形成人人重视质量的项目环境。

（2）材料的控制。材料主要包括原材料、成品、半成品和构配件等。对材料的控制主要通过严格检查验收，正确合理地使用，进行收、发、储、运的技术管理，杜绝使用不合格材料等环节来进行控制。

（3）设备的控制。设备包括工程项目使用的机械设备和工具等。对设备的控制，应根据工程项目的不同特点，合理选择，正确使用、管理和保养。

（4）方法的控制。这里所指的方法，包括工程项目实施方案、工艺、组织设计和技术措施等。对方法的控制主要通过合理选择、动态管理等环节加以实现。合理选择就是根据工程项目特点选择技术可行、经济合理、有利于保证项目质量、加快项目进度、降低项目费用的实施方法；动态管理就是在工程项目进行过程中正确应用，并随着条件的变化不断进行调整。

（5）环境的控制。影响工程项目质量的环境因素较多，包括项目技术环境，如地质、水文和气象等；项目管理环境，如质量保证体系和质量管理制度等；劳动环境，如劳动组合和作业场所等。根据工程项目特点和具体条件，应采取有效措施对影响质量的环境因素进行控制。例如，在建筑工程项目中，就应建立文明施工和文明生产的环境，保持材料工件堆放有序，道路畅通，工作场所清洁整齐，施工程序井井有条，为确保工程质量和安全创造良好条件。

3．对生产者和各层次管理人员的组织管理

工程项目工作是由各个项目参加单位完成的，质量管理必须提高参与者的质量意识，重视对人及其工作的控制。由于项目参加者来自不同的单位，故通过合同确定各自的责权关系各有其不同的经济利益和目标，也就有不同的质量管理能力和积极性。

4．对项目参加者的组织管理

在工程项目实施过程中，要求所有项目参加者都应具有质量意识，不仅重视质量目标，而且应具备质量管理的知识、经验和能力。应做到如下3点：

（1）认真选择任务承担者，重视被委任者的能力。

（2）重视对从业人员的资格要求，加强培训。

（3）通过合同、责任制和经济奖罚等手段激发人们对质量控制的积极性。

5. 工程项目质量管理中应注意的问题

（1）工程项目质量管理不是追求最高的质量和最完美的工程，而是追求符合预定目标的、符合合同要求的工程。工程质量是按照工程使用功能的要求设计的，它是经过与工期费用优化后确定的，符合工程项目的整体效益目标。如果片面追求高质量就会损害成本和工期目标，而最终会损害工程项目整体效益。同时在符合工程项目功能、工期和费用要求的情况下，又必须追求尽可能高的质量。通过质量管理避免或减少损失和错误，不断反思质量安全事故，保证一次性成功。

（2）要减少重复的质量管理工作。在许多大型工程项目，特别是多层次承（分）包的工程项目中，质量管理的重复性工作普遍存在。这会导致管理人员的浪费，费用的增加，实际工期的延长和信息的泛滥。所以工程项目管理者应着眼于监督各参加单位的质量管理体系的有效运行，在他们负责的范围内采用适当的措施、工具和方法保证工程项目质量。

（3）不同种类的项目和不同的工程部分，其质量控制的深度不同。

1）针对飞机及宇航工程、核工业工程、大型水力发电工程项目等，质量高于一切，质量控制对于项目管理者来说比成本控制还重要，项目管理中必须设置专门的质量保证组织。

2）针对大型基础设施项目等有特殊要求的工程部分，政府部分要介入质量管理，要开展细致严密的质量控制，工程项目管理部必须提供协调。

3）针对电气与控制工程项目等涉及较多的新的开发型研究项目，没有或很少有现存的质量标准和管理办法，项目管理者必须寻找新的质量管理方法，并直接参与具体的质量管理工作。

（4）质量管理是一项综合性的管理工作，除了工程项目的各个管理过程以外还需要有一个良好的社会质量环境，要有行业和企业的基础管理工作，受整个社会的价值观念、国民素质的影响。

（5）质量问题大多是技术性的，但它不同于技术工作，所以要着眼于质量保证体系的建立，质量控制程序的编制，质量、工期和成本目标的协调和平衡，以及工作监督、检查、跟踪、诊断，以保证技术工作的有效性和完备性。

（6）质量管理的目标不是发现质量问题，而是应提前避免质量问题的发生，防患于未然，以降低质量成本。在各项工作之前应有明确的质量要求，严格内审质量管理体系。良好的工程质量是通过规划、设计、施工出来的，而不是靠检查形成的。

（7）按 PDCA 循环原理，工程项目质量是一个持续改进的过程。质量持续的改进是根据工程过程中质量监督所得到的数据，运用适宜的方法进行统计、分析和对比，识别质量缺陷，确定改进目标，提出和实施改正缺陷措施，以不断提高工程质量。特别需要重视过去同类工程项目的经验和反面教训，例如，以往工程的用户、业主、设计单位和施工单位反映出来的对技术、质量有重大影响的关键性问题。

6. 工程项目质量管理体系

质量管理体系指在质量方面指挥和控制项目组织及其活动的管理体系。需要注意的是，企业的质量管理体系与工程项目的质量管理体系既有联系又有区别，由于各类工程项目的特殊性，所以建立相应的工程项目质量管理体系应符合以下 7 点基本要求。

（1）工程项目质量管理体系主要针对工程项目实施过程和项目管理过程，通过严密的、全方位的计划和控制保证其项目工程和工程的质量都能满足项目的目标。

（2）工程项目管理是企业管理的一个部分，其管理体系也是企业质量管理体系的一个组成部分。工程项目应尽可能采用项目所属企业组织的质量体系，遵循相应的工作程序，这样最容易为上层组织接受，也最容易贯彻执行。

（3）由于工程项目的参加者众多，要求项目的质量管理体系能够满足其项目目标的要求。要根据项目特点对涉及各方面的活动都有全面的规定，建立"多赢"的关系。

（4）质量管理是工程项目团队的工作过程，必须发挥团队的效率。工程项目质量管理体系应根植于项目组织中，应当是工程项目管理系统的组成部分，应和工程项目管理系统的其他组成部分相互兼容，并共同组成"一体化"管理体系。

（5）工程项目管理者是项目管理体系的设计者，同时必须履行其管理者的职责，营造良好的质量环境，具体地运行工程项目质量管理体系。

（6）工程项目质量管理体系不仅要对工程项目实施过程进行质量管理，而且给工程项目交付的产品或服务的用户，以及项目工作涉及的社会（项目外部）提供质量保证。

（7）工程项目所属企业应不断分析以往的工程项目实施信息，从中寻求工程项目质量管理改进和不断完善的措施，以持续地改进工程项目质量管理过程，从而形成大循环。

7．电气与控制工程项目质量管理及实务

（1）电气与控制工程项目质量规划应注意的问题。电气与控制工程项目质量管理规划指识别哪些质量标准适用于本项目，并确定如何满足这些标准的要求。需要有适应项目的质量策略、标准与规划、范围说明和产品说明以及其他过程的结果。

电气与控制工程项目管理专家特别接受融项目管理与质量管理为一体的整合式的管理方法，这一方法要求执行的是客户驱动的项目质量管理。那么项目经理在整个项目质量管理的过程中需要认识到客户的需求是不断变化的，必须发展与完善对客户不断变化的需求和期望做出快速响应的能力；其次要求将变更限制在合适的时间和合适的范围之内，不能超越组织的技术能力和产品战略边界；同时让客户参与到过程中来，以便建立持久的关系，一方面稳定项目关系和长远的合作关系，另一方面也通过客户反馈的有关已经完成的项目信息实现不断改进。

电气与控制工程项目质量管理是一个系统工程，必须充分认识到其真正内涵，只有重视过程的策划和过程的质量领导、质量控制，才能保证最终的输出结果满足客户的期望。所以需要将客户期望转化为项目规范，以确保系统设计、产品实现和工厂测试、现场调试以及验收的依据和标准，以此来指导质量管理工作。因此这些活动都应该编入项目工作分解结构中，并明确地将其任务分配给项目团队。这种质量管理方法可以客观地在产品生产过程中提高质量，而且不会增加项目公司和客户的成本。

（2）电气与控制工程项目质量规划工具与技术。

电气与控制工程项目质量规划工具与技术包括以下4个：

1）以成本收益曲线（即投入产出曲线）分析质量成本效益。质量成本包括呈反方向变动的两类成本：质量纠正成本和质量保证成本。成本收益曲线如图6-14所示。

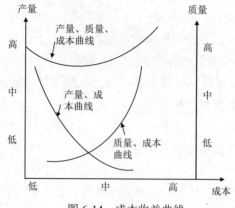

图 6-14　成本收益曲线

2）鱼刺图，也称因果图，用于说明各种直接原因和间接原因与所产生的潜在问题和影响之间的关系。鱼刺图如图 6-15 所示。

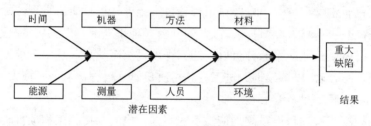

图 6-15　鱼刺图

3）程序流程图，用于显示一个系统中各组成要素之间的相互关系。图 6-16 为设计复查程序流程图示例。

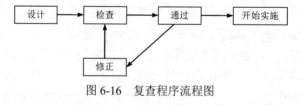

图 6-16　复查程序流程图

4）主次因素排队图法，即帕雷托图法，此方法是找出影响质量的主要因素的一种简单而有效的方法，如图 6-17 所示。

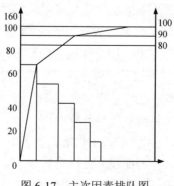

图 6-17　主次因素排队图

（3）电气与控制工程项目质量规划及规划结果。

1）电气与控制工程项目质量保证计划。质量保证的内涵已不是单纯地为了保证质量。质量保证的主要工作是促进完善质量控制，以便准备好客观证据，并根据对方的要求有计划、有步骤地开展提供证据的活动。工程项目质量保证体系流图如图 6-18 所示。

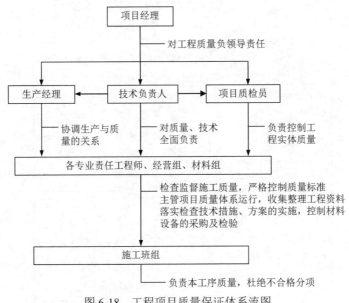

图 6-18　工程项目质量保证体系流图

工程项目质量保证计划，是由该计划的编制依据到项目计划的实施，再到项目计划的验证，逐层递进，逐层深入的过程。

2）电气与控制工程项目质量控制的主要工作内容及步骤。电气与控制工程项目质量控制的主要内容包括预防、静态调查和动态调查、确定因素和随机因素、误差范围和控制界限等。

就项目而言，质量管理的一个关键是通过利益相关者分析，将其需求、期望转化为项目范围管理中的要求。所以适用性才是真正的需求，为客户提供的产品或服务不宜超过其需求。例如，在一个地铁综合监控系统项目中增加"设备管理系统"，而"综合监控系统"本身是一个对设备进行监控的实时系统，这是用户实施的最初目的，反映的是人与设备的关系，相对简单。现在增加的"设备管理系统"是对设备管理流程的信息化支持的系统，反映的是人与人之间的关系，其实施的前提是清晰的流程，需要高层领导的参与。由于用户对设备管理系统根本不理解，更谈不上需求，所以没有办法来支持实施该系统，这样的增加就超出了需求范围，会影响到项目的最终验收。

另外对于电气与控制工程项目而言，质量是一个过程，而不仅仅是产品质量，产品质量是质量过程的结果。质量是一个持续改进的过程，在这个过程中取得的教训被用于提高未来产品和服务的质量，目的是留住现有的客户，重新吸引流失的客户或者赢得新用户。那么在这个过程中，预防胜于检查。基于这样的思想，在其实施的 5 个主过程（系统需求分析、系统设计、设计实现与工厂测试、现场安装调试和系统验收）中，要特别重视前两个过程。在每个过程的每一个环节的质量管控中，同样要贯彻这种思维。

【案例 6-10】某地产弱电智能化项目安装工程质量保证计划系统图

某地产弱电智能化项目安装工程质量保证计划系统图如图 6-19 所示。

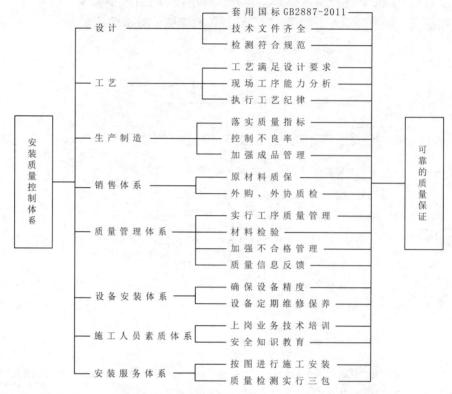

图 6-19　某地产弱电智能化项目安装工程质量保证计划系统图

其工作步骤如下：

- 选择控制对象。
- 为控制对象确定标准或目标。
- 制订实施计划，确定保证措施。
- 按计划执行。
- 跟踪观测、检查。
- 发现、分析偏差。
- 根据偏差采取对策。

（4）关注合同对工程项目质量管理的决定作用。合同是进行工程项目质量管理的主要依据，既利用合同达到对工程项目质量进行有效控制，又要在合同范围内进行质量管理，超过合同范围的质量要求和管理措施会导致赔偿问题，为此要注意以下 6 点：

1）合同中对工程项目质量要求的说明文件应清楚、详细、正确。应有定量化的、可执行的、可检查的指标，要给予工程项目各相关方一个清晰的质量目标，防止因质量问题产生争执。

2）合同中应规定承包商的质量责任，划分界限。赋予项目经理对质量的检查权，并定义检查方法、手段及检查结果的处理方式。

3）合同中要定义材料采购、图纸设计、工艺使用的认可和批准制度。

4）工程承包合同。工程承包合同赋予了工程项目经理对承包商和供应商质量体系审查的权利，以及对工程要素和工程质量绝对的检查权利。

5）应避免多层次的分包和将工程分解得太细，否则会严重损害工程的质量。

6）有些施工过程所形成的质量将不能在施工中进行测量、检验，也就不能验证其是否达到规定要求。对这样的特殊过程，要采用过程确认的方法，以证实其过程的质量性能符合要求。

（5）质量管理的8项原则。质量管理的8项原则指以顾客关注为焦点；领导作用；全员参与；过程方法；管理的系统方法；持续改进；基于事实的决策方法；与供方互利的关系。

需要关注的是，有以下5种力量对工程项目质量管理起到决定性的作用：

1）对职业道德严肃认真的献身精神和能发挥重要作用的个人意志和热情。

2）组织结构灵活，组织行为和知识管理为成功的项目质量管理创造条件。

3）客户的全过程参与，客户可以直接就规范、设计问题、变更做出决策，并驱动项目质量过程。

4）渗透式的质量管理，在项目配套中将质量工作渗透到任务分配、产品设计和工程过程。

5）通过网络开发沟通新渠道，与客户、供应商和关键干系人建立伙伴关系，从而改变项目质量管理的方法。

【案例6-11】某光伏电站工程项目质量控制要点

1．施工质量管理目标

（1）工程质量符合有关法律法规、标准、规定、项目合同及施工图设计的要求，满足企业规程规范、标准及质量检验评定标准。

（2）单位、分部、分项工程一次合格率达到100%，确保工程"零缺陷"移交，顺利实现投产。

（3）不发生考核扣分事项。

（4）顾客满意率达90%。

（5）不发生因质量、工期延误而导致业主强烈投诉事件。

（6）不发生设备在安装调试期间，因保管、操作不当造成的设备损坏或返厂、返修处理。

（7）不发生因施工、生产原因导致的错件、差件或批量返工。

（8）不发生总承包项目质量责任事故，不发生因质量原因引发的工程安全事故。

2．施工作业和管理人员的控制措施

工程施工作业和管理人员的控制措施如下。

（1）人员的基本条件。

1）参与本标段施工的人员将经过严格挑选，保证这些人员具有精湛的专业技术水平、良好的职业道德素质、优秀的团队协作作风。通过完善的考核、奖惩措施来充分发挥人员的积极性和奉献精神。

2）保证参与本标段施工和管理的所有人员在进入本工程施工前均经岗位职责、专业技术、质量意识、程序化的质量文件以及质量奖惩的教育和培训，并全部进行考核，合格人员方能进入本工程施工。

（2）人员的技术素质和资格。

1）本标段从事质量保证，质量监督，技术监督和二、三级质量检验，土建试验，计量检定人员按规范要求和电力行业的管理制度分别进行培训，并经考核合格持证上岗。上述人员均具有较高的文化水平和施工经验，其中从事质量保证、技术监督的人员均具有大专以上学历，其余人员中具有大专以上学历的人员不低于 50%，均具有 8 年以上施工和管理经验。

2）本标段对从事起重、操作、架子搭设、电工、明火作业、危险品保管押运、塔式和桥式起重机械安装以及安全管理人员均由市级劳动局安全监察部门进行特殊作业人员上岗资格培训，经考核合格后方可持证上岗，以确保施工过程中人员、机械、设备的安全可靠。

3．施工质量检验控制措施

本项目工程质量要求执行三级检查制度。

（1）总包项目部的质量检查和施工单位自检。总包项目部项目经理作为 EPC（设计采购施工）项目的质量责任人，下设质量经理岗位。质量经理由现场施工经理兼任，负责总包项目的设计质量和物资质量的检查，同时监督施工单位的施工质量的落实情况。

施工单位作为施工现场施工质量的责任和落实单位，施工单位项目经理是施工质量的第一责任人，操作人员在操作过程中必须按相应的检验批、分项工程质量要求进行自检，并经班组质检员验收后，方可继续进行施工。施工员应督促班组长自检，为班组创造自检条件（如提供有关表格，协助解决检测工具等），要对班组操作质量进行中间检查。工种间的互检，上道工序完成后至下道工序施工前，班组长应进行交接检查，填写交接检查表，经双方签字，方准进行下道工序施工。上道工序出成品应向下道工序办理成品保护手续，而后发生成品损坏、污染、丢失等问题由下道工序的单位承担责任。

施工单位项目总工及质量负责人负责向总包项目部质量经理和项目监理部报验。

工程报验的同时要求施工单位资料员完成检查验收部位检验批、分项、分部、单位工程等的资料填写，施工单位质检员、班组长、总工等完成验收签字程序，资料未完成填写或是未完成签字的程序不得申请报验。

施工单位采取"三检"（自检、互检、专检相结合的工程质量检查）管理制度，各级设立专职质量检查工程师和质检员，持证上岗，对施工过程的质量实施检查控制。

自检：作业组织和作业人员的自我质量检验。

互检：相同工种、相同施工条件的作业组织和作业人员，在实施同意施工任务时相互的质量检验。

专检：专职质量管理人员的例行专业检查。

（2）监理单位抽检。监理单位抽检是由项目监理部专业工程师或总监抽检。对施工单位提出的报验申请，首先由承包人填写请检单，再由现场监理人员检查认可签字后转交试验监理人员进行检测，检测结果报试验工程师认可，在确认合格后报请驻地监理工程师或标段监理工程师签认同意后方可进入下道工序施工。

（3）业主或质监站检查。业主或质监站检查是由业主工程师或质监站检查。监理组签认合格的施工段落、层次、部位等必须做好台账登记工作，业主或质监站不定期检查时必须提供台账，并积极协助业主或质检站做好质量检查工作，确保各项检查工作的顺利开展。

4．质量监督监察控制措施

本工程将始终坚持"质量第一、预防为主"的质量控制原则，重点做好质量的事前预防、事中控制和事后监督，设置工程管理部组织监督质量体系的运行、工序质量控制和工序交接控制以及质量改进活动。

（1）设立旁站质量监督。

1）旁站质量监督项目。为了确保关键、薄弱工序的质量控制，保证本工程各项质量目标的实现，公司将在混凝土浇筑中设立旁站监督。

2）本工程旁站质量监督将采取如下方法。旁站质量监督由工程管理部组织并监督执行，旁站监督情况将由工程管理部直接向项目经理报告。旁站监督人员将经项目经理任命，确保人员数量、专业覆盖面、技术能力水平和思想道德素质适应旁站监督的要求，所有旁站监督人员均经相关专业质量检验人员资格的培训合格。旁站监督员按规范要求对自己管辖的施工范围进行旁站巡视。监视点主要放在施工工序、工艺质量、环境保护、施工技术规范和安全制度执行上，监督员督促施工人员按顺序和规范进行施工，正确处理好安全、质量、进度和文明施工的关系。

（2）进行重点项目的内部质量监督。本工程将按照相关规范要求的质量监督项目实施内部施工过程质量监督活动。本工程内部质量监督项目由院质量安全部监督、项目部质量经理组织实施，经施工单位、供货单位等单位配合实施。上述内部质监活动所发现的不合格情况均将由责任单位实施纠正措施并由质量经理验证，未确认封闭前不得转序施工或向监理单位或业主提出质检验收申请。

施工过程中，质量经理会同项目监理部有关专业人员将巡回到现场对各专业进行施工过程的质量监督，控制和消除施工不合格的事项和物项。

（3）接受和配合上级质监部门和业主的质量监督。积极配合业主或监理单位的一切与质量有关的质量抽查、监督和中间检验，严格执行并积极配合上级部门的质量监督检查，并履行在质监检查中应承担的责任和义务。严格执行并配合业主或监理单位履行工程开工、停工、复工有关程序和手续，实施业主或监理单位施工全过程的质量控制要求。各单位工程开工前，对开工条件在自查的基础上，经业主或监理单位的复查签证确认后方可开工；对业主因施工质量、事故等原因提出的停工通知，要严格按照"四不放过"（事故原因不查清楚不放过、事故责任者和广大职工没有受到教育不放过、没有采取防护措施不放过、事故责任者没有进行处理不放过）的原则进行整改和防范，经业主或监理单位确认并提出书面复工通知后方可继续施工。

（4）组织质量改进活动。本工程质量经理将组织各施工单位各专业人员及质检员对业主或监理单位、上级质监部门质监中提出的质量问题进行整改并负责整改后的验证，对重大项目及具有普遍性的质量问题将运用统计技术进行分析，由项目总工程师制定质量改进措施并组织实施进行动态受控。所有业主、监理单位提出的质量问题整改验证后须经业主或监理人员的复查、确认、签证后方可转序施工。

5．质量保证措施

（1）工程开工前技术人员必须学习施工技术责任制，明确各自技术责任；组织职工学习院质量体系文件，加强职工职业道德教育，增强施工人员的质量意识和责任感，实行责任的全员控制。开展施工质量竞赛活动，充分调动施工人员的积极性，根据责、权、利三者结合的原则，把个人的经济利益与工程质量联系起来，对施工质量奖罚分明。

（2）工程开工前必须按图纸会审制度完成各级施工图会审。项目总工组织相关专业技术人员，明确设计意图及作业要求，审阅施工图纸，把握设计意图，并提出希望设计单位澄清、完善或修正的具体问题。重点审查各专业之间的配合接口，不明确的事项由设计、监理、施工各单位会审达成共识，形成会议纪要并遵照执行。

（3）工程开工前必须进行技术交底，包括设计技术交底和施工技术交底。设计技术交底由业主设计管理部组织，施工图纸会审由总监理工程师主持，施工项目质量经理代表承包商在设计交底或图纸会审记录上签字。施工技术交底按三级技术交底制度执行。施工质量管理人员控制工序作业按照规范、方案和技术交底文件进行。

（4）现场开展的全员质量培训，包括现场管理人员和临时招募的施工劳务人员。施工人员在本工程现场的培训时间每年不得少于48学时（不足一年的，按一年计），业主或其委托的项目监理机构有权检查质量培训记录。施工人员未经质量培训不允许上岗作业。

（5）特殊工种的施工人员必须经过专业培训，经考试合格后方可持证上岗。对于重要工序和技术含量高的施工作业进行有针对性的专业技术培训。施工中的技术培训工作，必须执行我院《人力资源管理程序》。

（6）施工技术文件的编写、审批、修改和传递必须按规定要求执行。每项分部工程开工前，参建人员必须接受技术交底，参建人员通过技术交底明确具体作业中技术、质量、安全要求和达到这些要求的作业程序方法。

（7）编制专业的检验和试验计划。作业文件、质量计划中明确技术检验和试验的具体项目和试验方法，技术检验和试验合格后，才能进行作业施工。工程中凡使用的新材料、新工艺和新设备必须通过技术检验和试验后才可推广使用。

（8）按规定程序办理设计变更，须经监理工程师认可后才能实施。施工中材料代用，必须设计认可，并经监理批准后实施。

（9）依照质量管理体系文件的要求控制和处置施工过程的不合格品。不允许施工质量不合格品的让步放行，不接受因防护失当所造成的施工产品的质量不合格。施工过程中的质量事故，应当依照《不符合项与不合格品控制程序》的相关规定进行处置。对质量事故采取"四不放过"的原则。发生质量事故应按规定报告，按规定的程序和要求进行处理。

（10）分部、分项工程的施工文件及资料，应与建筑/安装活动同步完成，并随工程进度同步形成，保证资料的真实性、完整性，资料的填写、收集、整理、分类、编目、建档、保存应符合相关规定。

（11）按业主要求编制工程质量月报，并于每月24日前主动送项目监理机构，抄报业主质量管理部和区域项目管理机构，定期向业主、监理工程师报告质量管理情况和工程质量状况，在每月召开的施工调度会汇报材料中，编制施工质量专题。

（12）每月总包项目部牵头开展质量专题会议，发现问题根源并讨论具体处理措施，可邀请业主、监理单位参加。会议内容、讨论决定的重大事项由会议组织人员归纳、整理并形成相应的项目质量会议纪要，作为设计依据下发给有关部门和人员执行。

6．教育培训

（1）教育培训管理的范围与职责。

1）加强项目部班子成员的培训，做好工程项目标准化管理培训课程，提升项目部班子成员的经营理念，开阔思路，强化理论修养，增强决策能力，全面提升项目管理水平。

2）加强项目部各部门负责人培训，提高综合素质，完善知识结构，了解电力施工的各项工艺流程，增强创新能力和执行能力。

3）加强项目部技术管理人员、试验人员、技术员培训，提高技术理论水平和专业技能，增强科技研发、技术创新、现场技术管理能力。

4）加强各工种职工培训，不断提升操作人员的业务水平和操作技能，增强严格遵守岗位职责的能力。

5）加强职业技能技术等级、职业技能鉴定培训，实现全员持证上岗，进一步规范管理。

6）加强全员安全质量知识培训，强化安全质量意识，确保安全生产。总包管理人员、分包管理人员及员工与劳务队伍坚持同培训、同考核的原则。

（2）培训工作程序。

1）编制学习培训计划，报项目部审定。

2）召开动员会，学习传达培训的目的、意义、方案、考核办法和奖惩机制。

3）确定培训教师，编制并审定考试试题。

4）发放学习资料及教材。

5）按培训计划组织实施培训。

6）复习、考核考试。

7）填写培训班登记表，并将培训班登记表及培训内容汇总后交总包项目部资料室留存。

（3）项目施工作业人员的培训计划。项目施工作业人员的培训计划按相关工程节点，由总包项目部根据施工进度另行制订。

7．施工技术控制措施

（1）前期准备阶段技术措施。

1）图纸会审、设计交底。施工技术人员必须仔细、全面地熟悉、审查各种安装及平面设计图，同时组织相关技术人员参加设计交底和图纸会审，对存在疑问和问题的地方要及时反馈到设计方面，以便及时得到处理。同时还应认真进行施工测量和进行设计文件与现场情况的仔细复核。发现有出入之处及时与监理工程师和招标人澄清，以便得到及时解决。

2）技术交底。在本项目的实施过程中，将由项目经理、技术负责人、专业工程师及施工队技术员实行"三级"技术交底。具体安排见表6-10。

表6-10 "三级"技术交底

序号	交底项目	交底人	接受人	主要内容
1	设计总体技术交底	项目技术负责人	全体技术人员、项目部人员	工程概况及技术条件
2	施工承包合同交底	项目经理	全体管理人员	工期、安全、质量及承包商义务

序号	交底项目	交底人	接受人	主要内容
3	工艺制度交底	项目技术负责人	全体质检、技术人员及施工队长	工艺、程序化作业工艺等
4	专项技术交底	项目技术负责人	全体质检、技术人员及施工队长	新技术、新工艺、新仪器等
5	专项技术交底	专业工程师	全体施工人员	新技术、新工艺、新仪器等
6	工前交底	技术员	全体施工人员	技术标准

3）技术及安全培训。

施工技术培训：邀请设计工程师和材料设备供货商的技术工程师对所有技术人员进行全面的技术交底，确保每个技术人员都充分理解设计意图、技术特点和各种材料、设备的技术参数。工程技术部组织专业技术负责人根据工程技术特点编制通俗易懂的施工技术指导手册，要求人手一册，并对各级施工人员进行有关安装工艺、技术标准、质量及安全要求等方面的岗前培训，并要求考核合格后方可参加本工程的施工。确保在工程施工前，所有参加施工的人员都得到了很好的学习，熟悉了各工序的操作要点。

施工安全培训：由专业安全管理人员对进入施工现场的人员进行施工安全培训，以避免在施工中出现安全事故。

4）技术方案。为更好地组织和指导施工，由项目技术负责人牵头，专业工程师主要负责编制施工总体技术方案。在该方案中编制施工计划，安排好施工程序，协调好各工序间的配合工作。

技术方案内容包括组建施工管理机构和相应的专业施工队伍，并进行进场前的教育；详细阐明施工人员准备情况、施工技术准备情况、施工物资准备情况、施工车辆准备情况等。

（2）施工阶段技术控制措施。

1）实行施工技术交底制度。在向施工班组下达施工任务后，由专业工程师对施工班组进行技术交底，详细说明该项施工任务中的重点、难点、技术要点及质量控制点，并详细介绍各施工程序的施工方法及操作步骤；同时，对应用的新工具、新仪器作详细的操作说明，对新的施工工艺，要编制学习手册，以便所有施工人员都能掌握新的施工工艺，都能熟练使用新工具、新仪器，做到参与施工的每一个人都能理解并掌握该项施工任务的操作方法，从而顺利地完成当天的施工任务。

2）实行关键工序技术人员到现场制度。对于施工中的关键工序，在对施工人员进行技术交底的同时，主管技术人员还须到现场进行监督及技术指导，抓好关键工序施工控制点，保证施工质量。

3）做好施工中的自检、互检工作。施工过程中，建立自检、互检制度。在施工班组人员对自己当天施工任务进行自检的同时，技术人员还必须定期地对完成的工程项目进行自检，并形成记录。对于不合格的部分，及时反馈到施工班组，进行整改，直到施工质量满足相关标准以及设计和招标人要求。

每个分项目或某个独立的施工组应指定质量负责人，负责落实该项工作；并且严格按照本项目设备供货商提供的安装技术要求和有关文件（手册）的规定，以及招标人提供的施工图进行施工。

4）做好施工记录。施工过程中必须有安装过程质量记录。记录中含有检查项目、安装要求，并对安装过程划分阶段。每个阶段都有安装人、检验人和检查人签名，由监理工程师、技术督导人员检查（抽查）签名认可后，才能进行下一阶段的安装。

（3）竣工阶段技术控制措施。竣工阶段主要的工程任务就是竣工文档的编制。公司将委派专业竣工文档编制人员负责编制竣工文档。在文档编制之前，编制人员参加招标人组织的文档编制培训，学习相关文档编制要求。在业主签发竣工验收文件后30日之内，向业主提交所有竣工文件，包括以下10个方面的内容：

1）竣工图（由设计单位主持、施工单位配合，根据现场工程的实际情况绘制，同时提供给招标人一份电子文件）。

2）变更通知汇编。

3）设备材料合格证、产地证明、检测报告等。

4）安装过程质量记录。

5）隐蔽工程记录。

6）缺陷处理记录。

7）设备调试报告。

8）竣工检验报告。

9）试运转记录。

10）竣工工程量及固定资产设备移交清单。

三、工程项目进度控制

（一）进度的概念

工程项目进度控制是指对工程项目建设各阶段的工作内容、工作程序、持续时间和衔接关系根据进度总目标及资源优化配置的原则编制计划并付诸实施，在进度计划实施过程中经常检查实际进度是否按计划要求进行，对出现的偏差情况进行分析，采取补救措施或调整、修改原计划后再实施，如此不断循环，直至工程项目竣工验收交付使用。工程项目进度控制的总目标是确保工程项目按预定时间使用或提前交付使用，即工程项目进度控制的总目标是建设工期。

现代工程项目管理中，人们已赋予进度综合的含义，它将工程项目任务、工期、成本和资源消耗等有机地结合起来，形成一个综合的指标并能全面地反映项目的实施状况。工程项目进度控制已不仅仅是传统意义上的工期控制，它还将工期与实际工程量成本、资源消耗等统一起来。

（二）进度控制的指标

进度控制的基本对象是工程项目范围内的工程活动，包括工程项目工作分解结构图上各层次的单元。上至整个项目，下至各个工作包，有时甚至到最低层次网络上的工程活动。进度指标的确定对进度的表达、计算、控制有很大的影响。由于工程项目有不同的子项目、工作包，它们工作内容和性质不同，必须挑选对所有工程活动都适用的共同的计量单位、持续时间。

进度通常是指工程项目实施结果的进展情况。由于工程项目的实施需要消耗时间（工期）、劳动力、材料、成本等才能完成项目的任务，所以工程项目实施结果应该以项目任务完成情况，如用工程量来表达。但由于工程项目对象系统的复杂性，WBS 中同一级别以及不同级别的各项目单元往往很难选定一个恰当的、统一的指标来全面反映当前检查期的工程进度。例如，有时工期和成本都与计划相吻合，但工程实际进度（如工程量）未到目标。

进度的要素包括持续时间、实物工程量、已完工程价值量、资源消耗指标，每一个要素都有其特殊性。

（1）持续时间。用持续时间来表达某工作包或工作任务的完成程度是比较方便的。例如，某工程活动计划持续时间 4 周，现已进行 2 周，则对比结果为完成 50%的工期。但这通常并不一定说明工程进度已达 50%。因为这些活动的开始时间有可能提前或滞后；有可能中间因干扰出现停工、窝工现象；有时因环境的影响，实际工作效率低于计划工作效率。而且通常情况下，某项工作任务刚开始时可能由于准备工作较多，不熟悉情况而工作效率低、速度慢；到其任务中期，工作实施正常化，加之投入大，所以效率高、进度快；后期投入减少，扫尾以及其他工作任务相配合使工作繁杂，从而速度又慢下来。

（2）实物工程量。对于工作内容单一的工作包或工作任务，用其特征工程量来表达它们的进度能比较真实地反映实际情况。如对设计工作按资料数量表达，对施工中工作任务表达等。

（3）已完工程价值量。已完工程价值量指用工作任务已经完成的工作量与相应的单价相乘。这一要素能将不同种类的分项工程统一起来，能较好地反映工程的进度状况。

（4）资源消耗指标。资源消耗指标，如人工、机械台班、材料、成本的消耗等，它们有统一性和较好的可比性。各层次的各项工作任务都可用它们作为指标。在实际工程中应注意：投入资源数量的程度不一定代表真实的进度；实际工作量与计划有差别；干扰因素产生后，成本的实际消耗比计划要大，所以这时的成本因素所表达的进度不符合实际。各项要素在表达工作任务的进度时，一般采用完成程度即百分比。

使用进度控制指示时要注意以下 4 点：

（1）工期与进度不是一回事，工程的效率和进度不是一条直线。

（2）按工程活动完成的可交付成果数量描述，一般分解工程主要用进度控制指标。

（3）已完成工程的价值量是最常用的进度指标。

（4）资源消耗指标包括劳动工时、机械台班、成本消耗。

我们经常用成本指标反映工程进度，所以需要消除因素包括不正常原因造成的成本损失，由于价格原因造成的成本增加，实际工程量、工程（工作）范围的变化造成的影响等。

（三）进度与工期

进度与工期是两个既相互联系，又相互区别的概念。由工期计划可以得到各项目单元的计划工期的各个时间系数，它们分别表示各层次项目单元（包括整个项目）的持续时间，开始（S）和结束（F）时间，容许的变动余地（时差）等（如 TF：总时差；FF：自由时差），定义各个工程活动的时间安排能反映工程的进展状况。

　　工期控制的目的是使工程实施活动与上述工期计划在时间上吻合。即保证各工程活动按计划及时开工，按时完成，保证总工期不推迟，这样才能保证计划的进度。

　　进度控制的总目标与工期控制是一致的，但控制过程中它不仅追求时间上的吻合，而且还追求在一定时间内工程量的完成程度（劳动效率和劳动成果）或消耗的一致性。

　　工期常常作为进度的一个指标，它在表达进度计划及其完成情况时有重要作用，所以进度控制首先表现为工期控制。有效的工期控制才能达到有效的进度控制，但仅用工期表达进度是不完全正确的，会产生误导。进度的拖延最终将表现为工期的拖延。

　　项目管理者应按预定的项目计划定期评审实施进度情况，一旦发现进度出现拖延，则根据计划进度与实际进度对比的结果，以及相关的实际工程信息，分析并确定拖延的根本原因。进度拖延是工程项目过程中经常发生的现象，各层次的项目单元，各个项目阶段都可能出现延误。因此从以下 3 个方面分析进度拖延的原因。

　　1．工期及相关计划的问题

　　计划失误是常见的现象，包括计划时遗漏部分必需的功能或工作；计划值（如计划工作量、持续时间）估算不足；资源供应能力不足或资源有限制；出现了计划中未能考虑到的风险和状况，未能使工程实施达到预定的效率等。

　　此外，在现代工程中，上级（业主、投资者、企业主管）常常在一开始就提出很紧迫的、不切实际的工期要求，使承包商或设计单位、供应商的工期太紧。而且许多业主为了缩短工期，常常压缩承包商的做标期、前期准备的时间。

　　2．边界条件的变化

　　边界条件的变化往往是项目管理者始料不及的，而且也是实际工程中经常出现的。项目各参加单位对此比较敏感，因为不同边界条件的变化对他们产生的影响各不相同。边界条件的变化包括以下 4 个方面：

　　（1）工作量的变化。其可能是由于设计的修改、设计的错误、业主新的要求、修改项目的目标及系统范围的扩展造成的。

　　（2）外界（如政府、上层系统）对项目新的要求或限制，设计标准的提高可能造成项目资源的缺乏，使工程无法及时完成。

　　（3）环境条件的变化，如不利的施工条件不仅造成对工程实施过程的干扰，有时直接要求调整原来已确定的计划。

　　（4）发生不可抗力事件，如地震、台风、动乱、战争等。

　　3．管理过程中的失误

　　造成管理过程中的失误的原因有以下 7 点：

　　（1）计划部门与实施者之间，总分包商之间，业主与承包商之间缺少沟通。

　　（2）项目管理者缺乏工期意识。例如，项目组织者拖延了图纸的供应和批准，任务下达时缺少必要的工期说明和责任落实，拖延了工程活动。

　　（3）项目参加者对各个活动（各专业工程和供应）之间的逻辑关系（活动链）没有清楚的了解，下达任务时也没有详细地解释，同时对活动的必要的前提条件准备不足，各单位之间缺少协调和信息沟通，许多工作脱节，资源供应出现问题。

（4）由于其他方面未完成项目计划规定的任务造成拖延。如设计单位拖延设计、运输不及时、上级机关拖延批准手续、质量检查拖延、业主不果断处理等问题。

（5）承包商没有集中力量施工，材料供应拖延，资金缺乏，工期控制不紧等现象。这可能是由于承包商同期工程太多，施工力量不足造成的。

（6）业主没有集中资金的供应，拖欠工程款；或业主的材料、设备供应不及时。所以在项目管理中，项目管理者应明确各自的责任，做好充分的准备工作，加强沟通。尤其是项目组织者在项目实施前组织安排的责任重大。

（7）其他原因。例如，由于采取其他调整措施造成工期的拖延，如设计的变更、质量问题的返工、实施方案的修改等。

对进度的调整常表现为对工期的调整。如果为加快进度，从而改变施工次序、增加资源投入，则意味着通过采取措施缩短总工期。例如，WBS各项工作包拆分，把相似工作、工程统一交给一个承包方完成，如仪表，配电柜安装等。

（四）项目进度控制的依据

在工程项目实施过程中，进度控制人员应经常地、定期地对进度计划的执行情况进行跟踪检查，发现问题后，及时采取措施加以解决。进度监测系统过程如图 6-20 所示，其中虚线箭头表示此步骤可能发生也可能不发生。

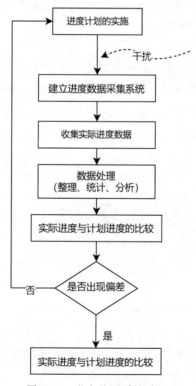

图 6-20　进度监测系统过程

1．进度计划执行过程中的跟踪检查

跟踪检查的主要工作是定期收集反映实际工程进度的有关数据。收集的数据质量要高，不完整或不正确的进度数据将导致不全面或不正确的决策。为了全面准确地了解进度计划的执行情况，进度控制人员必须认真做好以下 3 个方面的工作：

（1）经常定期地收集进度报表资料。

（2）现场实地检查进度计划的实际执行情况。

（3）定期召开现场会议了解实际进度情况。

2．实际进度数据的加工处理

为了进行实际进度与计划进度的比较，必须对收集到的实际进度数据进行整理、统计，从而形成与计划进度具有可比性的数据。

3．实际进度与计划进度的对比分析

将实际进度的数据与计划进度的数据进行比较，可以确定工程项目实际执行状况与计划目标之间的差距。为了直观反映实际进度偏差，通常采用表格或图形进行比较，从而得出实际进度比计划进度拖后、超前还是一致的结论。

在实施进度监测过程中，一旦发现实际进度偏离计划进度，必须认真分析产生偏差的原因及对后续工作和总工期产生的影响。必要时采取合理、有效的进度计划调整措施，确保进度总目标的实现。进度调整的系统过程如图 6-21 所示。

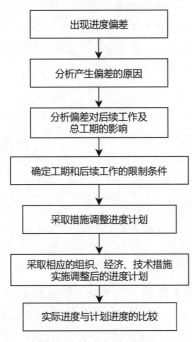

图 6-21　进度调整系统过程

进度调整内容包括以下 4 个方面：

（1）项目进度计划及其支持细节。

（2）项目进度计划实施情况报告。

（3）获准的项目进度变更请求。

（4）项目进度管理计划书。

（五）工程项目进度控制的方法和工具

不同项目管理方有不同的进度控制任务。对于建设工程项目而言，代表不同利益方的项目管理（业主方和项目参与各方）都有进度控制的任务。但是，其控制的目标和时间范畴是不相同的，项目不同参与方进度控制的任务也不同。

业主方进度控制的任务是控制整个项目实施阶段的进度，包括控制设计准备阶段的工作进度、设计工作进度、施工进度、物资采购工作进度，以及项目动用前准备阶段的工作进度。

设计方进度控制的任务是依据设计任务委托合同对设计工作进度的要求来控制设计工作进度，这是设计方履行合同的义务。另外，设计方应尽可能使设计工作的进度与招标、施工和物资采购等工作进度相协调。在国际上，设计进度计划主要是各设计阶段的设计图纸（包括有关说明）的出图计划，在出图计划中标明每张图纸的出图时间。

施工方进度控制的任务是依据施工任务委托合同对施工进度的要求来控制施工进度，这是施工方履行合同的义务。在进度计划编制方面，施工方应视工程项目的特点和施工进度控制的需要，编制深度不同的控制性、指导性和实施性施工进度计划，以及按不同计划周期（年度、季度、月度和旬）的施工计划等。

供货方进度控制的任务是依据供货合同对供货的要求来控制供货进度，这是供货方履行合同的义务。供货进度计划应包括供货的所有环节，如采购、加工制造、运输等。

综上，由于进度计划也会有变更（申请程序、批准程序、变更实施程序及责任等），说明此时表征进度的曲线及图形已然是一个综合指标而不仅仅只代表工期，所以难以定义其内涵。为了便于后续资源及费用等的控制，我们对于表达项目进度计划的工具会有不同的选择。

1. 工程项目进度控制工具、图表

（1）工具1：工程项目进度动态曲线图——时间坐标网络图。

时间坐标网络图又称为前锋线比较法，是一种适用于时标网络计划的实际进度与计划进度的比较方法。前锋线是指从计划执行情况检查时刻的坐标位置出发，用点画线依次将各项工作实际进展位置连接而成的折线，故前锋线又称为实际进度前锋线。前锋线比较法就是通过实际进度前锋线与原网络计划中各项工作箭线交点的位置来判断工作实际进度与计划进度的偏差，进而判定该偏差对后续工作及总工期影响程度的一种方法。

采用前锋线比较法进行实际进度与计划进度的比较，其步骤如下：

1）绘制时标网络计划图。工程项目实际进度前锋线是在时标网络计划图上标示的，为清晰起见，可在时标网络计划图的上方和下方各设一时间坐标。

2）绘制实际进度前锋线。从时标网络计划图上方时间坐标的检查日期开始绘制，依次连接相邻工作的实际进展点，最后与时标网络计划图下方坐标的检查日期相连接。工作实际进展位置点的标定有以下2种方法。

a. 按该工作已完任务量比例进行标定。假设工程项目中各项工作均为匀速进展，根据实际进度检查时刻该工作已完任务量占其计划完成总任务量的比例，在工作箭线上从左至右按相同的比例标定其实际进展位置点。

b. 按尚需作业时间进行标定。当某些工作的持续时间难以按实物工程量来计算而只能凭经验估算时，可以先估算出检查时刻到该工作全部完成尚需作业的时间，然后在该工作箭线上从右向左逆向标定其实际进展位置点。其作用有以下 2 个。

- 进行实际进度与计划进度的比较,前锋线可以直观地反映出检查日期有关工作实际进度与计划进度之间的关系。对某项工作来说,其实际进度与计划进度之间的关系有下列 3 种情况:
    - 工作实际进展位置点落在检查日期的左侧,表明该工作实际进度拖后,拖后的时间为两者之差。
    - 工作实际进展位置点与检查日期重合,表明该工作实际进度与计划进度一致。
    - 工作实际进展位置点落在检查日期的右侧,表明该工作实际进度超前,超前的时间为两者之差。
- 预测进度偏差对后续工作及项目总工期的影响。通过实际进度与计划进度的比较确定进度偏差后,还可根据工作的自由时差和总时差预测该进度偏差对后续工作及项目总工期的影响。

前锋线比较法既适用于工作实际进度与计划进度之间的局部比较,又可用于分析和预测工程项目整体进展状况。此外,前锋线比较法是针对匀速工作的比较方法;对于非匀速进展的工作,前锋线比较法比较复杂,此处不再赘述。

【案例 6-12】前锋线比较法应用示例

已知某工程时标网络计划图如图 6-22 所示。其中,A～M 为工作,1～11 为周数。该计划执行到第 5 周末检查实际进度时,发现工作 B 已经全部完成,工作 A、D 分别尚需 3 周、1 周才能完成。试用前锋线比较法进行实际进度与计划进度的比较。假设网络计划中的各项工作均按匀速进展。

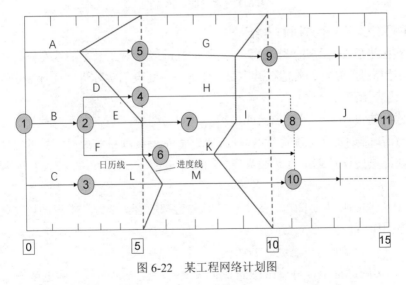

图 6-22　某工程网络计划图

根据第 5 周末实际进度的检查结果绘制前锋线,如图 6-22 中虚线所示。通过分析可以看出:

(1)工作 A 实际进度比计划进度拖后 3 周,其总时差和自由时差分别为 1 周和 0 周,故 A 工作将影响总工期 1 周,使其后续工作 G 的最早开始时间推迟 1 周,并使总工期延长 1 周。

(2)工作 E 实际进度与计划进度相一致。

（3）工作 D 实际进度拖后 1 周，其总时差和自由时差分别为 0 周和 0 周，将使其后续工作 H 的最早开始时间推迟 1 周，并使总工期延长 1 周。

综上所述，如果不采取措施加快进度，则该工程项目的总工期将延长 1 周。

（2）工具 2：工程项目进度动态曲线图——S 型曲线比较图。

以横坐标表示进度时间，纵坐标表示累计完成工作任务量而绘制出来的曲线将是一条 S 型曲线。因为在工程项目的实施过程中，开始和结尾阶段单位时间投入的资源量较少，而中间阶段单位时间投入的资源量较多，则单位时间完成的任务量或成本量也是同样的变化，所以随时间进展累计完成的任务量，应该呈 S 型变化。S 型曲线比较图如图 6-23 所示。

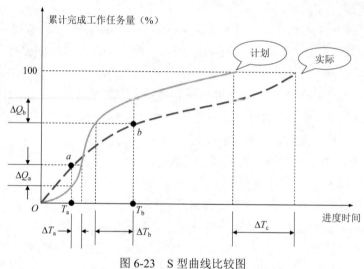

图 6-23　S 型曲线比较图

由上图可得出以下 3 个方面的内容。

1）项目实际进度与计划进度比较。当实际工程进展点落在 S 型曲线左侧，如 a 点，则表示实际进度比计划进度超前；若落在其右侧，如 b 点，则表示实际进度比计划进度拖后；若刚好落在其上，则表示两者一致。

2）项目实际进度比计划进度超前或拖后的时间。图中，ΔT_a 表示 T_a 时刻实际进度超前的时间；ΔT_b 表示 T_b 时刻实际进度拖后的时间；ΔT_c 表示最终项目完成时滞后的时间。

3）项目实际进度比计划进度超额或拖欠的任务量或成本量。ΔQ_a 表示 T_a 时刻超额完成的任务量；ΔQ_b 表示在 T_b 时刻拖欠的任务量。

S 型曲线比较图的特点是简单，提供了实时的追踪信息，是一种很好的可视化方法。但不能对偏差的原因作出解释。

（3）工具 3：工程项目进度动态曲线图——香蕉型曲线图。

在工程项目实施过程中，进度管理的理想状况是在任一时刻按实际进度描出的点均落在香蕉型曲线区域内。因为这说明实际工程进度被控制于工作的最早可以开始时间和最迟必须开始时间的要求范围之内，因而呈现正常状态；而一旦按实际进度描出的点落在香蕉型曲线中的 ES 曲线（计划以各项工作的最早开始时间安排而绘制的 S 型曲线）的上方或者 LS 曲线（计划以各项工作的最迟开始时间安排进度而绘制的 S 型曲线）的下方，则说明与计划要求相比较，实际进度超前或落后。此时产生进度偏差。香蕉型曲线图如图 6-24 所示。

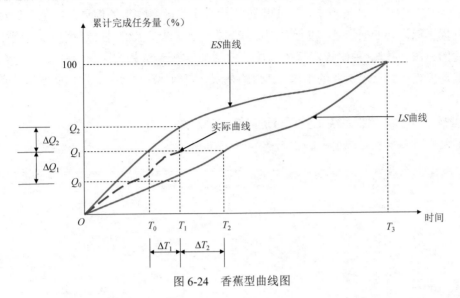

图 6-24 香蕉型曲线图

除了对工程的实际进度与计划进度进行比较，香蕉型曲线的作用还在于对工程实际进度进行合理地调整与安排，或确定在计划执行情况检查状态下后期工程的 ES、LS 曲线的变化趋势。

（4）工具 4：工程项目进度动态曲线图——里程碑图。

里程碑是一个特定的重要事件或项目阶段，代表项目工作中一个重要阶段的完成。其优点在于标志着重要项目步骤的完成；可以激发项目团队的积极性；提供了重新评估客户任何潜在变更的时机；能够对各种可交付成果进行说明，使成员对项目有一个正确的认识。

【案例 6-13】波音公司某项目的里程碑图

波音公司某项目的里程碑图如图 6-25 所示，其中"▽"表示时间节点。

里程碑节点	1988	1989	1990	1991	1992	1993	1994
市场定位	▽1-21						
概念研究	12-1▽						
配置选择		▽3-5					
项目计划设计		12-30▽					
项目授权			11-9▽				
详细计划设计开始				▽1-1			
工具设计和制作开始				▽2-8			
开始生产					▽1-20		
最后组装						▽1-22	
飞行实验						1-3▽	
FAA 认证							11-20▽

图 6-25 波音公司某项目的里程碑图

（5）工具5：工程项目进度动态曲线图——跟踪动态图。

跟踪动态图指在项目实施中针对工作任务检查实际进度收集的信息，经整理后直接用横道线并列标于原计划的横道处，进行直观比较的方法。此法是人们进行进度控制时经常使用的一种简便的方法。通过这种比较，管理人员能很清晰和方便地分析实际进度与计划进度的偏差，从而完成进度控制中一项重要的工作。其缺陷是未做任何比较说明，无法判断影响项目进度的因素。

【案例6-14】某控制系统工程项目进度跟踪动态图

某控制系统工程项目进度跟踪动态图如图6-26所示。

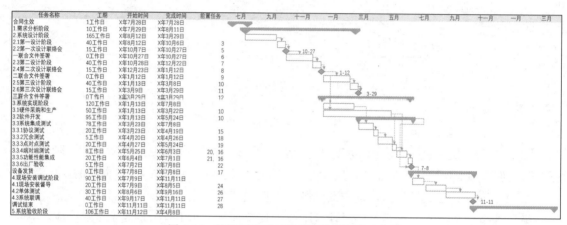

图6-26　某控制系统工程项目进度跟踪动态图

（6）工具6：工程项目进度动态曲线图——直方图，某项目直方图如图6-27所示。

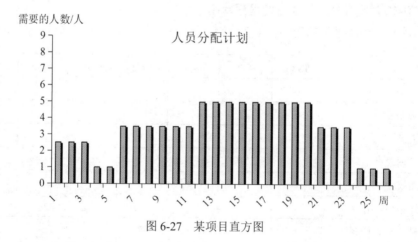

图6-27　某项目直方图

（7）工具7：列表比较法。

当工程项目进度计划用非时标网络计划表达时，可以采用列表比较法进行实际进度与计划进度的比较。该方法是记录检查日期应该进行的工作名称及其已经作业的时间，然后列表计算有关时间参数，并根据工作总时差进行实际进度与计划进度比较的方法。采用列表比较法进行实际进度与计划进度的比较的步骤如下：

1）对于实际进度检查日期应该进行的工作，根据已经作业的时间，确定其尚需作业的时间。

2）根据原进度计划计算检查日期应该进行的工作，从检查日期到原计划最迟完成时间的尚余时间。

3）计算工作尚有总时差，其值等于工作从检查日期到原计划最迟完成时间尚余时间与该工作尚需作业时间之差。

4）比较实际进度与计划进度，可能有以下4种情况：

- 如果工作尚有总时差与原有总时差相等，则说明该工作实际进度与计划进度一致。如果工作尚有总时差大于原有总时差，则说明该工作实际进度超前，超前的时间为两者之差。

- 如果工作尚有总时差小于原有总时差，且仍为非负值，则说明该工作实际进度拖后，拖后的时间为两者之差，但不影响总工期。

- 如果工作尚有总时差小于原有总时差，且为负值，则说明该工作实际进度拖后，拖后的时间为两者之差，此时工作实际进度偏差将影响总工期。

【案例6-15】某工程项目进度检查比较表

某工程项目进度检查比较表见表6-11。

表 6-11 某工程项目进度检查比较表

工作代号	工作名称	检查计划时尚需作业周数	到计划最迟完成时尚余周数	原有总时差	尚有总时差	情况判断
5-8	F	4	4	1	0	拖后1周，但不影响工期
6-7	G	1	0	0	-1	拖后1周，影响工期1周
4-8	H	3	4	2	1	拖后1周，但不影响工期

2. 工程项目进度控制的类型

（1）工程项目总进度控制。其指项目经理等高层次管理部门对项目中总的进度控制，一般使用里程碑表示。

（2）工程项目主进度控制。其主要是项目部门对项目中每一主要事件的进度控制。在多级项目中，这些事件可能就是各个分项目，一般使用甘特图（跟踪动态图）、前锋线比较法等工具。

（3）工程项目详细进度控制。其主要是各作业部门对各具体作业进度计划的控制，这是进度控制的基础。一般采用S型曲线、香蕉型曲线等工具。

在工程项目进度控制时要注意过早过或晚完成都是不合适的。项目控制主要解决的问题是克服延期，但实际进度与计划不符还有另外一种情况，即工作过早地完成。一般来说，这是有益无害的，但在某些特定情况下，某项工作过早完成会造成资金、资源流向问题，或支付过多利息等问题，所以工程项目的过早与过晚完成都是需要尽量避免的。

3．工程项目进度控制的措施

（1）组织措施。其指重新分配资源，如将服务部门的人员投入到生产中去等；减少工作范围，通过辅助措施和合理的工作过程提高劳动生产率等。

（2）管理措施（合同措施）。其指在合同中提前规避预想风险等。

（3）经济措施。经济措施有以下 2 点：

1）编制与进度计划相适应的自由需求计划，从而反映工程实施各阶段所需的资源。通过资源分析，发现所编制进度计划实现的可能性，如果资源条件不具备，则应调整进度计划。

2）工程预算中考虑加快工程进度所需要的资金。

（4）技术措施。技术措施有以下 2 点：

1）不同的设计理念、设计方案产生的不同影响。

2）施工方案对工程进度的直接影响。

所以当进度计划受阻时，要考虑是否是施工技术的影响。如果是，则需要变更施工技术、施工方法、施工机械以及相应的人力重新分配。

【案例 6-16】某光伏电站工程项目进度控制要点（节选）

1．施工进度计划及管理

本项目合同工期是××年 9 月 28 日开工（具体以业主方发出开工指令为准），计划于××年 12 月 31 日完工。

2．合同里程碑计划及施工二级计划

略。

3．进度计划的保证措施

施工进度计划的编制及更新。

项目进度计划的编制应充分考虑影响因素，统筹安排，充分考虑各环节间的逻辑关系，尽量压缩整个工程施工期间资源配置的峰谷差。

加强进度、资源、成本的动态控制，争取进度、资源、成本的最优化配置，使项目管理渗透到经营、人力资源等各部门，提高项目的管理效益。

施工进度的管理。

（1）加强管理及思想工作。组织有效和培训，特别是对新工艺、新材料的培训。

（2）合理安排工作，减少施工高峰人数。

（3）项目总进度计划发布实施后，项目部各部门要根据各自的工作范围，制订相关的工作计划，如机具的进退场计划、设备材料到货计划、外加工件的订货计划、图纸到位计划、主要施工方案编制计划、劳动力计划等，为工程如期开工、正常施工、如期完工排除障碍，创造条件。充分发挥计划的指导作用。

4．雨季施工进度保证措施

夏季气候潮湿多雨，因此，工程必须采取切实可行的雨季施工措施，以保证本工程施工质量的进度。

（1）在雨季来临前，根据工程施工的实际情况，编制详细的雨季施工方案，并组织有关人员认真学习，对项目施工人员进行交底，确保雨季施工措施得以落实。

（2）在雨季即将来临之前，制订出雨季施工详细的材料、设备计划，劳动力需用计划，设专人督促落实。

（3）由项目总工程师组织各施工队、安全人员对整个现场的排水设施，防雷措施等进行全面大检查，从而消除隐患。

（4）设专人收听天气预报，及时根据气候调整施工安排，确保质量、安全。

（5）根据本地区雨季月平均降雨量和最大降雨量，拟定排水设施。

（6）施工现场排水系统，保证沟道畅通，防止露天存放设备被水浸泡。

（7）机电设备做好接地工作，手持电动工具等应设置漏电保护器；从事带电作业的人员应采取防触电措施。

（8）暴雨、汛期后，应对临时设施、机电设备、电源线路等进行检查，并及时修理加固。有严重危险的应立即排除险情。

（9）空气湿度大时，应防止电气设备、大电机等绝缘能力降低。

（10）仓库区内道路要畅通，通信、消防、排洪设施齐备。

（11）雾天能见度较低时，停止吊装。

（12）施工用电管理：防潮、防触电、防短路事故发生。

（13）施工现场路面坚实，无积水、无塌陷，保证连续施工。

（14）雨季风期对外脚手架、塔吊、施工电梯等要特别注意，经常检查，防止松扣，采取必要的防雷、防滑措施。

（15）风雨季临近时，要认真组织策划，及时做好物资准备，备好雨具、水泵等排水设施，保证风期雨季工作的有效落实。

（16）雨季安装变压器和GIS时，要天天关注天气预报，根据天气情况来进行工序安排，装备干燥空气发生器和抽湿器等来确保设备安装的湿度能够满足要求。

四、工程项目费用控制

（一）工程项目费用控制的概念

工程项目的费用控制主要是成本控制，即是指通过控制阶段，在达到预定质量和工期要求的同时，优化成本开支，将总成本控制在预算（计划）范围内。项目的成本控制不仅是项目管理的主要工作之一，而且在整个企业管理中都承担着十分重要的地位。人们要求企业具有经济效益，而企业的经济效益通常是通过项目的经济效益实现的。项目的经济效益是通过盈利的最大化和成本的最小化实现的。特别是承包企业，其通过投标竞争取得工程，签订合同，确定合同价格，其企业经济目标（盈利）主要是通过项目成本控制实现的。

在我国的工程项目中，由于项目整体管理水平、控制方法和控制技术存在许多问题，故项目的成本控制工作经常被忽视，从而使项目成本处于失控状态，常常只有在项目结束时才能确定实际成本开支和盈亏，而这时损失常常已无法弥补了。

（二）工程项目费用控制的特点

（1）工程项目参加者对项目成本控制的积极性和主动性与其对项目承担的责任有关（严密的组织体系和合同是项目成本控制的重要手段）。

（2）工程项目成本控制是综合性的。工程项目成本分析必须与进度、工期、效率和质量等分析同步进行，并互相对比参照，方能得到反映实际情况的信息。工程项目成本控制需要业主、设计单位、工程项目管理（如技术、采购、合同、信息管理）人员等的共同工作。成本超支很难弥补，对成本超支问题必须通过合同措施、技术措施和管理措施等综合解决，特别要加强对工程项目变更和合同的管理。

（3）成本控制需要及时、准确和适当详细程序的信息反馈。原因包括成本计划的对象多，这样其控制指标也是多角度的；工程项目过程中，成本的版本有很多，不同的主体，不同的角度，不同的版本，其控制方法、措施、力度均不尽相同（如概算、预算、合同价、结算价等），所以成本跟踪是多版本的分析比较；在成本跟踪和诊断中必须要依据工程完工程度、工期、资源消耗和任务等信息；为准确反映情况，需在成本分析报告中进行不同层次的分析。

【案例 6-17】某光伏电站费用控制要点

1. 采购阶段费用控制

设备、材料费用占总承包合同价格比重比较大，具有类别品种多、技术性强、涉及面广、工作量大等特点。做好设备、材料采购阶段的控制工作是实现总承包商利润的主要环节。

（1）确定供货商名单范围。总承包项目要想在物资采购上获得利润，就必须采用招标的方式。因此，需根据总承包合同中明确的供货商或质量标准，尽量选择同一档次的供货商。选择同一档次的供货商一方面可以初步确定设备、材料的质量水平；另一方面可以获得尽可能低的采购价格。总承包商可以与设备、材料供应商建立长期合作关系，缩短采购周期，扩大项目利润。

（2）明确采购范围。在总承包合同签订时必须明确备品、备件品种及数量。在采购过程中，要严格按照合同要求一次性购买，避免多采购造成费用增加或少采购以后再追加造成的成本加大。总承包项目中材料的数量往往不像设备数量那么准确，经常出现或多或少的现象，故采购人员要根据完成的施工图所需的准确材料量，考虑设计可能发生的变化，以及施工、安装、运输过程中的损耗来确定采购数量。材料余量的大小直接影响成本，过分加大余量只能造成浪费。

（3）实行限额采购。限额采购就是对拟采购设备设定限制额度，每一台设备都有相应的限制额度，多台同类设备同时采购时，不应以单台限额为限，应以同类设备合计限额为控制目标。同类设备集中采购有利于供货商制造成本的降低，有利于合同谈判节省设备采购费用。对同时开工的不同项目中同类设备进行集中采购，对降低设备费用会有更大效果。对超出限额较大的情况，应认真分析原因，找出解决办法。

2. 建筑安装施工阶段费用控制

建筑安装施工阶段时间周期长，是 EPC 总承包项目实现的主要阶段，也是费用控制的关键环节。要仔细研读合同，合理控制分包单位的工程变更及设计变更，并根据 EPC 合同合理向业主方提出变更和索赔申请。

【案例6-18】某光伏电站项目成本控制措施

1．施工准备阶段成本控制措施

（1）明确项目部各级人员的职责和分工。

（2）根据施工图、施工进度计划和各月完成工程量的大小，编制资金使用计划，按分部或分项工程确定、分解成本控制目标计划。根据本项目的经营目标，进行成本风险分析，并制订防范对策。

（3）制订科学、技术先进而切实可行的施工组织设计，同时对各重大施工方案进行技术经济分析和比较。

（4）对材料、机械设备、工器具和仪器、仪表的准备应充分，一旦施工就能保证连续进行。

（5）对各级管理和施工人员进行培训，使他们具有达到本工程要求的管理技能和技术技能，减少施工过程中出现不合格风险的可能，从而降低工程成本。

（6）根据工程进展情况，制订劳动力使用计划，避免盲目上人或因劳动力不足而影响施工，造成浪费。

2．施工阶段成本控制措施

（1）严格按审定的施工组织设计或施工方案组织施工，减少施工过程中的随意性，避免劳动力的浪费，避免资源的浪费。

（2）严格执行施工的技术规程、规范，减少或避免出现不合格情况，减少返工或返修带来的损失。

（3）严格遵守安全生产、文明施工的各项规章制度，杜绝重大安全事故，减少或避免一般性事故，减少安全施工成本。

（4）根据施工进度和所完成的工程量，进行施工过程中的成本跟踪控制，每个月进行一次工程实际支出与目标值的比较，若发现偏差，则分析产生的原因，并及时采取措施。同时对下期成本控制情况进行预测和分析，做到有一定的前瞻性。

（5）控制设计变更，认真审核各种变更对工程成本控制的影响。

（6）认真履行施工合同，做好施工记录，保存各种文件图纸，积累素材，为正确处理可能发生的索赔提供依据。严格进行过程控制，避免因进度、质量、安全和文明施工等问题而造成业主的反索赔。

（7）积极开展质量控制（QC）小组活动，选定一些投入小、见效快，能提高施工工艺水平的项目进行攻关。

（8）严格执行各项制度，特别是材料管理和劳动力管理制度，提高管理水平。

3．施工保修阶段成本控制措施

执行合同，认真履行保修职责。遵守向业主做出的各种承诺，定期进行质量回访，对工程出现的问题在合同规定的时间内进行整改，避免出现业主反索赔。

4．全方位施工成本控制

（1）人工费用成本控制措施。

1）本工程的用工管理实行严格的计划管理。工程开工前，依据施工图，对工程量进行详细核算，以此作为工程用工的依据；根据工程量的需要进行合理的施工组织，制订各分部工程、工序的用工计划。

2）人员的组织严格按施工组织设计的要求进行编排.根据用工计划安排，减少重复劳动和窝工现象，充分提高组织效率、优化工序。各作业点应综合考虑\综合协调，建立动态的用工管理组织形式。

3）以人为本，充分调动人员的工作积极性，保证工程施工的顺利进行。

（2）材料费用成本控制措施。

1）工程开工前，由工程部根据施工图纸，编制出准确的工程材料供应计划。材料计划应分部、分项、分段编制，各工序综合平衡考虑。

2）施工队根据计划向供应部办理材料领用手续。材料在领用、运输、交接、储存过程中制定防止损耗的措施；材料使用前、过程中都有详细的记录和标识；运输过程重点防止损坏，储存过程防止丢失，施工现场防止被盗。

3）材料供应减少中间环节，交通条件满足时，部分材料经验收后可直接运至施工现场，降低材料运输、周转费用。

4）加强材料质量管理，确保所用材料质量合格，防止因材料不合格造成不必要的浪费。

（3）机械费用成本控制措施。

1）工程开工前，根据施工组织设计的要求，由工程部编制本工程的机械设备使用计划。

2）对于使用的各种施工机械，建立一套完善的使用、管理制度，使施工机械的使用、检查、维修、保养有章可循。

3）对于专用机械指定专人操作、专人维修，并备足配件，确保机械设备在施工中发挥应有的效能。

4）工程进行过程中，定期对施工机械按程序进行检查与校验，并做好标识；专用机械每次使用前进行检查，使用后进行保养。

（4）管理费用成本控制措施。

1）管理人员全部受过专门的管理岗位培训，满足管理工作高效率、低编制、一专多能的需要。

2）严格控制办公费用。对施工管理人员的办公费用采用严格的用量控制，根据工程要求，确定使用的办公车辆，做到一车多用；办公用品定量发放。

（三）工程项目费用控制的基本方法

（1）制定费用控制办法，包括规定的批准、核算、审核和变更等。

（2）在费用计划的基础上落实各组织层次的责任成本。

（3）费用监督工作，贯穿于工程项目全过程。

（4）费用跟踪，即成本分析工作，确定实际与计划的偏差。

（5）评估费用执行情况，包括以下6个内容：

1）费用超支及原因分析，用于区分可控与不可控的偏差，不仅要纠正，更重要的是确保后续工作的顺利完成。

2）剩余工作与所需成本预算和工程成本趋势总体分析，研究在总成本预算内完成整个后续工作的可能性，制定调控措施，修订后续工作计划。

3）对下一个控制期可能造成成本增加的内外部风险进行预警和监控，必要时按规定程序做出合理调整以保证工程项目正常进展。

4）其他工作为相关者提供成本化决策信息。

5）从总成本最优目标出发，进行质量、技术、工期和进度的调整优化。

（6）对工程项目状态变化造成的成本影响进行测算分析，调整计划，协助解决计算问题。

（四）电气与控制工程项目费用控制实务

要保证各项工作在它们各自预算范围内进行。费用控制的基础是事先就对项目进行的费用预算，特别关注基于 WBS 的预算，即带有分摊预算成本的工作分解结构，关注每个工作包的总预算成本。图 6-28 为带分摊预算成本的 WBS。

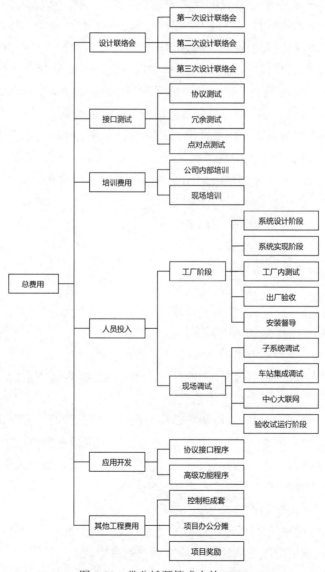

图 6-28　带分摊预算成本的 WBS

1. 电气与控制工程项目费用控制的内容

电气与控制工程项目费用控制主要在设备费用与工程服务费用两个方面。设备的费用控制需要在采购管理过程中完成，且主要关注在设计选型上，特别需要注意在电气与控制工程项目的设备选型时，一方面要考虑到当前采购的成本，另一方面还应关注后续维护所需的成本问题。例如，在一个地铁综合监控系统项目中，20个车站通常需要50个左右的8口网络交换机，有经验的厂家通常会选择价格比普通交换机贵2～3倍的工业网络交换机，因为考虑到车站的工作环境恶劣，工业网络交换机几乎没有维护工作量，而普通网络交换机则需要经常维护；考虑到维护需要抽入的人力成本和再购买成本，使用工业网络交换机反而使总成本更低，更不用说由系统可靠性的提高而带来的用户高满意度的附加效应了。另外工程服务费用的控制则是贯穿工程实施及管理的全过程，包括人力资源及其他相关资源所对应的费用控制。项目经理应当尽量争取获得经验丰富或有专业特长的成员来完成相应的工作。因为通常经验丰富的成员能够更有效率地完成工作，从而降低人力成本；项目经理还需要在最合适的时期安排合适数量的人力资源完成工作，降低项目人力资源的闲置率同样也是降低项目成本的有效办法。

费用控制的基本方法是规定部门定期上报费用报告，再由控制部门对其进行费用审核，以保证各种支出合法性，然后再将已经发生的费用与预算相比较，分析其是否超支，并采取相应的措施加以弥补。一方面寻找费用反面方向的变化（防止遗漏项目等，与工期过早、过迟类似），另一方面也必须考虑与其他控制过程（范围控制、进度控制、质量控制）等相协调。

费用控制是在项目实施过程中通过开展项目成本的监督与管理，努力将实际成本置于受控状态并将其控制在项目预算范围内的工作，主要有如下5项工作：

（1）监控费用执行情况以确定与计划的偏差。

（2）确认所有发生的变化被准确记录在费用线上。

（3）避免不正确的、不合适的或者无效的变更反映在费用线上。

（4）就审定的变更，通知利益相关者。

（5）采取措施，将预期的费用超支控制在可接受的范围内。

2. 电气与控制工程项目费用控制的依据（合同及备忘录中变更的记录）

电气与控制工程费用控制的依据如下。

（1）费用预算。

（2）实施执行报告，这是费用控制的基础。实施执行报告通常包括了项目各工作的所有费用支出，同时也是发现问题的最基本依据。

（3）改变的请求。改变的请求可能是口头的也可能是书面的，可能是直接的也可能是非直接的，可能是正式的也可能是非正式的。改变可能是请求增加预算，也可能是减少预算。

无论如何，在理解费用控制依据时，一定要注意关注合同及备忘录中变更的记录。

3. 电气与控制工程费用控制的方法与技术

电气与控制工程费用控制的方法与技术如下：

（1）费用控制变更系统。其通常需要说明费用线被改变的基本步骤，包括文书工作、跟踪系统及调整系统，费用的改变应该与其他控制系统相协调。

（2）实施的度量。其主要帮助分析各种变化产生的原因，挣值法是一种最为常用的分析方法。费用控制的一个重要工作是确定导致误差的原因以及如何弥补、纠正所出现的误差。

（3）附加的计划。电气与控制工程在实施过程中不可避免地会出现设备的变更、工作范围的变更和进度的变更，所有这些变更都将导致费用的变更。费用的变更必须得到有效的控制，不可预见的各种情况要求在项目实施过程中重新对项目的费用做出新的估计和修改，其中包括申请变更、审核批准和变更预算 3 个步骤。

（4）计算工具。其通常是借助相关的项目管理软件和电子制表软件来跟踪计划费用、实际费用和预测费用改变的影响。

（五）挣值法

1．项目成本累计曲线（S 型曲线或香蕉型曲线）的应用问题

实际进度成本与计划进度成本模型（S 型曲线）的对比反映了项目总成本的进度状况。在实际工程中，由于计划的成本模型是人们从工期和成本综合控制的角度和要求出发的，人们对实际和计划成本模型的对比寄予了很大的希望，认为它对控制成本十分重要。但在对成本模型（即工期－累计成本）的计划和实际情况进行比较时要注，若不分析其他因素，仅在该图上分析差异，则常常不能反映出项目存在的问题和危险。

而在香蕉型曲线中，仅看计划成本和实际成本曲线的偏差是不够的，只有在实际过程中完全按工程初期计划的顺序和工程量施工，才不会发生逻辑关系变化。当然其他工程也会用到，但电气与控制工程工序变动情况尤其复杂，所以会重点采用。只有没有实施过程或次序的改变和工期不正常地推迟，才能从计划和实际的成本模型对比图上反映出成本差异的信息，才能反映成本本身的节约或超支。而这些条件在实际工作中很难保证，因此在做上述分析时一定要谨慎地对项目进行综合分析，防止误导。

而在实际工程中，将实际成本核算到工程活动上是比较困难的，也常常是不及时的。在控制期末，对未完成的分项工程已花费的成本量和完成程度进行估算比较困难。通常在控制期末，未完成的分项工程越多，实际成本的数值越不准确，成本状况评价越困难。

综上，电气与控制工程项目的实际进度成本和计划进度成本模型的比较意义不大。因为电气与控制工程项目自身特点，特别是其软件项目包括许多新兴技术的工期成本在 S 型曲线中占比较大，为此引入挣值法。

2．挣值法概念

1967 年，挣值法首次由美国国防部提出，并于 20 世纪 80 年代被推广并开始广泛应用于工程项目管理与控制中。长期以来它一直作为工程项目费用和进度综合控制的一种颇为有效的方法，被人们普遍采用。

挣值法克服了成本模型的局限性，考虑了工程项目的实际工程量完成情况对成本的影响。其说明发现已经存在的问题不是最终任务，最终任务是解决问题，让项目目标一次性得以成功实现才是关键。所以要特别关注已存在的问题对后续的影响，并提示如何纠偏，最好地完成目标。其是对工程项目进度和费用进行综合控制的一种有效方法。

3．挣值法的三个基本系数

（1）BCWS（Budgeted Cost for Work Scheduled）：计划工程量的预算费用。BCWS 也称为计划价值（Plan Value，PV）。BCWS 是按前锋期完成计划要求的工程量所需要的预算费用，

它按照计划工程量和预算定额（单价计算），表示按原定计划应完成的工程量。其计算公式为

$$BCWS=计划工程量×预算定额$$

BCWS 主要反映按进度计划应完成的工程量，对业主来说就是计划工程量。

（2）ACWP（Actual Cost for Work Performed）：已完工程量的实际费用。ACWP 也称为实际费用（Actual Cost，AC）。ACWP 是到前锋期实际完成的工程量所消耗的实际费用。ACWP 主要反映项目执行的实际情况指标。

（3）BCWP（Budgeted Cost for Work Performed）：已完工程量的预算成本。BCWP 也称为实现价值（Earned Value，EV）。BCWP 是到前锋期实际完成工程量及按预算定额计算出来的费用，其是实际工程价值即挣值，计算公式为

$$BCWP=已完工程量*预算定额$$

需要注意的是，对业主而言，BCWP 是完成工程预算费用或实现了的工程投资额。如果采用单价合同，也就是应付给承包商工程价款，对承包商来说就是他有权能够从业主处获得的工程价款，即他的挣值。

4．挣值法的 4 个评价指标

（1）费用偏差：CV（Cost Variance），指检查期间 BCWP 与 ACWP 之间的差异。其计算公式为

$$CV=BCWP-ACWP（同一时间节点）$$

BCWP、ACWP 均以完成工程量作为计算基准，因此两者的偏差即反映出项目的费用差异。CV<0 时，即当 CV 为负值时，表示执行效果不佳，实际消费人工（或费用）超过预算值，也就是超支；CV≥0 时，即当 CV 为正值时，表示实际消耗人工（或费用）低于预算值，表示有节余或效率高。

费用偏差指标如图 6-29 所示。

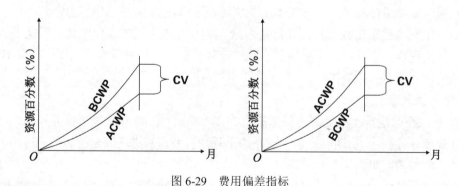

图 6-29　费用偏差指标

（2）进度偏差：SV（Schedule Variance），指检查期间 BCWP 与 BCWS 之间的差异。其计算公式为

$$SV=BCWP-BCWS（同一时间节点或者同一资源消耗节点）$$

因为两者都是以预算单价作为基础的，所以其偏差即反映出前锋期完成工程量的差异，即进度差异。SV>0 时，即到前锋期，实际完成工程量多于计划应完成工程量，即进度提前；SV<0 时，即到前锋期，实际完成工程量少于计划应完成工程量，即进度延误；SV=0 时，即

到前锋期，实际完成工程量等于计划应完成工程量，即进度吻合。

进度偏差指标如图 6-30 所示。

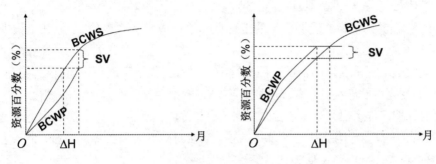

图 6-30　进度偏差指标

（3）费用执行指标：CPI（Cost Performed Index），指 BCWP 与 ACWP 值之比（或工时值之比）。其计算公式为

$$CPI=BCWP/ACWP$$

CPI>1 时，即实际费用低于"挣得值"，即效益好或效率高；CPI<1 时，即实际费用超出"挣得值"，即效益差或效率低；CPI=1 时，即实际费用等于"挣得值"，即效益或效率达到预期目标。

（4）进度执行指标：SPI（Schedule Performed Index），指项目挣值与计划价值之比。其计算公式为

$$SPI=BCWP / BCWS$$

SPI>1 时，即进度提前；SPI<1 时，即进度延误；SPI=1 时，即实际进度与计划进度吻合。

5．挣值法的结果

挣值法的结果可用 3 条曲线表示（分别画在前面 4 个评价指标中）。

（1）BCWS 曲线。BCWS 曲线指按照批准的项目进度计划（横道图），将各个工程活动的预算成本在活动的持续时间上平均分配，然后在项目持续时间上累加得到的。这条曲线是项目控制的基准线。

（2）BCWP 曲线。BCWP 曲线指按照控制期统计已完工程量，并将此已完工程量的值乘以预算单价，逐月累加得到。挣值与实际消耗的费用无关，它是用预算定额或单价来计算已完工程量所取得的实际进展的值。它能较好地反映工程实际进展所取得的绩效。

（3）ACWP 曲线。ACWP 曲线按时应已完工程量实际消耗的费用，逐项记录，逐月累加得到。

6．挣值法的应用

运用挣值法原理可以对成本和进度进行综合控制。

（1）挣值法应用于工程项目中的优点。

1）可以形象地用 S 型曲线对整个项目和各项活动的计划费用、实际支出与挣值相比较。可以很直观地发现项目实施过程中实际和计划的工程量和单价的差异，能对项目的实施情况进行客观评估，有利于查找问题的根源，并能判断这些问题对进度和费用产生影响的程度。

2）在工程项目的费用、进度综合控制中引入挣值法，可以克服以往进度、费用分开控制的缺点，使控制更加准确有效。

（2）挣值法应用于工程项目中存在的问题。

1）应用对象要有明确的能够度量的工程量和单位成本（或单价），但在工程中有许多工程活动是不符合这一要求的。

2）仅适用于工程量变化的情况，而工程中不仅有工程量的变更，而且还会有质量、工作条件和难度的变化以及解决的不可抗力的影响，它们都会导致实际成本的变化。

3）在前锋期，许多已开始但未完成的分项工程的完成程度，以及已使用但未完成能耗的材料等的准确性，都会影响挣值法的分析结果。当然对此可采用折算的办法，但人为因素对分析效果的影响较大，从而产生偏差。

7. 对工程结束时成本状态的预测

工程项目费用管理中，除了对过去已执行的分析、找偏差、找问题，更关键在于对未来的预测，所以需要对工程从当期到结束时成本状态进行预测。在项目全过程中，项目经理必须对工程结束时的成本状态、收益状态持续地进行预测和控制。

前锋期有已完成或已支付成本，即实际工程上的成本消耗。它表示工程实际完成的进度，在此基础上，可以按照目前的实施情况，估计到项目结束时所需的总成本，即完工估算（Estimate At Completion，EAC），即按照完成情况估计在目前实施情况下完成项目所需的总费用，关键问题是做好剩余工程量的成本计划，而剩余成本预测，它实质上是项目前锋期以后的计划成本值。在理论上，它应按现时的环境计算要完成剩余的工程还需投入的成本量计算，具体如下：

（1）如果预计未来的实施不会发生变更，则剩余成本就是剩余工程量的预算，计算公式为

$$EAC=已完成成本+剩余工程量的预算$$

（2）如果剩余工程的情况（如范围、性质、要求）变化不大，仅有些条件（如市场状况、环境状况）发生变化，则可以按目前的实际情况对剩余预算进行调整，计算公式为

$$EAC=已完成成本+按实施情况调整后的剩余预算$$

（3）如果剩余工程的情况（如范围、性质、要求、市场条件）与原计划时的假设条件完全不同，则原来的预算已不再适用，计算公式为

$$EAC=已完成成本+剩余工程量新的预算$$

而上述 EAC 中"剩余工程量新的预算"，也称为 ETC（Estimate To Completion）。

8. 成本分析指标

成本分析的指标有很多，其原因有以下 4 点。

（1）成本计划的对象多。人们从各个角度反映成本，则必然有不同的分析指标。

（2）在项目过程中成本的版本有很多，需要有不同的对比。

（3）为了综合地、清楚地反映成本状况，成本分析必须与进度、工期、效率、质量分析同步进行，并互相对比参照。

（4）为了准确地反映情况，需要在成本报告中进行包括微观和宏观的分析，包括各个生产要素的消耗，各分项工程及整个工程的成本分析。

所以通常成本分析的综合指标还有如下 2 大类。

（1）效率比，其计算公式为

$$机械生产效率=\frac{实际台班数}{计划台班数}$$

$$劳动效率=\frac{实际使用人工工时}{计划使用人工工时}$$

与此相似，还有材料消耗的比较及各项费用消耗的比较。

（2）成本分析指标，其计算公式为

$$成本偏差=实际成本-计划成本$$

$$成本偏差率=\frac{（实际成本-计划成本）}{计划成本}\times100\%$$

$$利润=已完工程价格-实际成本$$

经过对比分析，如果发现某一方面已经出现成本超支，或预计最终将会出现成本超支，则应将它提出，做进一步的原因分析。成本超支的原因可以按照具体超支的成本对象（费用要素、工作包、工程分析等）进行分析。原因分析是成本责任分析和提出成本控制措施的基础。造成成本超支的原因有以下4个方面：

（1）原成本计划数据不准确，估价错误，预算太低，不适当地采用低价策略。

（2）外部原因：业主的干扰，阴雨天气，物价上涨，不可抗力事件等。

（3）实施管理中的问题，包括不适当的控制程序，费用控制存在问题，预算外开支多，被罚款；成本责任不明，实施者对成本没有承担义务，缺少成本（投资）方面限额的概念，同时又没有节约成本的奖励措施；劳动效率低，工人频繁地被调动，施工组织混乱；采购了劣质材料，工人培养不充分，材料消耗增加，浪费严重，发生事故，返工，周转资金占用量大，财务成本高；合同不利，在合同执行中存在缺陷，承包商（分包商、供应商）的赔偿要求不能成立等。

（4）工程范围的增加、设计的修改，功能和建设标准提高，工作量大幅度增加。

成本超支的原因非常多，不胜枚举。可以说在项目的目标设计、可行性研究、设计和计划、实施中，以及在技术、组织管理、合同等任何一方面出现问题都会反映在成本上，造成成本的超支。

原因分析可以采用因果关系分析图进行定性分析，在此基础上又可利用因素差异分析法进行定量分析。

9．思考降低工程项目成本的措施

压缩成本的措施必须与工程的功能、工期、质量和合同等目标统一考虑。越接近终点，工期前锋线越向前，预测可信度越大，成本概算越可靠。所以现在可以采用的办法有根据工作包完成百分比的0/100法则以及50/50法则，或者其他的完成百分比法则（三分性：0、33%、67%、100%）或（四分性：0、25%、50%、75%、100%）等。

总之，工程项目管理的所有部门，特别是生产部门、采购部门和财务部门都需要提供一些支持，以方便项目经理进行有效的成本控制。这种支持主要来自两个方面：一方面是预算时提供的支持，主要是生产采购部门对设备预算提供的价格支持，财务部门对工程服务的预算提供的一些基准参数；另一方面是工程项目管理过程控制中提供的支持，在项目实施过程中，财务部门应该向项目经理提供项目各阶段实际成本支出的报告，将实际成本与预算进行比较，为项目经理进行成本控制提供阶段性的客观依据。

（六）工程质量和工程费用的相关问题

工程质量和工程费用的相关问题可以从如下几个方面进行考虑。

（1）工程质量具有综合性，包括工程的可用性、安全性、耐久性、用户的满意度等，很难用一个指标来描述。

（2）工程总费用是指整个工程全生命周期的费用，包括建设费用和运行维护费用等，而在工程总费用中与工程质量管理密切相关的费用包括以下 5 点。

1）为保证和提高工程质量，满足用户需要而支出的费用，包括在技改方面的投入和管理方面的投入（即质量控制和质量保证的成本，包括人员培训费用、检测费用以及工程建成验收消耗的费用）。

2）因工程未达到质量标准或质量低劣而产生的一切损失费用，若工程符合质量要求则能够减少返工，这就意味着能提高劳动生产率，降低成本。

3）通常建设费用和运行维护费用之间存在一定的关系。增加建设投资能够提高工程的质量，降低运行维护成本；但是如果建设费用低、工程质量差，则运行维护费用就会提高。这样对于一个具体的工程项目，在概念上存在工程总费用与工程质量的关系曲线，存在最佳（最经济）质量的选择。

4）对一些特殊的工程项目，如高费用的设备的工程（高技术、关键设备），有修养维修比较困难的设备（航天空间站，大型水电站，核电站），不允许出现质量问题的工程项目（航天飞机，火箭，核工业工程等），用户要求一次运行成功，并保证运行的可靠性和安全性，甚至要求减少运行维护工作，其成本很高。

5）对于一个工程项目评标，不能一味地追求低的报价或将任务委托给报价过低的承包商。工程实际已经证明，如果报价过低，则很难取得高质量的工程。如可行中标原则，即"合理"低价中标。

任务检测

1. 选择题

（1）在建立工程项目变更控制之前必须先完成（　　）。

　　A. 项目章程　　　　　　　　B. 工作分解结构

　　C. 基线　　　　　　　　　　D. 项目预算

（2）由于技术难题、人员流失和设计返工导致项目遭受了重大延迟。项目完工百分比为50%，而实际使用了 65% 的日历时间，作为项目经理，你应该（　　）。

　　A. 重新设立进度计划基线，以便反映新的日期

　　B. 将进展缓慢和相关问题记录下来，并报告管理层，获得管理层的谅解

　　C. 对关键路径活动进行分析，看是否可以进行赶工或快速跟进

　　D. 识别实际时间超过计划时间的任务

（3）质量是指（　　）。

    A．与客户欲望的一致   B．"镀金"以便让客户高兴

    C．与要求、规范及适用性一致   D．与质量控制人员的要求相一致

（4）下列能满足客户真正需求的质量特性的是（　　）。

    A．高等级   B．安全与环境

    C．适用性   D．与规范一致

（5）下列是质量的一致成本的例子的是（　　）。

    A．返工   B．质量培训

    C．投诉处理   D．担保成本

（6）关于客户驱动的项目管理，下列说法正确的是（　　）。

    A．客户驱动的项目管理是组织的一种战略考虑

    B．客户驱动的项目管理是一种项目管理策略，提供的是一种操作方法

    C．客户驱动的项目要求客户代表担任项目经理

    D．客户驱动的项目管理就是要求满足所有的要求，包括不断增加的变更

（7）关于规范，下列说法错误的是（　　）。

    A．规范的作用就是沟通的基础和介质

    B．规范是供应商和客户通过协商形成的对工作范围、产品标准的一致理解

    C．质量是对期望的满足程度，因此没有必要将期望转变为规范，增加中间环节

    D．项目技术规范是指完成项目所需要的软件技术规范和硬件技术规范，包括系统功能规范、系统性能规范、硬件设计规范和系统接口规范等

（8）下列关于质量的观点说法正确的是（　　）。

    A．大部分的质量问题通常是由一线工人知识的缺乏和工人作业的失误造成的

    B．对于质量工作中的系统问题，管理层需要采取必要的行动加以解决

    C．在质量持续改进和提高方面，一线工人应该接受更多的培训，而不是管理层

    D．在项目中，用户对质量的要求始终是不变的，因此没有必要将客户纳入过程，只要按客户原先的要求做就可以了

（9）关于采购，以下论述不正确的是（　　）。

    A．采购价格是评价供应商的唯一标准

    B．对供应商的评价应包括技术、价格、服务等多方面的因素

    C．与供应商和分包商合作时应考虑双方的利益

    D．与供应商建立长期良好的合作关系需要较大的前期投入

（10）你所负责的项目的发起人要求压缩项目的工期，下列表述正确的是（　　）。

    A．赶工总是会缩短项目日历时，但是经常会增加风险

    B．快速跟进经常导致返工，赶工经常导致成本增加

    C．如果项目目前的实际费用低于预算，则赶工是唯一可行的选项

    D．与赶工相比，快速跟进将减少由于并行而导致的返工机会

2．简答题

（1）举例说明工程项目管理中控制的思想核心是什么。

（2）什么是团队绩效机制？对工程项目管理有何作用？

（3）如何理解工程项目范围目标？针对电气与控制工程重点应关注哪些目标？如何有效应对工程项目范围的变更？

（4）项目在进行质量管控时应该注意哪些问题？关于电气与控制工程项目的质量管控，重点应该关注什么？什么是客户驱动的项目质量管理？

（5）对一个项目进行进度控制时受哪些原理支配？对工程项目的实际进度与计划进度进行比较分析的方法有哪些？简述这些方法的具体应用。

（6）简述项目费用控制的基本原则和要求。

（7）项目经理如何克服由于项目计划的频繁变更对团队带来的影响？

（8）面对不断变化的客户需求，项目经理在提高客户满意度的同时减少或避免项目组的额外投入方面可以采取哪些措施？

（9）处理冲突的方法和处理过程是什么？

（10）集中采购有哪些优点？与供应商建立长期的合作关系对项目有哪些好处？

第七章　工程项目管理流程之项目结束

项目结束

任务目标

熟悉工程项目结束的流程，掌握电气与控制工程项目竣工验收的依据、标准、程序和内容；了解竣工决算的概念、作用、内容；理解项目考核与工程后评价的概念、程序和内容；掌握项目回访计划、程序、内容和方式，能完成电气与控制工程保修的计划与执行，深刻理解结束项目的意义在于衡量成功（评价）并持续改进。

任务描述

引导案例

某一号工程位于××高速以北，总建筑面积约 64893.42m^2，弱电系统范围包括综合布线系统、CCTV 系统、报警系统、巡更系统、一卡通系统、酒店锁系统、卫星有线系统、客房控制系统、公共广播系统、灯控系统、会议系统－大宴会厅、UPS 系统、防雷系统、桥架预埋管、机房工程。计划开工时间为 2010 年 12 月 6 日，竣工时间为 2011 年 6 月 20 日。

该工程项目项目部严格按照质量保证体系和管理办法进行运作，坚持质量、安全、工期、文明施工一起抓，并制订和贯彻执行该工程的质量计划和工期计划，对管理职责、文件和资料、材料采购、施工过程、检查和试验、不合格品的预防和纠正、产品保护、质量记录、服务质量等进行全方位严格控制，以确保工程质量。同时要求项目部严格按照施工规范、操作规程和有关安全生产、文明施工要求施工，认真做好技术安全交底和落实安全技术措施，强化安全检查和整改工作，以保证施工安全。尽力采用先进的施工机械设备和先进的施工方法，通过系统和科学的组织管理，达到工程质量目标，确保工期按期完成。充分发挥公司现有的施工水平，做到守合同、守信誉、优质、安全、文明、高效地完成本工程全部合同规定的任务，使用户满意。该工程达到国家施工验收合格标准，已通过验收。

提问： 工程项目结束包括哪些工作过程？如何通过各项验收？如何考核评价工程项目？为什么说结束项目的意义在于衡量成功（评价）并持续改进？

本章将按过程顺序阐述工程项目结束之全流程。

工程项目管理流程之项目结束是工程项目管理的重要组成部分，主要包括工程项目竣工验收阶段管理、工程项目考核评价、工程项目产品回访与保修等部分。工程项目竣工验收阶段管理是承包人向发包人交付工程项目产品的过程，工程项目考核评价是对工程项目管理绩效的分析和评定，而工程项目产品回访与保修则是我国法律规定的基本制度。

第一节　工程项目结束之竣工验收

竣工验收阶段是工程项目建设全过程的终结阶段。当工程项目按设计文件及工程合同的规定内容全部实施完毕后，便可以组织验收，交付工程项目产品，对项目成果进行总结、评价，交接工程档案资料，进行竣工结算，终止工程实施合同，结束工程项目实施活动及过程，完成工程项目管理的全部任务。

一、工程项目竣工验收的概念、依据及标准

（一）工程项目竣工

工程项目竣工是指工程项目经过承建单位的准备和实施活动，已完成了工程项目承包合同规定的全部内容，并符合发包单位的意图，达到了使用的要求，它标志着工程项目建设任务的全面完成。

（二）工程项目竣工验收

工程项目竣工验收是工程项目建设环节的最后一道程序，是全面检验工程项目是否符合设计要求和工程质量检验标准的重要环节，也是检查工程承包合同执行情况、促进工程项目交付使用的必然途径。

（三）工程项目竣工验收的依据

工程项目竣工验收的依据有以下7点：

（1）批准的设计文件、施工图纸和说明书。

（2）双方签订的施工合同。

（3）设备技术说明书。

（4）设计变更说明书。

（5）施工验收规范及质量验收标准。

（6）外资工程依据有关规定提交竣工验收文件。

（7）其他。

（四）工程项目竣工验收的标准

1. 工程项目竣工验收的条件

工程项目竣工验收的条件有以下4个：

（1）设计文件和合同约定的各项施工内容已经施工完毕。

（2）有完整的并经过核定的工程项目竣工资料，符合验收规定。

（3）有施工、监理等单位签署确认的工程项目质量合格文件。

（4）有工程项目使用的主要材料、构配件和设备进场的证明及实验报告。

2．竣工验收的工程项目必须符合下列规定

（1）合同约定的工程项目质量标准。

（2）单位工程项目质量验收的合格标准。

（3）单项工程项目达到使用条件或满足生产要求。

（4）建设项目能满足建成投入使用或生产的各项需要。

二、工程项目竣工验收的管理程序

根据国家现行规定，规模较大、较复杂的工程建设项目应先进行初验，然后再进行正式验收。施工单位应先自行组织有关人员进行检查评定，确认工程项目竣工、具备竣工验收各项要求，并经监理单位认可签署意见后，再向建设单位提交工程项目验收报告。建设单位收到工程项目验收报告后，应由建设单位负责人约定时间和地点，组织各参建单位进行工程项目验收。

（一）竣工验收准备

工程项目交付竣工验收前的各项准备工作由项目经理部具体操作实施，项目经理全面负责。要建立竣工收尾小组，搞好工程项目实估的自检、收集、汇总、整理完整的工程项目竣工资料，扎扎实实地做好工程项目竣工验收前的各项竣工收尾和管理基础工作。其工作内容包括以下 5 个方面。

（1）建立工程项目竣工收尾班子。

（2）制订、落实工程项目竣工收尾计划。工程项目竣工收尾计划表见表 7-1。

表 7-1　工程项目竣工收尾计划表

工程项目竣工收尾计划								
序号	收尾项目名称	工作内容	起止时间	作业对组	负责人	竣工资料	整理人	验证人

项目经理：　　　　　　　　技术负责人：　　　　　　　　编制人：

（3）竣工验收计划的检查。

（4）工程项目竣工自检。

（5）竣工验收预约。交付竣工验收通知书如图 7-1 所示。

```
┌─────────────────────────────────────────────────────────────┐
│                    交付竣工验收通知书                          │
│                                                               │
│  ×××（发包单位名称）：                                        │
│      根据工程项目合同的约定，由我单位承建的××××工程，已于××年××月××日  │
│  竣工，经自检合格，监理单位审查签认，可以正式组织竣工验收，请贵单位接到通知后， │
│  尽快洽商，组织有关单位和人员于××年××月××日前进行竣工验收。          │
│                                                               │
│      附件：1、工程竣工报验单；                                  │
│            2、工程竣工报告。                                    │
│                                                               │
│                                    ×××××（单位公章）         │
│                                         年  月  日             │
│                                                               │
└─────────────────────────────────────────────────────────────┘
```

图 7-1　交付竣工验收通知书

（二）编制竣工验收计划

计划是行动的指南。项目经理部应认真编制竣工验收计划，工程项目按计划完工后，需要按竣工验收计划自检，编制工程竣工报验单，提交工程监理机构签署意见，自检合格的工程项目应填写工程竣工报告。

（三）组织现场验收

首先由工程监理机构依据施工图纸施工及验收规范和质量检验标准施工合同等对工程项目进行竣工预验收，提出工程竣工验收评估报告，然后由发包人对承包人提交的工程竣工报告进行审定，组织有关单位进行正式竣工验收。

（四）进行竣工结算

工程项目竣工结算要与竣工验收工作同步进行。工程项目竣工验收报告完成后，承包人应在规定的时间内向发包人递交工程项目竣工结算报告及完整的结算资料。承、发包双方依据工程合同和工程变更等资料，最终确定工程价款。

（五）移交竣工资料

整理和移交竣工资料是工程项目竣工验收阶段必不可少且非常细致的一项工作。承包人向发包人移交的工程项目竣工资料应齐全完整、准确，要符合国家城市建设档案管理、基本建设项目（工程）档案资料管理和建设工程文件归档整理规范的有关规定。

（六）办理交工手续

工程项目已正式组织竣工验收，建设设计施工、监理和其他有关单位已在工程项目竣工验收报告上签认，工程项目竣工结算办完，承包人应与发包人办理工程移交手续，签署工程质量保修书，撤离施工现场，正式解除现场管理责任。

三、工程项目竣工决算

（一）竣工决算的概念

竣工决算是指工程项目竣工后，建设单位按照国家有关规定在新建、扩建和改建工程项目竣工验收阶段编制竣工决算报告。

（二）竣工决算的作用

竣工决算的作用有以下 3 个：

（1）工程项目竣工决算是综合、全面地反映竣工项目的财务情况的总结性文件。

（2）工程项目竣工决算是办理交付使用资产的依据，也是竣工验收报告的重要组成部分。

（3）工程项目竣工决算是分析和检查设计概算执行情况、考察投资效果的依据。

（三）竣工决算的内容

竣工决算的内容包括以下 2 个方面：

（1）竣工情况说明书。

（2）竣工决算报表。

（四）竣工决算的编制

1．竣工决算的编制依据

竣工决算的编制依据有以下 6 点：

（1）可行性报告、投资估算书、初步设计、修正总概算及批复文件。

（2）设计变更记录、施工纪录或施工签证单及其他发生的费用记录。

（3）经批准的施工图预算或标底造价、承包合同、工程结算等有关资料。

（4）历年基建计划、历年财务决算及批复文件。

（5）设备、材料调价文件和调价记录。

（6）其他有关资料。

2．竣工决算的编制要求

竣工决算的编制要求有以下 3 点：

（1）按照规定组织竣工验收，保证竣工决算的及时性。

（2）积累、整理竣工项目资料，保证竣工决算的完整性。

（3）清理、核对各项账目，保证竣工决算的准确性。

3．竣工决算的编制步骤

竣工决算的编制步骤如下：

（1）收集、整理和分析有关依据资料。

（2）清理各项财务、债务和结余物资。

（3）填写竣工决算报表。

（4）编制竣工决算说明。

（5）做好工程造价对比分析。

（6）上报主管部门审查。

四、工程项目竣工资料归档

工程项目竣工资料是工程项目承包人按工程档案管理及竣工验收条件的有关规定，在工程项目施工过程中按时收集，认真整理，竣工验收后移交发包人汇总归档的技术与管理文件，是记录和反映工程项目实施全过程的工程技术与管理活动的档案。需要有专门的资料员全程负责。

（一）工程项目竣工资料的内容

工程项目竣工资料的内容包括以下 4 个方面：

（1）工程项目施工技术资料。

（2）工程项目质量保证资料。

（3）工程项目检验评定资料。

（4）规定的其他应交资料。

（二）工程项目竣工资料的收集整理

工程项目竣工资料的收集整理包括以下 2 个方面：

（1）竣工资料的收集整理要求。

（2）竣工资料的分类组卷。

（三）工程项目竣工资料的移交验收

工程项目竣工资料的移交验收包括以下 2 个方面：

（1）竣工资料的归档范围。

（2）竣工资料的交接要求。

（3）竣工资料的移交验收。

【案例 7-1】某工程项目竣工验收控制流程

某工程项目竣工验收控制流程如图 7-2 所示。

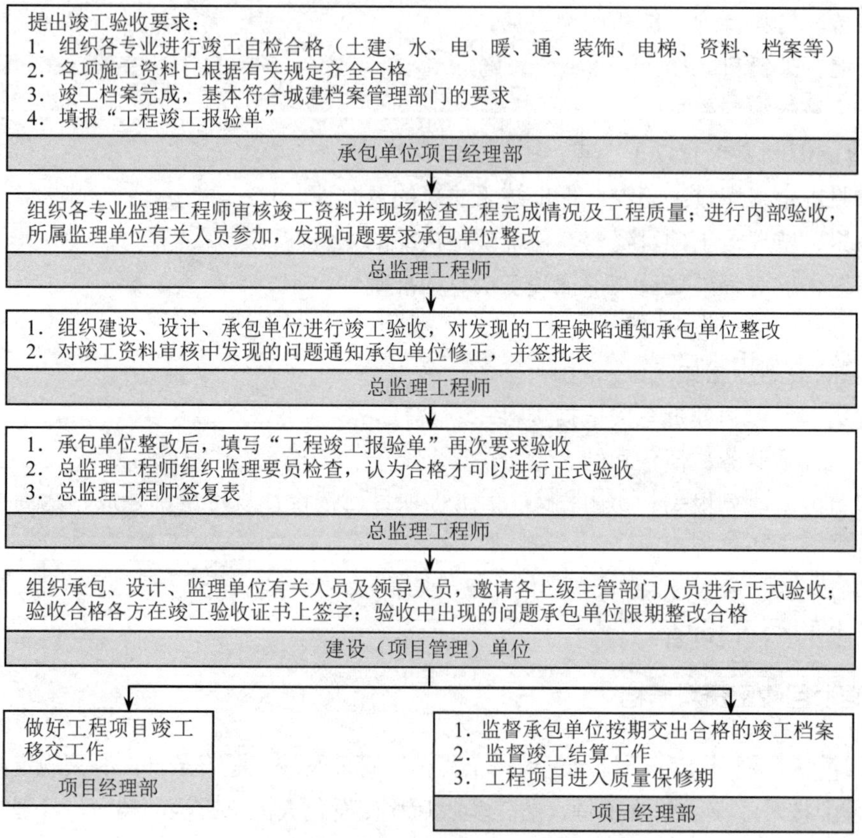

图 7-2　某工程项目竣工验收控制流程

五、电气与控制工程项目竣工验收实务

电气与控制工程项目管理有其特殊性，在收尾阶段更要谨慎。除遵循一般流程外，要特别关注其工程施工过程中的隐蔽部分，以及相关单位及分部工程交付后的投运实效性等。

（一）电气与控制工程项目竣工验收管理

电气与控制工程项目的验收一般是在项目结束后，项目团队将其成果交付给使用者之前，项目接受方对项目的产品或交付物进行审查、查核项目计划规定范围内的各项工作或活动是否已经完成，确认应交付的成果是否满足客户的要求。其验收和维护阶段通常包括三个：一是项目的初验；二是项目的保证期或试运行；三是项目的终验。实验包括三个部分：一是项目质量及范围的验收；二是项目资料的验收；三是项目的产品或交付物及项目文档的交接过程。

项目的初验就是项目竣工后，按照合同的规定，项目经理向客户提出对项目的产品或交付物进行初验测试；实验结束后进入试运行阶段，项目的产品或交付物开始运行；项目的终验主要是在项目的初验基础上，根据项目试运行及项目初验中遗留问题的解决结果，最终把项目的产品或交付物移交客户并使客户满意的过程。按照电气与控制工程项目在整体建设项目中的竣工验收实施过程，其具体执行如下。

1. 单位工程（或专业工程）竣工验收

单位工程竣工验收又称中间验收，是指承包人以单位工程或某专业工程内容为对象，独立签订建设工程施工合同，达到竣工条件后，承包人可单独进行交工，发包人根据竣工验收的依据和标准，按工程项目合同约定的工程内容组织竣工验收。

2. 单项工程竣工验收

单项工程竣工验收也称交工验收。即在一个总体建设项目中，一个单项工程已按设计图纸规定的工程内容完成，能满足生产要求或具备使用条件，承包人向监理人提交工程竣工报告和工程竣工报验单，经签认后应向发包人发出交付竣工验收通知书，说明工程完工情况、竣工验收准备情况、设备无负荷单机试车情况，具体约定交付竣工验收的有关事宜。发包人按照约定的程序，依照国家分布的有关技术标准和施工承包合同，组织有关单位和部门对工程进行竣工验收。验收合格的单项工程，在全部工程验收时，原则上不再办理验收手续。

3. 全部工程的竣工验收

全部工程的竣工验收又称动用验收，指工程项目已按设计规定全部建成、达到竣工验收条件，由发包人组织设计、施工、监理等单位和档案部门进行全部工程的竣工验收。对一个工程项目的全部工程竣工验收而言，大量的竣工验收基础工作已在单位工程或单项工程竣工验收中进行，对已经交付竣工验收的单位工程（中间交工）或单项工程已办理了移交手续的，原则上不再重复办理验收手续，但应将单位工程或单项工程竣工验收报告作为全部工程竣工验收的附件加以说明。

（二）电气与控制工程项目竣工验收的依据

电气与控制工程项目竣工验收的依据有以下5点：

（1）项目审批报告、设计任务书、可研报告、征用地文件、初步设计文件等。

（2）工程设计文件，包括施工图纸及有关说明。

（3）工程施工合同。

（4）设备技术说明书；设计变更通知书。

（5）国家颁布的各种标准和规范，外交工程也应依据我国有关规定提交竣工验收文件。

（三）电气与控制工程项目竣工验收的报验

电气与控制工程项目竣工验收的报验包括工程竣工报告、工程竣工报验单。

（四）电气与控制工程项目竣工验收组织

发包人收到承包人递交的交付竣工验收通知书后，应及时组织勘察、设计、施工、监理等单位，按照竣工验收程序对工程项目进行验收核查。如果属于大型的或重点的电气与控制工程项目，则需要组建专门的验收委员会；如果属于一般类型的或小型的电气与控制工程项目，则由各利益相关方代表组成即可。但要注意由于这类工程项目专业性较强，在验收过程中，需要逐项依据专门的验收规范来执行并审核、验收。

（五）参与工程移交手续

电气与控制工程项目特别需要注意移交过程中还会有护航期备忘录等的签订。

【案例 7-2】坦桑尼亚某 ICT 及安防工程项目竣工验收及文档

某 ICT 及安防工程项目中智能化弱电系统验收是该项目完成的关键节点，也是对整个工程建设项目的综合性检查验收。在工程项目正式验收前，由项目施工人员进行预验收，检查有关的技术资料、工程质量，发现问题及时解决；再组织业主、总包、当地咨询、酒店管理方一起验收。

主要竣工资料有以下 12 个：

（1）设计说明书书。

（2）合同（或协议书）。

（3）施工组织设计方案。

（4）工程施工往来文件（工程开工报审表、工程施工进度计划、工程联系单、设计变更申请书、工程签证单等工程中重要资料）。

（5）设备及材料验收，施工验工单等文件（设备、材料报验单、合格证、行业准入证、检验报告、说明书、保修卡等）。

（6）系统图、示意图表、竣工图。

（7）主要器材清单设备清单。

（8）系统培训记录报告。

（9）系统试运行报告。

（10）系统使用手册（含操作说明）。

（11）系统维修保障措施。

（12）工程决算报告。

第二节 工程项目结束之考核评价

一、工程项目考核

（一）工程项目考核的概念

当工程项目在实施阶段或竣工验收合格并交付使用后，工程项目实施单位根据工程项目管理目标责任书的内容，应对该项目管理进行统一地、全面地考核和评价，并作出评价结论。

工程项目考核的目的是规范工程项目管理行为，鉴定工程项目管理水平，确认工程项目管理成果，以对工程项目管理进行全面考核和评价。

（二）工程项目考核程序

工程项目考核评价可按下列程序进行：

（1）制订考核评价方案，经企业法定代表人审批后施行。

（2）听取工程项目经理部汇报，查看项目经理部的有关资料，对工程项目管理层和劳务作业层进行调查。

（3）考察已完工程。

（4）对工程项目管理的实际运行水平进行考核评价。

（5）提出考核评价报告。

（6）向被考核评价的工程项目经理部公布评价意见。

（三）工程项目经理部提供的资料

工程项目经理部提供的资料包括以下 5 个方面：

（1）项目部管理实施规划，各种计划和方案及其完成情况。

（2）项目所发生的全部来往文件、函件、签证、记录、签订、证明。

（3）各项技术经济指标的完成情况及分析资料。

（4）项目管理的总结报告，包括技术、质量、成本、安全、分配、物资、设备、合同履约及思想工作等各项管理的总结。

（5）使用的各种合同、管理制度、工资发放标准。

（四）项目考核评价委员会提供的资料

项目考核评价委员会提供的资料包括以下 4 个方面：

（1）考核评价方案与程序。

（2）考核评价指标、计分办法及有关说明。

（3）考核评价依据。

（4）考核评价结果。

（五）项目考核指标

1．定量考核评价

定量考核评价包括以下 4 个方面：

（1）工程质量等级。

（2）工程成本降低率。

（3）工期及提前工期率。

（4）安全考核指标。

2．定性考核评价

定性考核评价包括以下 7 个方面：

（1）执行企业各项制度的情况。

（2）项目管理资料的收集、整理情况。

（3）思想工作方法与效果。

（4）发包人及用户的评价。

（5）在项目管理中应用的新技术、新材料、新设备、新工艺。

（6）在项目管理中采用的现代化管理方法和手段。

（7）环境保护。

【案例 7-3】某医院应急项目考核报告（简略版）

一、项目概况

1．项目名称

某医院应急项目

2．工程地点

××区××职工疗养院旁

3．工程概况

建设总建筑面积为 $3.46 \times 10^4 m^2$（其中：隔离区 $2.94 \times 10^4 m^2$，保障配套及生活区 $0.52 \times 10^4 m^2$），设置总病床数 829 床。其中，一号住院楼建筑面积为 $15633 m^2$，二号住院楼建筑面积为 $13788 m^2$，医技楼建筑面积为 $1759 m^2$，ICU 建筑面积为 $2224 m^2$，配套建筑建筑面积为 $1167 m^2$。工程同步建设供配电、空调通风、给排水、污水处理、消防工程以及室外管网、综合安防、水电气接驳、铺装及绿化等工程。

主要建设内容包含：场地平整（约 $20 \times 10^4 m^3$）、房屋拆除（约 $1000 m^2$）、病房楼（13 栋）、医技楼（1 栋）、ICU（1 栋）、药品库（1 栋）、氧气站（1 座）、吸引站（1 座）、污水处理站（1座）、雨水调蓄池（2 座）、一体化提升泵站（3 座）、附属设施（消洗间、垃圾暂存间、焚烧炉、停尸房各一栋）的房屋建筑和机电安装工程；室外道路（环路 1366m）；室外给排水（污水管网 3138m、雨水主管网 1231m，雨水支管网 595m）；主供电系统（箱变 24 台）；园林绿化等施工图纸范围的全部内容。

4．立项及可研批复

批复文号：武发改社会函〔2020〕××号

项目总投资：85779.67 万元。

资金来源：财政投资。

5．参建单位

建设单位：××市城乡建设局。

监理单位：××华胜工程建设科技有限公司。

跟踪审计及结算单位：××工程造价咨询有限公司。

设计单位：××建筑设计研究总院有限公司。

施工单位：××集团有限公司（包含约19个分公司）。

　　　　　××市政建设集团有限公司（包含约6个分公司）。

　　　　　××市政建设集团有限公司（包含约9个分公司）。

　　　　　××建工集团股份有限公司（包含约7个分公司）。

　　　　　××花木公司。

　　　　　合计约42个审核主体。

6．施工界面

±0以上部分各单位区分明确，但±0以下部位存在交织施工情况，据了解结算过程中，经多次协商已达成一致。

7．项目结算审核情况

结算送审金额：××万元。

结算审定金额：××万元。

核减金额：××万元。

8．本次工作评审金额

本次工作评审金额共××万元（其中建安工程费××万元，工程建设其他费用××万元）。

本次在跟审单位结算金额的基础上进行审核，另外还需审核工程建设其他费用（主要为设计费、监理费、跟踪审计费等）。

9．建安工程费的计价原则

建安工程费主要为"成本+酬金"的模式。

工程价款=（税前建安成本+酬金+疫情防控专项费用）×（1+增值税率）。

（1）税前建安成本包含人工费、材料费（含检验试验费）、机械费、管理费、措施费（含疫情防护措施费）、规费等，不含社会捐赠物资及费用。

（2）酬金：根据设计施工图、竣工图等资料及结合现场实际实施情况核定的实际工程量，按××省20××年定额及20××年1月××市信息价编制的工程造价，其中的取费利润部分作为酬金。

（3）疫情防控专项费用是指工程在特殊情况下发生的医学留观费用，该项费用的计取按相关文件精神执行

（4）增值税：计税方式原则是执行一般计税法，税率按现行省市相关税率文件及优惠政策计取，但最终税费根据缴纳金额结算。现结算书中按9%计取。

10．设计费、监理费、跟踪审计费的计价原则

设计费、监理费、跟踪审计费的计价原则是以常规的定额工程造价（同计算酬金方式）作为基数，分别对应相应计费文件计取。

二、本项目审核的指导性文件

1．××省住房和城乡建设厅2020年2月24日发布的《关于新冠肺炎疫情防控期间建设工程计价管理的指导意见》。

2．市城建局关于贯彻落实省住建厅《关于新冠肺炎疫情防控期间建设工程计价管理的指导意见》的通知

3．《市城建局关于××医院和××医院建安工程计价的实施细则》

4．2018 年××省定额及费用定额，2020 年 1 月××市信息价

三、审核的基本原则与工作思路

本项目作为××市应对新冠肺炎的首个应急工程，系以专题会议下达的施工任务，未进行常规程序，无概算、无招标流程，而且没有以往类似项目审计经验可参照。

造价公司由下而上，清理基层资料得到每个分公司的成本，人、材、机等分类金额；会计公司由上而下，到各施工单位分公司财务核实人、材、机等内容的实际支出凭证；最终将两边的统计数据汇合进行对比。

因本项目的特殊性，工程资料不是以"图纸+预算书"体现的，而是所有实际发生的开销凭证的累积。对工程造价部分来说，该项目审计重点是检查项目竣工决算资料的合理性，分析应急工程"成本+酬金"模式中成本的有效组成内容，探讨、协商及确定各项费用的计取标准。其大致内容如下。

1．总体原则方面的参考依据

（1）城建委发布的与本项目相关的各项文件。

（2）城建委与各方签订的合同中的相关约定。

（3）结算过程中为解决争议问题而召开的协调会的会议记录或相关形成的文件。

2．工作思路

（1）从跟踪审计单位的结算报告入手，不再关注施工方报送的已被扣减的内容，重点审核其审定的内容，通过反查施工方对应的送审资料，审核其是否根据合同原则及相关会议或文件精神执行，有无错漏之处。

（2）审核根据施工/竣工图纸所编制的常规预算书（跟审单位已提供）。该预算的金额与各服务单位（监理、跟审、设计）金额以及施工单位的酬金密切相关。

（3）根据常规预算书中的主要材料消耗用量，对比结算书中的实际材料用量，结合各方的证明文件，分析其材料消耗量的合理性。

（4）统计基础资料中的实际所用工时，与常规预算中的定额工日数量进行对比（此项工作仅做对比分析，具体如何裁定工日数量的合理范围，须上级单位另行协商）。

（5）到发包方单位审核发包方工程支出有关财务凭证，结合合同、付款凭据等资料确定工程支出内容及金额。

（6）到各施工单位分公司财务核实收到发包方拨付的工程款资金情况，并与发包方获取的支出金额核对。

（7）到各施工单位分公司财务核实人、材、机等内容的实际支出凭证，并将该金额与造价审核金额进行核对。

四、审核工作的组织安排

总负责人：×××。

专业负责人：×××。

参与人员：×××。

二、项目后评价

（一）项目后评价的概念

需要进行后评价的项目主要是国家财政项目、国家优惠贷款项目、国家机构援助项目、国家重点建设项目以及引进外资的大中型工程项目等。

（二）项目后评价的内容

项目后评价的内容包括以下 5 个方面：

（1）项目目标评价。

（2）影响评价。

（3）经济效益评价。

（4）过程评价。

（5）项目持续性评价。

（三）项目后评价的程序

项目后评价的程序如下：

（1）项目后评价计划。

（2）项目后评价项目的选定。

（3）项目后评价范围的确定。

（4）项目后评价咨询专家的选择。

（5）项目后评价的执行。

（6）项目后评价报告的撰写。

项目后评价报告的内容主要包括摘要、主体评价分析及附件

【案例 7-4】某港二期工程后评价报告摘要

1. 项目概况和实施结果

某港二期工程位于某市深水港区，港口自然条件良好。工程建设依据为某港总体规划，目的是建设现代化集装箱泊位，为开发某国际中转港创造条件；同时建设其他几个泊位，为接卸中转大宗散货运输和区域外向型经济发展服务。

工程建设港口泊位 6 个，实际形成总吞吐能力 $1035 \times 10^4 t$，比原方案增加吞吐能力 $685 \times 10^4 t$。其中，集装箱泊位 1 个，能力 10 万标箱；多用途泊位 2 个，能力 $130 \times 10^4 t$；煤炭泊位 2 个，能力 $800 \times 10^4 t$（原方案为 2 个木材泊位，能力 $115 \times 10^4 t$）；杂货泊位 1 个，能力 $45 \times 10^4 t$。

工程分为一阶段、二阶段和技改工程三个阶段实施。1989 年 5 月开工，按工期 5 年建成。

工程质量优良，工程国内部分的投资概算没有突破并略有节余。一、二阶段工程分别于 1991 年 9 月和 1992 年 12 月经国家正式竣工验收后投运。

2. 项目效益状况及原因

工程总投资 5.49 亿元，其中固定资产投资 5.43 亿元。工程利用世界银行贷款 2895 万美元，

国家和地方拨款 0.53 亿元，国内银行贷款 2 亿元，企业自筹和设备租赁 1.03 亿元。

工程投产以来运营良好，预计 1995 年实际完成吞吐量可达 1000 万吨，基本达到设计能力。

预计 1995 年营业收入 1.3 亿元，按当年价格计算，比原设计预计的年收入增加约 4500 万元。

工程财务内部收益率税前为 8%（税后为 6%），高于设计时原测算指标 4.86%，也高于工程投资的实际贷款利率 5.31%，财务效益较好；投资偿还期 15 年，比原测算缩短 2 年，抗风险能力较强，国民经济效益良好，据后评价测算，工程经济内部收益率为 30%，比原测算高 2 个百分点。工程社会效益明显。

工程效益好的原因有三个：一是某港务局千方百计节约开支，严格控制住了工程投资。初步估算，二期工程共节约开支 34000 万元用于抵消物价的上涨；二是根据市场变化，及时将无货源的 2 个木材泊位改造为煤炭泊位，既满足了国家需要，又扩大了吞吐能力，增加了营业收入，使财务内部收益率（FIRR）提高了 6 个百分点；三是由于国家和地方的拨款及企业自筹部分的投资达到总投资的 22%，资本构成基本合理，增强了企业的清偿能力。

3. 结论和主要经验教训

评价结论：工程实规并超过了原定的目标，符合某港的长远发展目标，经济和社会效益良好。项目是成功的。

主要经验：在严格控制工程造价方面的成功措施包括建立专门的管理机构进行规范化管理；重视项目前期的资料分析研究；学习世界银行经验实行采购公开招标和施工监理，抓好合同条款研究和管理；注重建设物资和材料的储备和管理；建立按月结算的财务制度；国家对工程注入了适当的资本金，为港口运营和发展创造了条件；对重大基础设施项目，政府保持定比例的投入是必要的、正确的。

主要教训：汇率风险是目前利用外资项目的主要风险之一。本工程因汇率变化使造价上升了 30%，FIRR 下降了 3 个百分点；由于国际公开招标经验不足，对投标商的资信重视不够，造成 2 台进口设备不能按期达到合同要求；工程前期对市场预测和风险分析不足，决策不当，造成木材泊位尚未建成投产就发生重大货源变化，不得不着手改造为煤炭泊位。

4. 建议

加强项目前期工作中的市场预测和风险分析。目前我国正处在改革的进程中，机构和政策的变化较大，现行可研报告和评估内容要求不能满足对这类变化分析的需要。因此，增强风险分析的力度和规范是必要的、紧迫的。

进一步强调国民经济评价在国家重点建设项目评价中的重要性。重点基础设施项目，包括交通、能源、通讯等是国家投资的重点，这类项目对社会经济的真实贡献只能在国民经济分析中反映出来。加强国家重点基础设施项目前期评估和后期评价对国民经济分析至关重要。

在大型港口项目立项时，对建设专业性强的泊位应持慎重态度。在货源不稳定时，不应建设专业化泊位，宜建通用性泊位，以提高码头的适应能力。

目前某港只起了国际支线港的作用，没有发挥深水港的优势。建议有关部门协同研究，并逐步改善某港的软硬件配套条件，尽快发挥该港远洋中转的优势和作用。

第三节　工程项目产品回访与保修

工程项目竣工验收交接后，其承包人应按照法律的规定和合同的规定，认真履行工程项目产品的回访与保修义务，以确保工程项目产品使用人的合理利益。回访工作应纳入承包人的生产计划及日常工作计划中。在双方约定的质量保修期内，承包人应向使用人提供工程质量保修书中承诺的保修服务，并按照"谁造成的质量问题由谁承担经济责任"的原则处理经济问题。

一、回访

回访是一种产品售后服务的方式，工程项目回访从广义上来讲是指工程项目的设计、施工、设备及材料供应等单位，在工程竣工验收交付使用后，自签署工程质量保修书起的一定期限内，主动去了解项目的使用情况和设计质量、施工质量、设备运行状态及用户对维修方面的要求，从而发现产品使用中的问题并及时地处理，使产品能够正常地发挥其使用功能，使工程的质量保修工作真正落到实处。

（一）回访的意义

回访的意义有以下 3 点：

（1）有利于工程项目经理部重视工程项目管理，提高工程质量。

（2）有利于承包人及时听取用户意见，发现工程质量问题，及时采取相应的措施，保证工程使用功能的正常发挥，履行回访的承诺。

（3）有利于加强施工单位同建设单位与用户的联系与沟通，增强建设单位和用户对施工单位的信任感，提高施工单位的社会信誉。

（二）回访的程序和内容

回访的程序和内容如下：

（1）听取用户情况和意见。

（2）查看现场质量缺陷。

（3）分析原因并确认。

（4）商谈返修事宜。

（5）填写回访记录。

（三）回访的方式

回访的方式有如下 4 种：

（1）例行性回访。

（2）季节性回访。

（3）技术性回访。

（4）特殊性回访。

二、保修

（一）保修期限的确定

保修期限的确定有以下 5 个方面：

（1）地基基础工程和主体结构工程，为设计文件规定的该工程的合理使用年限。

（2）屋面防水工程，有防水要求的卫生间、房间和外墙面的防渗漏为 5 年。

（3）供热与供冷系统，为两个采暖、供冷期。

（4）电气管线、给排水管道、设备安装为 2 年。

（5）装修工程为 2 年。

（二）保修经济责任的确定

保修经济责任的确定有以下 7 个方面：

（1）承包人未按国家有关规范、标准和设计要求施工而造成的质量缺陷，由承包人负责返修并承担经济责任。

（2）由于设计方面造成的质量缺陷，由设计单位承担经济责任，当由承包人负责维修时，其费用按有关规定通过发包人向设计单位索赔，不足部分由发包人负责。

（3）因建筑材料、构配件和设备质量不合格引起的质量缺陷，采购人承担经济责任。

（4）由发包人指定的分包人造成的质量缺陷，由发包人自行承担经济责任。

（5）因使用人使用不当造成的质量缺陷，由使用人自行负责。

（6）因地震、洪水、台风等不可抗力原因造成的质量问题，承包人、设计单位不承担经济责任。

（7）当使用人需要责任以外的修理维修服务时，承包人应提供相应服务，并在双方协议中明确服务内容和质量要求，费用由使用人支付。

三、电气与控制工程项目护航期及回访实务

电气与控制工程项目对应整个工程项目最终交付产品的成果实效，并且这样的工程项目会在交付投运，并经历一段运行周期后，才会发现系统中的某些干扰来源或者问题所在。这时需要有控制中枢的参数调整、系统仪表等的参量调整以便能更好地消除系统干扰，让整个系统对象即使受到干扰，在控制系统的干预下也能及时地恢复正常工作。所以这样的电气与控制工程项目经常会需要有一个较长的护航期。

（1）护航期要解决整个工程系统性的问题，并要尽可能多地采集样本数据，以利于保障更长时间的正常运营所需的经验数值。

（2）护航期过后也要有回访的工作安排，以持续保障工程项目运行的实效。

1）制订回访工作计划。回访工作计划见表 7-2。

表 7-2 回访工作计划

回访工作计划

（年度）

序号	建设单位	工程名称	保修期限	回访时间安排	参加回访部门	执行单位

单位负责人：　　　　　　　归口部门：　　　　　　　编制人：

2）回访工作记录。每一次回访工作结束以后，回访保修的执行单位都应填写回访工作记录。其主要内容包括参与回访人员；回访发现的质量与技术问题；发包人或使用人的意见；对质量与技术问题的处理意见等。回访工作记录见表 7-3。

表 7-3 回访工作记录

回访工作记录

建设单位		使用单位	
工程名称		建筑面积	
施工单位		保修期限	
项目组织		回访日期	
回访工作情况			
回访负责人		回访记录人	

在全部回访工作结束后，应编写回访服务报告，全面总结回访工作和教训，其内容包括回访建设单位和工程项目的情况；使用单位或用户对交工工程的意见；对回访工作的分析和总结；提出质量改进的措施对策等。回访归口主管部门应根据回访记录对回访服务的实施效果进行检查验证。

3）回访的工作方式。回访的工作方式有以下 4 种：

● 根据回访年度工作计划的安排，对已交付竣工验收并在保修期内的电气与控制工程项目，统一组织例行性回访，收集用户对工程质量及相关技术措施的意见，为将来的工作积累足够的技术经验。

- 主要针对随季节变化容易产生质量问题的工程进行回访，特别是工程的控制系统部分。例如，雨季时重点回访基础工程防水和渗漏情况；冬季回访采暖系统的使用情况；夏季回访通风空调工程等。主要了解有无工程施工质量缺陷或使用不当造成的损坏等问题，发现问题应立即采取有效措施，及时加以解决。

- 需要了解工程施工过程中所采用的新材料、新技术、新工艺、新设备等的技术性能和使用后的效果，以及设备安装后的技术状态，从用户那里取得使用后的第一手资料，发现问题并及时补救和解决，便于总结经验和教训，为进一步完善和推广创造条件，特别是一些工控系统的工程及软件系统工程等。

- 对一些特殊工程、重点工程或有影响的工程进行专访。由于工程的特殊性，可将服务工作往前延伸，包括交工前的访问和交工后的回访，定期或不定期地进行，听取使用人的合理化意见或建议，及时解决出现的技术及质量问题，不断积累特殊工程实施及管理的经验。这一点在单纯的服务于工艺对象的控制工程里表现得尤为重要。因为所有的控制系统都是以工艺流程的完好进行为服务对象的，要充分听取工艺工程师对工艺流程的解构，以便能最恰当地配置控制装备，设计最优性价比的控制程序，从而达到最适合的控制效果。

【案例 7-5】某获得"鲁班奖"的工程弱电系统交验后的服务维护措施

1. 售后服务部门

我公司设有专门的技术支持部和售后服务部，专人负责产品及系统的售后服务。

2. 保修措施

产品保修：工程完工后，从验收之日起一年内，我公司对系统确因设备本身质量问题引起的故障或损坏实行免费维修。我公司对产品提供终身维修服务。

工程保修：工程完工后，从验收之日起一年内，我公司对系统确因施工质量问题引起的故障或损坏实行免费维修。保修期后，我公司将继续配合甲方，对工程进行系统维修服务。

（1）维护内容。

维护内容对系统工程故障设备维修或更换，管线问题的维修或更换，系统软件的免费升级，系统的维护。质保期内进行质量三包。

（2）保修和维修费用。

我公司将按招标书要求，提供系统和系统设备双方代表在设备验收单上签字之日起两年内免费保修、终身维护。质保期内器材设备的修理或更新，检修所需工具及我公司工作人员的住宿费用均由我公司负担。但因人为和自然灾害造成器材、设备损坏的维修或更换费用应由用户负责（我公司只收取成本费）。

在质保期之后，考虑到系统维护的连续性，建议甲方与我公司签订维护合同，我公司将以优惠的价格和优质的服务，提供以确保系统的正常运行所必需的技术支持。

参照有关规定，并结合我公司实际情况及标书的要求，免费质保期满后的维护服务内容及收费和范围可双方协商而定。

3. 系统运行状况实时跟踪

我公司将通过现场考察或电话的方式实时掌握系统运行状态，发现问题，及早解决，保障系统的正常运行。

4．系统定期维护

我公司定期派人到现场了解设备运行状况，进行系统运行测试。

5．备品备件支持

对于一些常规备件，我公司备有备品库，以最短的时间为用户提供备品支持；对于高端产品则采用替换备件方式联合厂商予以支持。

6．系统扩容

根据用户需求，可以随时为系统进行扩容设计。

7．免费技术培训

根据用户需要，我公司可以免费提供系统操作培训。

8．对业主方相关人员培训计划

我们深知对操作人员进行培训的重要性。因为只有经过良好培训的用户才可以减少重复操作，提高生产率。同时一个良好的系统要求一支训练有素的队伍进行操作和维护，以使整体运行成本降到最低。因此，我们设计了一系列专门的培训课程，培训不同层面的系统用户，使用户能够高效率、低成本地完成他们的工作。

（1）设备安装现场培训。

为充分发挥系统的性能，配合本项目中各种材料的安装施工，我们将在试运行阶段培训该项目有关的技术人员，并提供完整的技术培训资料，使用户完全掌握设备的安装和软件的应用设置。今后用户可以独立地对系统进行维护、设置和故障诊断。同时，业主工程师通过对系统设计过程的参与也可深入了解系统的运行机制，提高系统的应用、管理和维护水平。

（2）系统使用人员培训。

每个有需要的用户都可得到数天的培训。完成课程后，用户将能够熟悉所使用系统的基本概念和设备材料；了解基本系统的正确使用及保养方法；向操作人员报告遇到的问题。

（3）操作人员培训。

培训课程的目标是帮助操作人员掌握以下9个方面的知识：

1）了解系统的拓扑结构和运行机制；

2）掌握系统管理软件的使用及维护方法；

3）掌握系统维护的日常工作和常规故障排除；

4）熟悉所有系统设备的启动和关机；

5）了解系统管理软件显示的每种状态信息的意义；

6）执行系统故障期的应急程序；

7）通过使用系统管理软件监控系统状态；

8）执行系统设备的一线诊断，排除故障和采取适当的行动；

9）归档并向相关人员汇报问题，避免将来再次出现。

（4）设计及安装工程师培训。

培训课程的目标是帮助系统维护人员系统性地了解综合本楼弱电系统工程的设计及安装规范；增加综合弱电系统工程的理论性知识，使日后对系统的扩展、维护规范化。

（5）高级管理人员培训（大楼管理人员）。

弱电系统工程的建设及管理对于许多管理人员来说是一个新的课题，我公司将按需要提供对厂商的技术考察，对成功项目的技术考察，使高级管理人员学习最新的通讯技术和控制技术，学习成功的系统的建设和管理方法，从而指导弱电应用系统的建设和运行。

9．技术服务联络方式

技术支持工作方式包括以下3种。

（1）热线电话支持。

我公司技术支持小组在接到用户的技术支持请求或故障报告后，将会在第一时间内以电话方式同用户取得联系，了解用户问题的详细情况；对于无法立即解决的技术问题会及时记录在案，并将告诉用户预计的答复日期和时间。

（2）提供 E-mail 回复。

技术服务小组还可以用 E-mail 的方式回复用户的问题。如果有任何产品的技术问题，都可以发 E-mail 给我们，我们的工程师会及时给予答复。同时也可以提出其他相关问题，我们将会尽力解决。

（3）现场响应。

对于经支持小组工程师了解判断，需工程师现场解决的问题我公司将安排支持小组的工程师第一时间赶到现场，并承诺尽最大的能力解决用户的问题。

10．技术支持服务时间

技术支持服务时间是全天 24 小时，接受用户故障报告。

第四节　工程项目结束之持续改进

工程项目的结束有一套完整的流程，包括签署最终目标、解散团队和资料归档等这一类行政事务,但正式结束工程项目最主要的原因还是为了将从工程项目中学到的知识整理形成体系。无论工程项目成功与否，我们都可以积累很多经验教训，这往往才是工程项目中最有价值的产物，因为这些是未来成功的基石。

一、检查、记录与经验教训

通过制作、收集和传递信息来正式地结束项目、评估项目、总结经验教训，以供未来的项目参考。

（一）回顾检查

重新回顾工程项目任务以确保每个项目工作都已经完成，这属于检查工作。承担责任意味着不能遗留任何不清楚的点，因此需要邀请主要利益相关方包括项目经理来回答下列 6 个问题：

（1）是否达到了工程项目的目标。

（2）是否对最终的结果满意。

（3）是否按时交付。

（4）花费是否值得。

（5）是否成功地预测及降低了风险。

（6）有什么改进流程的建议。

注意工程项目的"成功"通常有两个衡量标准：时间与预算。这两点固然重要，但成功的最重要的标准在于是否达到了预期的质量和大家想要的结果，以及相关利益方满意度是否达成。

（二）真实记录

确保完成了工程项目最初的所有条款，例如，是否付清了所有账单；是否完成了所有的送货；是否让其他部门、供应商、顾问或者其他外部机构完成了任务；是否平衡了预算，并向相应的部门主管汇报收益和损失；是否所有的合同都已签署，是否得到法律团队的认可，并妥善存档。

可以利用与团队核心成员访谈或者邀请利益相关方一并参与的方式，以批判性思维来评估项目，畅所欲言项目的闪光点和改进项，礼貌地说出问题所在，勇于承担责任，并对下一个项目充满期待。

（三）经验教训

记录应吸取的教训，分析造成变化的原因，选择行动背后的理由以及其他类型的经验教训，记录在案，这些都应作为该项目的档案以及其他项目的历史数据库保存起来。

二、提出纠偏及预防措施

（1）纠偏。纠偏即改正错误。

（2）预防措施。分析偏差产生的原因，并相应制定预防措施，扼制潜在因素，防止相同或类似偏差产生。

三、确保可持续的改进方案

庆祝成功的同时，别忘了提高下一次成功的标准。

如果拼尽全力，项目仍然被视为"失败"，那么也需要认真思考哪里可以提升，从失败中可以学到什么样的经验教训。拒绝失败只能说明不能从失败中学习。

工程项目管理是一个动态的过程，我们需要确保可持续的改进方案，以利于当前项目的管控落实，同时也为将来的项目提供必要的成功经验。

综上，工程项目管理流程之项目结束是项目生命周期的最后阶段，其目的是确认项目实施的结果是否达到了预期的要求，完成项目的移交与清算，通过项目的考核与评价，进一步分析项目可能带来的实际效益。结束阶段的工作对于项目各参与方来说都是非常重要的，项目各参与方的利益在这一阶段存在着较大的冲突，因此在质量验收、费用的决算、项目交接等过程中应明确其依据，而这个基础工作的记录必须贯穿于项目始终。

任务检测

（1）工程项目竣工验收包括哪些内容，其验收依据是什么？

（2）为什么要完成工程项目竣工决算？

（3）举例说明电气与控制工程项目回访的意义以及如何完成回访任务。

（4）项目的交接与项目的竣工验收是两项工作内容相同的工作吗？

（5）项目后评价是全面提高项目决策和项目管理水平的必要和有效手段吗？

（6）为什么说结束项目的意义在于衡量成功（评价）并持续改进？

参考文献

[1] 成虎. 工程项目管理[M]. 北京：高等教育出版社，2004.

[2] 窦如令. 工程项目管理：项目化教材[M]. 南京：东南大学出版社，2018.

[3] 齐宝库. 工程项目管理[M]. 3 版. 大连：大连理工大学出版社，2007.

[4] 孙海玲. 工程项目管理[M]. 北京：中国电力出版社，2008.

[5] 王祖和. 现代工程项目管理[M]. 北京：电子工业出版社，2013.

[6] 乐云. 工程项目管理：上册[M]. 武汉：武汉理工大学出版社，2008.

[7] ANGUS R B，GUNDERSEN N A，CULLINANE T P. 项目的计划、实施与控制（原书第 3 版）[M]. 周晓红，译. 北京：机械工业出版社，2005.

[8] 白思俊. 现代项目管理（上、中、下册）[M]. 北京：机械工业出版社，2003.

[9] 中国建筑业协会工程项目管理委员会. 中国工程项目管理知识体系[M]. 2 版. 北京：中国建筑工业出版社，2011.

[10] 全国一级建造师执业资格考试用书编写委员会. 建设工程项目管理[M]. 北京：中国建筑工业出版社，2014.

[11] WYSOCKI R K. 有效的项目管理[M]. 5 版. 费琳，译. 北京：电子工业出版社，2011.

[12] 陆惠民，苏振民，王延树. 工程项目管理[M]. 南京：东南大学出版社，2010.

[13] KDGON K，BLAKEMORE S，WOOD J. 项目管理精华：给非职业项目经理人的项目管理书[M]. 北京：中国青年出版社，2016.

[14] 何俊德. 工程项目管理[M]. 武汉：华中科技大学出版社，2008.

[15] 中国自动化学会 ASEA 办公室. 自动化系统项目管理[M]. 北京：机械工业出版社，2006.

[16] 符长青，毛剑瑛. 智能建筑工程项目管理[M]. 北京：中国建筑工业出版社，2007.

[17] SHTUB A，BARD J F，GLOBERSON S. 项目管理：流程、方法与经济学[M]. 丁慧平，译. 北京：中国人民大学出版社，2007.